绿色制造系统工程理论与实践

张 华 江志刚 编著

科学出版社

北 京

内 容 简 介

本书将绿色制造技术与系统工程的理论和方法有机结合,从系统思维、学科综合、技术集成和整体优化的角度,介绍绿色制造系统工程的基础理论与实践。主要内容包括:绿色制造系统工程的基本概念与内涵、绿色制造系统的总体结构与运行原理、绿色制造系统的评价方法、绿色制造系统的过程优化技术以及机械制造企业绿色制造系统工程实践与钢铁绿色制造系统工程实践等。

本书可作为高等院校机械工程、工业工程、管理科学与工程、环境工程等绿色制造相关专业研究生的教材或参考书,也可供制造企业工程技术人员和管理人员参考。

图书在版编目(CIP)数据

绿色制造系统工程理论与实践/张华,江志刚编著.—北京:科学出版社,
2013.1
　ISBN 978-7-03-036578-1

　Ⅰ.①绿…　Ⅱ.①张…②江…　Ⅲ.①制造工业-无污染技术　Ⅳ.①T

　中国版本图书馆 CIP 数据核字(2013)第 018736 号

责任编辑:耿建业　刘翠娜 / 责任校对:钟　洋
责任印制:徐晓晨 / 封面设计:耕者设计工作室

科 学 出 版 社 出版
北京东黄城根北街 16 号
邮政编码: 100717
http://www.sciencep.com

北京厚诚则铭印刷科技有限公司 印刷
科学出版社发行　各地新华书店经销

*

2013 年 1 月第 一 版　　开本:B5(720×1000)
2018 年 1 月第四次印刷　　印张:14 1/4
字数:276 000
定价:78.00 元
(如有印装质量问题,我社负责调换)

前　　言

以"高投入、高消耗、高污染、低水平、低效益"为特征的经济增长方式仍占我国经济发展的主导地位,其中制造业及其产品的能耗约占全国能耗的 2/3。高消耗导致对资源的高依赖,将成为制约我国制造业发展的瓶颈,也给国家的能源和资源安全带来严峻挑战。鉴于此,尽可能少产生资源消耗和环境污染是当前制造业发展的一个重要方向。

我国在经济高速增长过程中投入大量土地和自然资源,造成资源短缺和环境破坏,要转变经济增长方式,由粗放式向集约式发展方式转变,必须减少企业的资源消耗和环境排放,绿色制造无疑是一条非常好的途径。作为一种综合考虑资源效率和环境影响的先进制造模式,绿色制造是解决制造业环境污染问题的根本方法之一,是实施环境污染源头控制的关键途径之一,其实质是人类社会可持续发展战略在现代制造业中的体现。绿色制造研究的最终目的是在企业中得到应用和实施,使企业不仅获得经济效益,提高企业市场竞争力,更重要的是取得环境效益,使企业的社会价值和社会责任得到充分体现,真正实现企业的可持续发展。

绿色制造在企业中的运行与实施是一个复杂的系统工程。绿色制造过程及相应的制造理论、制造技术(包括绿色制造工艺和绿色制造方法)越来越呈现两个显著的特性:一是系统科学性,即涉及系统理论和系统工程的方法越来越多;二是学科综合性或技术集成性,即绿色制造过程和绿色制造技术,绝非单一学科知识能够支撑,而是依赖于多门学科知识的有机结合。如果从孤立的绿色制造方法、绿色制造技术、绿色制造工具和绿色制造设备等方面去研究绿色制造过程,将无法从全局上使"绿色制造"运行于最优状态,发挥出最佳效益。因此,研究和学习绿色制造系统工程的理论、方法及有关技术显得十分必要。

本书作者在国家科技支撑计划项目和国家自然科学基金项目的资助下,致力于绿色制造系统工程的研究,取得了一定的研究成果,收集了大量的国内外研究文献资料,经过整理,完成了本书的撰写工作。本书从系统思维、学科综合和技术集成的角度,研究绿色制造系统工程所涉及的新概念、新技术和新方法,主要内容包括绿色制造系统工程的基本概念与内涵、绿色制造系统的总体结构与运行原理、绿色制造系统的评价方法、绿色制造系统的优化技术以及绿色制造系统工程实践等。

本书在编写过程中力求逻辑清晰、结构合理、重点突出、特色鲜明,具体体现在以下方面:

(1) 绿色制造的实施是一个复杂的系统工程。本书把研究对象(绿色制造)作为一个系统,按照系统科学的思维方式展开论述,侧重于绿色制造系统的结构与功能、状态与过程、目标与方案的有机结合,从绿色制造系统的整体出发,诠释绿色制造系统工程实施的客观规律。

(2) 注重方法和手段的运用。由于绿色制造系统的变化规律比较复杂,难以用一般性的文字阐述清楚。为此,本书运用数学工具以及系统工程的基础理论来建立指标体系和数学模型,进行定性化和定量化分析,避开复杂数学公式的推导,着重论述其具体涵义及其在实践中的使用方法。

本书由张华、江志刚撰写,王艳红、张旭刚、赵刚、陶平、肖明、鄢威等参加了部分编写工作和有关项目研究工作,周艳、何志朋、胡晓莉、陈凤银、黄昌先、冯朝辉、汪建华、蒋小利等博士、硕士研究生为本书的资料收集与初稿整理做了大量的工作。

本书涉及的有关研究工作,得到"十一五"国家科技支撑计划项目(2006BAF02A03)、国家自然科学基金项目(70571060 和 70971102)以及湖北省高等学校优秀中青年科技创新团队计划项目(T201102)的支持,在此表示衷心的感谢!

此外,本书在写作过程中参考了有关文献,并尽可能地列在书后的参考文献表中,在此向所有被引用文献的作者表示诚挚的谢意!

由于绿色制造系统工程是一门正在迅速发展的综合性交叉学科,涉及面广,技术难度大,加上作者水平有限,书中不妥之处在所难免,敬请广大读者批评指正!

编　者
2012 年 10 月

目　　录

第1章 绪 论

　　绿色制造是一种综合考虑资源消耗和环境影响的现代制造模式。从系统科学与系统工程的角度对绿色制造进行研究,是使绿色制造运行于最优状态,发挥最佳效益的重要途径。本章从绿色制造的发展概况出发,讨论绿色制造系统工程的概念与内涵、基本内容、学科特点、方法特点和绿色制造系统工程的工作程序和步骤。本书的后续章节将在上述基本理论的指导下深入讨论绿色制造系统工程所涉及的理论、技术与方法。

1.1 绿色制造的发展概况

1.1.1 绿色制造研究的意义

1. 环境污染和环境破坏给人类带来严重的危害

　　环境问题、资源问题和人口问题是当前人类社会面临的三大主要问题。特别是环境问题——人类不合理地开发使用自然资源所造成的环境污染与破坏,是当前全球性的问题,正严重威胁着人类社会的生存和发展。随着全球环境问题的日益恶化,人们越来越重视对环境问题的研究。

　　在过去的 20 世纪里,制造业表现出"双面刃"效应,它一方面创造了人类 70% 的财富,另一方面又成为产生废弃物污染环境的主要源头。当前环境问题主要表现在以下几方面:

　　(1) 环境污染和环境破坏直接制约着我国制造业的可持续发展。发展与人口和资源与环境的承载能力相协调,这是可持续发展的基本条件。我国人口众多,人均资源相对短缺,环境形势相当严峻,城市环境污染仍在加剧,并向农村蔓延,生态破坏的范围逐渐扩大,这些严重制约着我国制造业的可持续发展。我国的煤炭存量比较丰富,但人均占有量却很低。一些地方的乡镇及个体小煤矿,对这种不可再生的资源进行掠夺式的开采,造成煤炭资源的极大浪费。我国的石油探明存量居世界第 9 位,但人均仅 2.9t,居世界第 49 位。据预测,按目前的开采速度,只需五六十年即可耗去全部存量。

　　(2) 环境污染和环境破坏危害人类健康。制造业导致环境污染的日益严重,致使人们呼吸被污染的空气,饮用被污染的水,食用被污染的瓜果蔬菜,遭受噪声的折磨,严重危害人体的健康。环境污染对人体的危害,具有影响范围大、接触时间长、潜伏时间久等特点。

（3）环境污染和环境破坏威胁生态平衡。环境污染与破坏使生态系统的结构和功能失调，致使环境质量下降，甚至造成生态危机，直接威胁到人类的生存。在地球上，除了生物，人类难以找到其他可以果腹的东西，是生物物种为人类提供了食物的来源。许多物种还是药物的来源、工艺原料的来源，具有重要的科研价值。然而，由于环境污染与破坏，导致大量物种灭绝。现在已经发展到每天消灭一个动物物种的程度，而且物种灭绝的速度仍在继续加快，严重破坏了生态平衡，也给人类带来危害。例如，在地球上空的大气中，有一层薄薄的臭氧层，它像一道天然屏障，阻挡了太阳紫外线的有害辐射。由于受工业污染的影响，臭氧层破坏日益严重，导致人类恶性皮肤病增加、农作物减产，造成地球生态系统的巨大危机。

2. 传统制造业发展面临严重问题

制造业是将有用资源（包括能源）转换成产品的工业。在过去的一个世纪，它不仅已经成为创造人类财富的支柱产业，而且消耗了大量资源，并成为产生废弃物污染环境的重要源头。

欧洲每年有 80 万 t 废旧的电视、计算机设备、收音机和测量装置以及几百万吨的废旧汽车设备被弃置。在美国，工业设施和家庭产生的城市固体垃圾（MSW）为平均每人每天 4lb（1lb＝0.45359227kg）。当前，国际上都注意到这样一个现实：人类正在耗费巨资来保护环境，控制污染，但环境污染状况改善有限。据最近报告，全球制造业每年大约产生 55 亿 t 非有害废物和 7 亿 t 有害废物；美国在过去 10 年中废物堆放地已减少了 70％以上，并且许多废物堆放地正趋于饱和；美国每年用于环境保护的投资达 800～900 亿美元，日本达 700 亿美元以上。

在国内，我国制造业过去 30 年经历了快速发展，但资源问题、能源问题和环境问题已成为我国制造业发展的制约因素。目前我国电动机、变压器、风机和水泵等 21 类机电产品的用电量占全国总用电量的 70％；发电锅炉和工业锅炉的年耗煤量约占全国年耗煤量的 1/3；内燃机消耗的油料占全国油料的 80％以上；通用机械耗电量占全国用电量的 30％～40％。污染物排放的 70％源于制造业，制造业生产车间粉尘、油烟、水雾、噪声及废弃物排放等对生产人员身体健康和自然环境危害严重，目前我国大中城市的大气质量普遍较差，全国五百多个城市中，达到国家一级标准的不到 1％。北京、石家庄、太原等都在世界十大污染程度最严重的城市之列。

纵观国内外制造业资源消耗和环境污染状况，限制制造业持续发展的主要方面如下：

（1）资源供给能力的削弱。人类活动在"环境资源账户上的透支"意味着资源的缺乏，如森林、矿物、水、物种和沃土的耗竭。也就是说，人类消耗资源的速度超过了资源的恢复再生速度。投入资源所得到的收益会不断减少,因为资源可得到的补偿也在减少。而且,人类今天过度使用资源,将使后代人对资源的使用及相应的生产和消费完全无选择余地。

(2) 净化污染物质功能的削弱。自然环境的污物净化功能可直接为社会提供环境服务。然而,由于人类活动产生过多的污染物质,使环境的服务功能明显削弱。而且,由于人类对森林和水的过度使用,更降低了环境的服务能力。由于净化污染物质功能的削弱,对人类生存构成严重威胁的环境问题,包括全球温室效应、臭氧层耗竭、酸雨及各种无机和有机物污染等。

(3) 国际贸易中的绿色贸易壁垒。绿色贸易壁垒是指进口国政府以保护生态环境为由,以限制进口、保护贸易为目的,通过颁布复杂多样的环保法规、条例,建立严格的环保技术标准和产品包装要求,建立繁琐的检验、认证和审批程序,实施环境标志制度,以及课征环境进口税等方式对进口产品设置的贸易障碍。绿色贸易壁垒是在全球自由贸易程度不断加强、各种关税和非关税壁垒以及贸易补贴受到国际自由贸易条约和协议的限定而逐步走向消亡的情况下,在西方主要发达工业国家中兴起的。其主要表现形式有提高进口产品的环境监测标准,在数量和价格上限制没有"环境标志"的产品进口和严格审查进口产品在其生产过程中对自然环境的影响等。由于我国长期不够重视绿色产业的发展,因此绿色贸易壁垒对我国的产品出口影响巨大。比如,欧盟规定进口纺织品禁用 118 种偶氮染料,2003年仍有 104 种被我国印染厂家使用;1986 年,美国认为我国陶瓷产品中对人体有害的金属铅严重超标,致使我国的陶瓷产品在美国市场中的份额大大下降,仅占同期日本同类产品的 10%。

3. 实现制造业的可持续发展——实施绿色制造

鉴于资源环境问题越来越严重,世界各国普遍认识到,通过高消耗追求经济数量的增长和"先污染后治理"的传统制造业发展模式已不能适应 21 世纪制造业发展的要求。因此,世界各国普遍推行"可持续发展"战略,即"在不超越资源与环境承载能力的条件下,在不危及后代人需要的前提下,寻求满足我们当代人需要的发展途径"。可见,可持续发展的核心思想就是人类社会当前的决策不应该对保持和改善将来的生活水平的前景造成危害。这就意味着,我们应随经济系统、社会系统和其他系统协调管理,以使人类能够依靠资源的"股息"为生,而不是吃"老本",从而保持并改善资源基础。

制造业可持续发展要求尽可能有效地利用资源,尽可能少产生污染和废物,更多地立足于可再生资源而不是不可再生资源,最大限度地减少对人体健康和环境产生的不可逆转的影响。绿色制造就是一个综合考虑环境影响和资源效率的现代制造模式,其目标是使产品从设计、制造、包装、运输、使用到报废处理的整个产品生命周期中,对环境的影响(副作用)最小,资源效率最高,实现经济效益与社会效益的协调优化[1]。可见,绿色制造的优点在于其包括了更加安全和清洁的工厂、规范的劳动者保护措施,降低了未来的废物处理成本,减少了对环境和健康的威胁,在更低的成本下提高产品质量、公众形象和生产力,绿色制造允许制造商将废物量降到最低,并可将废物转化为有利的产品。因此,积极发展绿色制造,可以使人类的生产、生活主要依靠资源的"股息",而不是靠吃资源"老本",从而使资源得以永续利用。而可持续发展的指导思想、理论基础、发展战略,则为绿色制造的发展提供了充分的理论依据。可见,绿色制造是可持续发展战略在制造业的体现,绿色制造也可称为可持续制造。

综上所述,为了减少资源消耗和废物排放,实现制造业的可持续发展,迫切需要在制造企业内开展绿色制造。其意义主要体现在以下几个方面。

1) 实施绿色制造是 21 世纪制造业的重要发展趋势

绿色制造是可持续发展战略思想在制造业中的体现,致力于改善人类技术革新、生产力发展与生态环境的协调关系,符合时代可持续发展的主题。世界主要经济体积极推进绿色计划,促进社会的可持续发展。例如,美国政府提出了可持续制造促进计划(Sustainable Manufacturing Initiative,SMI),并出台了可持续制造度量标准;欧盟第 7 框架计划设立"未来工厂(The Factories of the Future)"重大项目,开展新型生态工厂模型(new eco-factory model),绿色产品研发是其中的重要内容;日本公布《绿色革命与社会变革》的政策草案,提出至 2015 年将环境产业打造成日本重要的支柱产业和经济增长核心驱动力量。绿色制造成为各国重振传统制造业、培育和发展新兴产业的发力点[2]。

在我国,绿色制造被明确列为《国家中长期科学和技术发展规划纲要(2006～2020 年)》中制造业领域发展的三大思路之一。其中规定,积极发展绿色制造,加快相关技术在材料与产品开发设计、加工制造、销售服务及回收利用等产品全生命周期中的应用,形成高效、节能、环保和可循环的新型制造工艺,使我国制造业资源消耗、环境负荷水平进入国际先进行列[3]。

2) 实施绿色制造是推进生态文明建设、发展循环经济的迫切需要

自党的"十六大"提出将全面建设小康社会作为我国 21 世纪头 20 年的奋斗目标,并将可持续发展列入全面建设小康社会的基本奋斗目标以来,生态文明建设一直是我国政府关注的重点。国务院在 2006 年工作要点中明确指出,发展循环经济是建设资源节约型、环境友好型社会和实现可持续发展的重要途径;要大力发展循环经济,在重点行业、产业园区、城市和农村实施一批循环经济试点;完善资源综合利用和再生资源回收的税收优惠政策,推进废物综合利用和废旧资源回收利用;并将"建设资源节约型、环境友好型社会"列入"十一五"时期的重要任务之一。刚闭幕的党的"十八大",更是将生态文明纳入社会主义现代化建设总体布局,把大力推

进生态文明建设独立成篇、集中论述。建设生态文明,是关系人民福祉、关乎民族未来的长远大计。面对资源约束趋紧、环境污染严重、生态系统退化的严峻形势,必须树立尊重自然、顺应自然、保护自然的生态文明理念,把生态文明建设放在突出地位,融入经济建设、政治建设、文化建设、社会建设各方面和全过程,努力建设美丽中国,实现中华民族永续发展。

建设资源节约型、环境友好型社会,推进生态文明建设,是要在社会生产、建设、流通、消费的各个领域,在经济和社会发展的各个方面,切实保护和合理利用各种资源,提高资源利用率,以尽可能少的资源消耗和环境排放来获得最大的经济效益和社会效益。绿色制造的基本思想是实现制造业产品全生命周期中资源消耗、环境污染及人体安全健康危害的减量化和源头控制,并有利于资源循环利用。因此,绿色制造是建设资源节约型、环境友好型社会,推进生态文明建设,发展循环经济政策的关键技术之一。

3) 实施绿色制造是实现我国节能减排目标的有效途径

我国的经济增长是以牺牲环境和对能源的过度消耗为代价的。中国的能源消费量由 1978 年的 5.7 亿 t 标准煤增加到 2006 年的 24.6 亿 t 标准煤,增长了 3.3 倍,占全球能源消费量的比例达到 11%;中国消耗的铁矿石从 2000 年的 2 亿 t 急速增长到 2006 年的 6 亿 t,占全球铁矿石消费量的比例达到 45%。环境污染不断加剧,二氧化硫排放量从 20 世纪初的 1800 多万 t 增加到 2005 年的 2594 万 t,增长了 44.1%;废水排放量从 1997 年的 416 亿 t 增加到 2006 年的 536 亿 t,增长了 28.8%。2007 年,我国创造的 GDP 占全球的 6%,却消耗了全球 15% 的能源、30% 的铁矿和 54% 的水泥。世界银行的发展报告将中国和印度同列为经济高增长、环境高污染的国家。因此,转变经济增长模式,从高资源消耗、高环境污染的高增长转向低资源消耗、低环境污染的高增长,已成为科学发展的当务之急。

《中华人民共和国国民经济和社会发展第十一个五年规划纲要》提出"十一五"期间单位国内生产总值能耗降低 20% 左右,主要污染物排放量减少 10% 的约束性指标;《"十二五"节能减排综合性工作方案》提出"十二五"期间,全国万元国内生产总值能耗下降 16%,化学需氧量和二氧化硫排放总量下降 8%,氨氮和氮氧化物排放总量下降 10%。在这种大背景下,从各级政府到企业对节能减排都非常重视,形成一股节能减排的浪潮。企业实施绿色制造、研发应用绿色新技术、对传统工艺技术进行绿色改造无疑是实现节能减排的有效途径。

4) 推广应用绿色制造技术,是突破绿色贸易壁垒、改善和促进出口贸易、拉动相关产业发展的需求

随着中国加入世界贸易组织和世界经济一体化,绿色贸易壁垒正日益成为国际贸易发展的障碍。绿色贸易壁垒包括环境进口附加税、绿色技术标准、绿色环境标准、绿色市场准入制度、消费者的绿色消费意识等方面的内容。将环境保护措施

纳入国际贸易的规则和目标,是环境保护发展的大趋势,但同时在客观上导致了绿色贸易壁垒的存在。我国是世界上的发展中国家,在发达国家的绿色贸易壁垒面前,已付出了较大的代价。专家普遍认为,提高科技和生产力水平是突破绿色贸易壁垒的基本措施之一。推广应用绿色制造技术将实现我国企业出口产品的技术革新,提高出口产品的环境意识水平,有助于突破绿色贸易壁垒,改善和促进出口贸易,拉动相关产业的发展。

5) 绿色制造技术将带动一大批新兴产业,形成新的经济增长点

绿色制造的实施将导致一大批新兴产业形成,如:①绿色产品制造产业。制造业不断研究、设计和开发各种绿色产品以取代传统的资源消耗和对环境影响较大的产品,将使这方面的产业持续兴旺发展。②实施绿色制造的软件产业。企业实施绿色制造,需要大量实施工具和软件产品,如产品生命周期评估系统(LCA)、计算机辅助绿色设计系统、绿色工艺规划系统、绿色制造的决策支撑系统、ISO14000国际认证的支撑系统等,这将会推动一批新兴软件产业的形成。③废弃产品回收处理产业。随着汽车、空调、计算机、冰箱、传统机床设备等产品的废旧和报废,一大批具有良好回收利用价值的废弃产品需要进行回收处理、再利用或再制造,由此将导致新兴的废弃物流和废弃产品回收处理产业。回收处理产业通过回收利用、处理,将废弃产品再资源化,节约了资源、能源,并可以减少这些产品对环境的污染。

1.1.2　绿色制造的产生与发展

绿色制造有关内容的研究可追溯到 20 世纪 80 年代,但比较系统地提出绿色制造的概念、内涵和主要内容的文献是美国制造工程师学会于 1996 年发表的关于绿色制造的专门蓝皮书"*Green Manufacturing*"[4]。近年来,围绕制造系统或制造过程中的环境问题,已提出了一系列与绿色制造相似、相近或相关的概念,如可持续制造(sustainable manufacturing)、环境和谐制造(environmentally benign manufacturing)、环境意识制造(environmentally conscious manufacturing,ECM)、面向环境的制造(manufacturing for environment,MFE)、清洁生产(cleaner production)、生态意识制造(ecologically conscious manufacturing)等。目前这些概念内涵有逐渐趋同的倾向,差异越来越小。

绿色制造是制造业制造技术和制造模式发展的重要趋势,将成为未来工业界的重要挑战和竞争领域。在欧洲、日本和美国等发达地区和国家,无论是政府、高校、科研院所,还是有远见的企业都非常重视绿色制造的技术研发、立法和宣传,并将其列入制造业或企业的发展战略目标。

发达国家和国际组织纷纷制定、倡导和出台了很多与绿色制造相关的立法、标

准等[5]，如 ISO14001 环境管理标准体系、OHSAS18001 职业健康与安全管理标准体系、欧盟的 RoHS 和 WEEE 指令以及德国"蓝色天使"、美国"能源之星"等产品环境认证标志等。日本先后通过了《促进建立循环型社会基本法》《固体废弃物管理和公共清洁法》《促进资源有效利用法》以及《促进容器与包装分类回收法》《家用电器回收法》《建筑材料回收法》《食品回收法》《绿色采购法》等。这些立法、标准等对产品质量，特别是节能、无毒无害、低排放和可回收等与绿色制造技术相关方面提出了严格的限制，逐步形成了国际贸易之间的绿色壁垒。2005 年，香港生产力促进会联合香港电子业协会、香港电器制造业协会、香港玩具协会、香港钟表工业协会、香港工业总会以及香港理工大学、香港城市大学成立了绿色制造联盟（Green Manufacturing Alliance），开展绿色制造技术研发和政策咨询与合作，以协助企业符合欧洲 RoHS 及 WEEE 指令要求，突破绿色贸易技术壁垒。但从另一方面看，国际绿色贸易壁垒的形成将"绿色"的概念融入贸易中，将极大地推动绿色产品和绿色制造技术的研究和应用。

许多高校也纷纷成立以绿色制造技术为研究方向的研究机构，如加州大学伯克利分校绿色设计与制造联盟（Consortium on Green Design and Manufacturing，CGDM）[6-8]，由美国亚利桑那大学牵头联合麻省理工学院、斯坦福大学、加州大学伯克利分校成立 NSF/SRC 环境友好半导体制造工程技术中心[9,10]，英国可持续设计中心 CfSD（The Center for Sustainable Design）[11-13]，加拿大 Windsor 大学的环境意识设计和制造实验室（Environmentally Conscious Design and Manufacturing，ECDM）[14]，德国斯图加特大学生命周期工程学院（Department of Life Cycle Engineering）[15]等。还召开了不少以绿色制造技术为主要议题的国际学术会议，如环境意识设计与逆向制造国际研讨会（International Symposium on Environmentally Conscious Design and Inverse Manufacturing）等。

欧洲、日本、美国等发达国家和地区的一些企业，特别是一些跨国公司制订了绿色制造实施目标和措施，开展节能、降耗、产品生命周期评估、环境审核、绿色产品开发等具体工具。在松下、索尼、IBM、丰田等多家跨国公司赞助下，国际电子电气工程师协会（IEEE）和日本生态设计（Eco-Design）协会联合发起的环境意识设计与逆向制造国际研讨会迄今已成功举办了 7 届，对环境意识制造和逆向制造技术展开了讨论[16]。特别是，近年来随着 ISO14000 环境管理体系系列标准、OHSAS18000 职业健康与安全卫生标准系列、绿色产品标志认证等的颁布，企业环境管理和绿色制造的研究更加活跃。环境保护和绿色制造研究形成的强大绿色浪潮，正在全球企业界悄然兴起。表 1.1 简要介绍了各个典型跨国公司实施绿色制造的情况。

表 1.1　一些跨国公司的绿色制造实施情况[17]

公司名称	实施绿色制造的目标	实施绿色制造的具体措施	实施绿色制造面临的问题
德国西门子公司	(1) 在所有的工厂建立起环境管理体系 (2) 建立内部环境审计系统 (3) 加强环境协调性产品设计,并集成环境保护的方法到各个领域 (4) 优先选择获得环境管理体系认证的供应商	(1) 改善材料和机械加工过程 (2) 生产无铅和无氯的产品 (3) 在降低成本的基础上,进行面向环境的产品设计 (4) 回收和利用报废的电器产品 (5) 对实施 ISO14001 没有具体的政策,但要根据顾客的要求制订正规的环境规范 (6) 实施产品生命周期评估	(1) 由于公司生产的产品本身属高能量消耗产品,市场的扩大会导致能耗成指数增长 (2) 软件的更新将导致硬件的过早淘汰和报废,造成环境污染的增加
日本丰田公司	(1) 在所有的分厂内改善环境,减少能量和资源的消耗 (2) 不仅在加工中实施绿色制造,也要把绿色方法应用到商业中去 (3) 在开发符合法规要求的清洁燃料的发动机和技术领域,保持领先地位	(1) 为 450 家供应商建立了环境采购的规范 (2) 高度重视加工过程中的环境友好性较差的工艺 (3) 在减少和消除垃圾废弃物方面取得了持续性的进步 (4) 减少加工过程中的废弃物 (5) 对废弃物和污染物建立了内部的标准	需要进一步实施绿色制造来保持公司在清洁燃料的发动机和技术领域的领先地位
美国福特公司	(1) 确立"三重底线(triple bottom line)"政策,即公司战略服务于经济、环境和社会 (2) 在全球范围内,获取 ISO14001 的认证	(1) 减少汽车制造过程中能量的消耗 (2) 开发和使用重量轻的材料生产汽车,减少汽车使用中对能量的消耗 (3) 成立了一个产品生命周期小组,进行产品生命周期的研究,包括生命周期的清单分析,以及环境影响 (4) 加强产品的可回收性,在产品中使用可回收的材料	如何在各个分公司内部建立一个统一的环境管理体系,又能保持各个分公司的独立性和差异性
日本日立公司	(1) 所有日立公司的子公司都要获取 ISO14001 的认证 (2) 到 2010 年减少 20%的能量消耗,减少 90%的废弃物	(1) 无铅焊接的研究 (2) 回收评价方法的研究,目的是给产品设计者提供一个可以评估产品回收性的工具 (3) 举办逆向制造研讨会,以及研究信息交互系统	在各个领域都制订一个面向环境设计和制造的规范

近年来我国政府也比较重视绿色制造方面的研究,国家"九五"以来,科学技术部围绕绿色制造部署了相关研究方向和课题,如国家 863 计划、国家自然科学基金都资助了不少绿色制造方面的研究课题,并在"十一五"期间组织实施了科技支撑计划"绿色制造关键技术与装备"重大项目,突破了一批绿色制造共性关键技术,研制了一批绿色新产品、新工艺、新装备,制定了一批绿色制造技术标准规范,面向汽车、机械、家电、建材等行业开展了应用示范,在废旧家电与电子产品拆解与资源化、装备再制造产业所取得的初步示范效果,促进了传统产业资源节约和环境友好的提升。国家在"十二五"初期制定并出台了《绿色制造科技发展"十二五"专项规划》,旨在深入贯彻落实科学发展观,加快实施《国家中长期科学和技术发展规划纲要(2006~2020 年)》(以下简称《规划纲要》)、《国民经济和社会发展第十二个五年规划》以及具体落实《国家十二五科学和技术发展规划》提出的重点任务,将为建设资源节约型、环境友好型社会及促进产业结构调整和发展方式转变发挥重要的支撑作用。

目前包括重庆大学、清华大学、中国人民解放军装甲兵工程学院、合肥工业大学、上海交通大学、武汉科技大学等在内的许多科研单位都进行了这方面的研究。如重庆大学制造工程研究所从 20 世纪 90 年代中期开始从事绿色制造方面的研究,系统提出了绿色制造的定义、内涵,提出了机床再制造的技术体系、规范流程,并进行了产业化应用示范[18-25]。清华大学于 2001 年在政府、学校和企业多方资助下,成立了清华至卓绿色制造研发中心,主要从事机电产品绿色设计、线路板的回收、产品全生命周期评估,以及机电产品的拆卸回收处理等方面的研究[26-29]。中国人民解放军装甲兵工程学院成立了装备再制造技术国防科技重点实验室,主要从事装备再制造技术领域的基础应用研究,以解决装备延寿、再制造及战场应急抢修等重大课题中的关键技术难题[30,31]。合肥工业大学绿色设计与制造工程研究所主要从事绿色设计理论与方法、废旧产品回收理论与方法、绿色供应链、机电产品拆卸与分析、废旧产品回收管理信息系统、干式切削和磨削加工技术等方面的研究[32-36]。上海交通大学生物医学制造与生命质量工程研究所主要在机械产品的全生命周期设计理论与方法体系、机械产品绿色设计数据库、汽车回收与再制造技术、基于回收与再制造的汽车设计方面开展了大量的工作[37]。武汉科技大学成立了绿色制造与节能减排科技研究中心,长期从事生产过程绿色优化方面的研究,建立了常用加工工艺资源环境属性库,提出了生产过程绿色规划方法与技术体系,并将绿色制造的思想引入流程制造业,探讨了钢铁绿色制造系统集成运行模式[38-44]。

国内的一些企业也开始注重绿色制造技术方面的研究[45]。如济南复强动力有限公司与装甲兵工程学院积极合作开展汽车发动机再制造技术的研究和应用;重庆机床厂与重庆大学在绿色滚齿机床设计和面向绿色制造工艺规划方法方面积极合作,并成功开发了面向绿色制造的系列滚齿机以及面向绿色制造的工艺规划系统;至卓飞高线路板(深圳)有限公司在绿色制造方面与清华大学合作,积极开展线路板回收方面的技术研究;上海华东拆车有限公司与上海交通大学合作开展汽车回收的研究,参与了多项国家与地方项目的研究与产业化示范,并在上海初步建立了"废旧汽车回收拆解示范工程";美菱公司与合肥工业大学在家电产品绿色设计方法及废旧塑料与发泡料的回收再利用方面进行了卓有成效的合作等。

1.1.3　绿色制造的国内外研究现状总结

国内外绿色制造相关领域的研究现状表明:绿色制造已经在国内外得到广泛的认可和重视,不管是在美国、欧洲、日本等发达国家和地区还是在中国等发展中国家和地区,绿色制造的研究工作已经大量开展,并且得到了产业界的响应。但是,目前绿色制造研究和实施仍处于初期阶段,现有研究虽然分别涉及了绿色设计技术、绿色工艺技术、绿色回收处理技术、绿色再制造技术等,但仍然比较分散,而且不够深入,还没有形成系统的和具有实际参考价值的绿色制造系统实施技术。此外,目前关于绿色制造单项技术,如干切削技术、汽车发动机再制造技术、线路板回收再资源化技术等应用已有报道,但几乎没有面向车间、企业或产业链层面的绿色制造技术的系统应用,我国制造企业在绿色制造技术系统应用和实施方面缺乏运行模式方面的参考以及成功经验。

作为一种先进制造理念,绿色制造研究的最终目的是在企业中得到应用和实施,使企业不仅获得经济效益,提高企业市场竞争力,更重要的是获得环境效益,使企业的社会价值和社会责任得到充分体现,真正实现企业的可持续发展,以致整个人类社会的可持续发展。但是,绿色制造在企业的运行与实施是一个复杂的系统工程。绿色制造过程及相应的制造理论、制造技术(包括绿色制造工艺和绿色制造方法)越来越呈现两个显著的特性:一是系统科学性,即涉及系统理论和系统工程的方法越来越多;二是学科综合性和技术集成性,即绿色制造过程和绿色制造技术绝非单一学科知识能够支撑,而是依赖于多门学科知识的有机结合。如果从孤立的绿色制造方法、绿色制造技术、绿色制造工具和绿色制造设备等方面去研究绿色制造过程,将无法从全局上使绿色制造运行于最优状态,发挥最佳效益。因此,迫切需要从系统科学与工程的角度对绿色制造进行研究,为制造企业实施绿色制造提供参考和指导。

1.2　绿色制造系统工程的概念与内涵

顾名思义,"绿色制造系统工程"与"绿色制造"和"系统工程"有关,是一种专业领域的系统工程,即绿色制造领域的系统工程。为了对绿色制造系统工程的概念与内涵有一个深入了解,我们首先了解绿色制造、系统与系统工程、绿色制造系统的基本概念。

1.2.1 绿色制造的概念

绿色制造(green manufacturing),又称环境意识制造、面向环境的制造等。它是一个综合考虑环境影响和资源消耗的现代制造模式,其目标是使得产品从设计、制造、包装、运输、使用到报废处理的整个生命周期中,对环境负面影响最小,资源利用率最高,并使企业经济效益和社会效益协调优化。

由上述定义可知,绿色制造中的"制造"从过程方面是一个涉及产品整个生命周期的"大制造"概念,在范围上覆盖了机械、电子、食品、化工、军工等整个工业领域。绿色制造体现了现代制造科学的"大制造、大过程、学科交叉"的特点。

绿色制造涉及的不仅仅是制造问题,还包括环境保护问题和资源优化利用问题,体现了制造、资源和环境三者不可分割的关系。绿色制造就是这三部分内容的交叉,如图 1.1 所示。

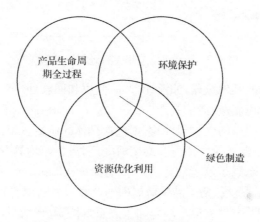

图 1.1 绿色制造的问题领域交叉状况

近年来,与绿色制造相类似的概念还有许多,如环境意识制造、清洁生产、生态意识制造等。为了区别绿色制造与其他概念,并进一步明确绿色制造的技术范围,将其中的主要模式大致归类,如图 1.2 所示。

图 1.2 表明,与环境有关的制造概念和制造模式大致可分为四个层次。

第一层(底层)为环境无害制造(environmentally neutral manufacturing),其内涵是该制造过程不对环境产生危害,但也无助于改善现有环境状况,或者说它是中性的。

第二层包括清洁生产、清洁技术(clean manufacturing)和绿色生产(green production)。其内涵是这些制造模式不仅不对环境产生危害,还应有利于改善现有环境状况。但是其绿色性主要指具体的制造过程或生产过程是绿色的,而不包

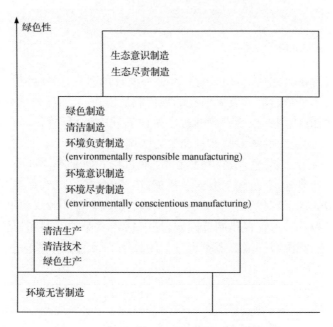

图 1.2　与绿色制造相关的概念与制造模式

括产品生命周期中的其他过程,如设计、产品使用和回收处理等过程。

　　第三层包括绿色制造、清洁制造(clean manufacturing)、环境意识制造等。其内涵是指产品生命周期的全过程(即不仅包括具体的制造过程或生产过程,而且还包括产品设计、售后服务及产品寿命终结后处理等过程)均具有绿色性。

　　第四层包括生态意识制造和生态尽责制造(ecologically conscientious manufacturing)。其内涵不仅包括产品生命周期的全过程具有绿色性,而且包括产品及其制造系统的存在及发展均应与环境和生态系统协调,形成可持续发展系统。

1.2.2　系统与系统工程

1. 系统[46]

1) 系统的定义

　　我国著名科学家钱学森给出了系统的一个定义:系统是由相互作用和相互依赖的若干组成部分结合而成具有特定功能的有机整体,而且这个系统本身又是它所属的一个更大系统的组成部分。若组成部分还可以再分解,则这种组成部分称为部件;若组成部分不能再分割,则这种组成部分称为元素。可见,系统是有边界的,边界之外是系统的环境,边界之内是系统的各个组成部分,这些部分又可以是一个个子系统。因而,系统具有一定的层次结构,各部分之间存在着某种关系,按照这种关系各组成部分有机地结合在一起,形成一个整体。系统的功能就是整体行为的表现,体现了系统对环境的作用和依存关系。

2)系统的特性

(1)整体性。它是指系统元素之间的相互关系以及元素与系统之间的关系。系统不是构成要素和某种联系方式的简单组合,而是构成要素相互联系、相互作用在新的本质水平上形成的有机整体。系统整体性有着丰富的内涵:①系统构成要素有机联系的统一性。构成要素是系统的有机组成部分,并对系统的整体功能产生一定程度的影响。处于系统中的任一构成要素,只有在整体中,在与其他构成要素的相互联系中,才能具备特有的属性,发挥应有的功能。②系统功能的非加和性,即系统的整体功能通常并不等于各局部功能之和。一个系统的整体功能不仅取决于它的构成要素,更主要的还取决于构成要素之间的联系总和。构成要素的这种有机联系,使系统在更高层次上具有整体性的新功能。因此,系统整体功能往往大于各局部功能的总和,优良的构成要素并不等于系统整体功能优良。

(2)关联性。它是指系统各要素之间相互作用、相互依赖、相互制约的关系。系统的关联性包括系统内部的关联性和系统与环境的关联性。系统中的任何一个元素均通过系统与其他元素相关联,如果某一元素发生变化,与它相关联的元素也会相应地变化和调整,才能保持系统整体上的最优结构和形态。系统与环境的关联性一般表现为物质、能量和信息的交换,即环境对系统的输入和系统对环境的输出。研究系统与环境的关联性,应该明确系统与环境的界限,分析系统的输入和输出,掌握系统的动态特性。现代系统论研究结果表明,系统的构成要素在一定的环境条件下,相互关联、相互制约、相互依托和相互竞争,最终会形成某种有序结构。

(3)层次性。它是指一般系统都具有一定的层次结构关系。一个系统可以分解为若干子系统,子系统又可以分解为若干亚子系统,经过逐层分解,直到最终分解为若干要素。这样,就形成一个系统特定的空间层次结构。系统的层次结构表明不同层次的子系统、亚子系统之间,同一层次的不同要素之间的相互关系。这种关系或者是序列型的从属关系,或者是非序列型的层次相关关系等。各层次的子系统或元素之间相互关联、相互作用,以其特定的目标而协同运行。

(4)适应性。它是指系统对环境变化的适应程度。系统存在于环境之中,是特定环境的产物。同时,系统又是环境的组成部分,环境是一个更复杂、更高级的大系统。系统与环境既相互关联、相互依存,又相互独立。系统不断地与环境进行物质、能量和信息的交换,使其与外部环境相适应。环境发生变化传送到系统内部,必然引起系统要素的波动,导致系统内部有序结构的变化和调整。反之,系统要素功能和结构的变化返传到系统外部,也会引起环境要素的波动。在交换、运动和调整中,系统保持与外部环境的适应性。能够经常与环境保持最佳适应状态的系统,是能够生存和发展的理想系统,不能适应变化环境的系统是难以存在的。系统既适应于环境,又独立于环境,没有这种相对独立性,就难以形成特色各异、变化万千的世间万物。

（5）动态性。系统是发展变化的系统。结构是运动中的结构，联系是过程中的联系，稳定是交换中的稳定，动态性是系统最本质的特性之一。系统的动态性表现在时间和空间两个方面。在时间上，系统的状态不是静止的，而是随时间变化而变化的，必须分析系统结构和功能的动态情况。在空间上，系统的内部要素之间、系统与环境之间的相互联系、相互作用都是在运动变化中实现的。由于系统与环境不断地交换物质、能量和信息，使系统在开放和动态中形成新的稳定和平衡。现代系统论的耗散结构理论、协同学理论等最新研究成果给出了系统动态性更深刻的涵义。一个平衡的开放系统，在与外部环境大量交换物质和能量的情况下，当外部条件达到某一特定阈值时，这种无序状态系统就会转变成有序而稳定状态的系统。

2. 系统工程[47]

1）系统工程的定义

系统工程是组织管理系统的规划、研究、设计、制造和使用的科学方法，是一种对所有系统都具有普遍意义的科学方法。这里，比较明确地表达了三层含义：①系统工程属于工程技术范畴，主要是组织管理的技术；②系统工程是研究工程活动全过程的过程技术；③这种技术具有普遍的适用性。由此可见，系统工程是一门工程技术，是直接服务于改造客观世界的社会实践的技术。具体地说，它是组织管理的技术，是一大类工程技术的总称。系统工程可以解决物理系统，一般指工程系统的最优控制、最优设计和最优管理问题，也可以解决事理系统，一般指社会经济系统的规划、计划、预测、分析和评价问题。应用系统工程有两个并行过程，一个是工程技术过程，另一个是实现工程技术过程的管理过程。实际上，系统工程是应用系统观点、数学方法、计算机技术和其他科学技术，相互渗透和交叉综合形成的一大门类的工程技术。

2）系统工程的基本原理

系统工程的基本原理就是以系统为对象，把要组织管理的事物，经过分析、推理、判断、综合，建立某种系统模型，进而以最优化的方法，实现系统最满意的结果。即经过系统工程技术的处理，使系统达到技术上先进、经济上合算、时间上节省、能协调运行的最优效果。

所谓最优性，有几种含义。从广义上讲，优化是使一个决定、一种设计或一个求解系统尽可能有效完善；从狭义上讲，优化是一种途径和方法，使得从众多可行方案中找到实现目标的最满意方案；从数学上讲，优化是指在某些约束条件下，使目标函数达到极大值或极小值的数学方法。最优化可以通过建立优化模型，应用优化技术和方法，实现系统总体最优。

3）系统工程的内容和解决问题的步骤

系统工程的内容主要有：系统工程的概念、系统分析、系统模型、系统决策、网络分析、系统模拟、系统评价、现代系统工程技术、系统信息技术、系统控制等。系统工程求解问题的步骤如下：

（1）明确目标。用系统工程技术解决社会经济问题，不外乎预测、评价、计划、规划、分析等工作，而无论做哪一项工作，首先都要弄清楚工作的目标、范围、要求、条件等。一般情况下，这些目标可以由提出任务的部门交代清楚。但也有这样的情形，提出任务的部门只能给出部分目标或提出某些含糊不清的目标，这时就需要进行调查研究分析后，才能明确目标，具体的目标是通过某些指标来表达的。系统工程是针对所提出的具体目标而展开的。由于实现系统功能的目的，是靠多方面因素来保证的，因此系统目标也应有多个，例如经营管理系统的目标就包括诸如品种、产量、质量、成本、利润等，而每一目标本身又可能由更小的目标集组成。

（2）收集资料，提出方案。根据所确定的总目标和分目标，收集与之相应的各种资料或数据，为分析系统各因素的关系做好准备。收集资料必须注意可靠性，资料必须是说明系统目标的，找出影响因素的诸因素，对照目标整理资料，然后提出能达到目标条件的各种替代方案。首先作总体设想，然后再精心设计。

（3）建立模型。模型用于描述对象和过程某一方面的本质属性，它是对客观世界抽象的概述。这就是要找出说明系统功能的重要因素及其相互关系，即系统的输入、输出、转换关系，系统的目标及约束等。一般用从客观实体中观测到的数据来建立模型。通过模型，可确认影响系统功能和目标的主要因素及其影响程度，确认这些因素的相关程度、总目标和分目标的实现途径及其约束条件，模型要反映系统的实质要素，尽量做到简单和实用。

（4）系统分析与评价。通过所建立的各种模型对替代方案可能产生的结果进行计算、测定和分析，考察各种指标达到的程度。例如费用指标，应考虑投入的劳力、设备、资金等。不同方案的输入、输出不同，结果不同，得到的指标也会不同。在定量分析的基础上，再考虑各种定性因子，对比系统目标达到的程度，用标准进行衡量，这便是综合分析与评价。经过评价，最后应能选择一个或几个可行方案，供决策者参考。

1.2.3 绿色制造系统与绿色制造系统工程

在了解"绿色制造"、"系统与系统工程"概念的基础上，下面讨论绿色制造系统与绿色制造系统工程的内涵和定义。

1. 绿色制造系统的定义与内涵

绿色制造系统是产品生命周期全过程及其所涉及的制造资源要素和环境影响

要素所组成的具有绿色特性的一个有机整体。其制造资源要素包括物能资源（物料、能源、设备等）、资金和人力资源及相关的绿色制造理论、绿色制造技术和制造信息；环境影响要素是指生态影响、资源利用、职业健康、安全性等一系列广义环境影响要素；其绿色特性是指在产品生命周期全过程中对环境负面影响最小，资源利用率最高。

从绿色制造系统定义可知，在结构方面，绿色制造系统是由产品全生命周期过程所涉及的硬件、软件和相关人员所组成的一个统一整体；在过程方面，包括两个层次的绿色制造过程，一是指具体的制造过程，即物料转化过程中，充分利用资源，减少环境污染，实现具体绿色制造的过程；另一方面是指在构思、设计、制造、装配、运输、销售、售后服务及产品报废后回收的整个产品生命周期乃至产品的多生命周期中每个环节均充分考虑资源和环境问题，以实现最大限度地优化利用资源和减少环境污染的广义绿色制造过程；在功能方面，绿色制造系统是通过绿色制造过程将所输入的制造资源进行加工制造而最终形成绿色产品的输入输出系统，实现系统经济效益和社会效益的协调优化。

从以上绿色制造系统定义可看出绿色制造系统的主要内涵如下：

（1）绿色制造系统是一个面向产品全生命周期，并综合考虑环境影响和资源消耗的现代制造系统，其目标是使产品从设计、制造、包装、运输、使用到报废处理的整个产品生命周期，系统对环境影响最小，资源利用最优。

（2）绿色制造系统追求的不仅仅是实现系统的经济效益，更强调环境效益和可持续发展效益。绿色制造系统的运行和发展必须满足可持续发展战略的"三度"，即发展度、持续度和协调度的要求。其系统的决策是一个多目标的决策，即时间 T、产品质量 Q、成本 C、环境影响 E、资源消耗 R，系统要实现多目标的全局优化。

（3）绿色制造系统是一个闭环系统。传统的制造系统是一个开环系统，即原料工业生产—产品使用—报废—弃入环境，它是靠大量消耗资源和破坏环境为代价的工业系统，而绿色制造系统是一个闭环的复合系统，即原料—工业生产—产品使用—报废—多次再制造、回收利用。目前是着眼于产品的全生命周期，未来将进一步发展到多次循环使用的扩展生命周期。

（4）绿色制造系统是一个高度集成的制造系统。它包括问题集成、领域集成、信息集成、社会化集成等。从问题集成来看，绿色制造系统是一个充分考虑制造问题、环境保护问题和资源优化利用问题的复杂制造系统；从领域集成来看，绿色制造系统涉及制造系统、自然生态环境系统、自然资源系统、消费服务系统等多个系统领域的问题。同时，绿色制造系统涉及的范围非常广泛，包括机械、电子、食品、化工、军工等，几乎覆盖了整个工业领域；从信息集成来看，绿色制造系统除了涉及普通制造系统的所有信息及其集成考虑外，还特别强调与资源消耗信息和环境影响信息有关的信息集成的处理和考虑,并且将制造系统的信息流、物料流、能量流和环境流有机结合,系统地加以集成和优化处理;从社会化集成发展的观点来看,绿色制造系统首先在企业层面上追求环境影响最小和资源利用率最高,然后向更高一层次集成发展形成工业生态系统,实现系统内的环境污染"零排放",取得极优的环境效益和经济效益,并通过不断提高废物或副产品的再利用率,进一步集成发展形成循环社会系统,形成企业与社会资源融合的态势,即社会化的大集成。

(5)绿色制造系统的组成要素更加丰富。绿色制造系统内的组成要素不仅包括传统制造系统中的组成要素,还包括整个产品生命周期过程中对自然生态环境系统及自然资源系统等有影响的因素,即产品整个生命周期的资源消耗和环境影响要素成为绿色制造系统的重要组成要素。

2. 绿色制造系统的基本特性

绿色制造系统,具备系统科学中所说"系统"的全部特征[48]:

(1)集合性。绿色制造系统是由两个或两个以上的可以相互区别的要素(或环节、子系统)所组成。例如绿色制造系统可以由资源供应子系统、资源转化子系统、资源消耗子系统、资源回收子系统等组成。

(2)相关性。绿色制造系统内各要素是相互联系的。集合性确定了绿色制造系统的组成要素,而相关性则说明这些组成要素之间的关系。绿色制造系统中任一要素与存在于该系统中的其他要素是相互关联和互相制约的,当某一要素发生变化时,则其他相关的要素也相应地改变和调整,以保持系统的整体最优状态。例如绿色制造系统中产品制造加工的能源发生变化,由电能变为了太阳能,则制造加工设备、制造工艺等会相应发生改变。

(3)目的性。绿色制造系统是一个整体,要实现系统的经济效益和社会效益的共赢。即实现时间 T、产品质量 Q、成本 C、资源消耗 R、环境影响 E 等多目标的全局优化。

(4)环境适应性。绿色制造系统是一个开放系统,它与周边的市场、经济、技术、社会、自然生态、资源等外部环境必然要进行物质、能量或信息的交换,外部环境与系统是互相影响的。因此绿色制造系统必须具有对周围环境变化的适应性,即外部环境发生了变化,系统能进行自我控制、自我调整,始终保持最优状态。

绿色制造系统除具有上述一般系统的普遍特征外,还具有以下几个显著特性。

(1)动态性。绿色制造系统是一个动态系统。系统的动态特性主要表现在:①绿色制造系统总是处于生产要素(原材料、能量、信息等)不断输入和产品不断输出、回收、再制造这样一个动态过程中,在这个过程中无时无刻不伴随着物料流、能量流、环境流和信息流的运动。②制造系统内部的全部硬件和软件也是处于不断地动态变化之中。③制造系统为适应生存的环境,特别是在资源环境约束下总是处于不断发展、不断更新、不断完善的运动中。

(2) 反馈特性。绿色制造系统在运行过程中,其组成要素的状态如产品质量信息、资源综合利用状况、环境影响要素信息等总是不断地反馈回产品生命周期全过程的各个环节中,从而实现系统的不断调节、改善和优化。

(3) 闭环特性。绿色制造系统是一个闭环系统,其着眼于产品生命周期全过程,进行全过程控制,以期达到环境影响最小、资源利用最优。

3. 绿色制造系统工程的定义与内涵

绿色制造系统工程是用系统工程的原理和方法来分析和解决绿色制造系统各要素之间的优化和组合的一门技术性交叉学科。

绿色制造系统工程以绿色制造系统为研究对象,从系统的角度出发,应用系统工程的理论和方法来研究和处理绿色制造过程中的有关问题,其主要内容是绿色制造系统的分析、决策、规划、设计、管理、运行和评价等,重点研究绿色制造过程中的综合性技术问题和相关的管理问题,从整体及系统的角度研究绿色制造系统。

绿色制造系统涉及制造领域、资源领域和环境领域等,具有跨领域、多层次、多要素的特点,绿色制造系统工程是以研究和寻求系统总体最优为目标的科学方法。绿色制造系统工程具有以下几方面的内涵:

(1) 绿色制造系统工程是绿色制造领域内的系统工程,它从系统的角度、应用系统的理论和方法来研究和处理制造系统有关的问题。绿色制造系统工程的研究对象是各类具体的绿色制造系统,如机械制造系统、电气制造系统等。

(2) 由于绿色制造过程所涉及的硬件和软件,特别是现代制造设备、制造理论和制造技术,在绿色制造过程中既要运用大量的现代制造理论、技术和方法及现代制造设备,又要考虑资源的优化利用及对生态环境的影响,涉及多门学科知识,需要从整体和系统的角度来研究。因此,绿色制造系统工程必然是一门多学科交叉的工程学科,这种交叉不是多学科的简单结合,而是以系统工程的理论和方法为纽带,以绿色制造系统为结合对象形成的多学科的密切结合、融会贯通的有机整体。

(3) 绿色制造系统工程的总目标是追求经济效益和社会效益(环境效益和可持续发展效益)的协调优化,实现绿色制造过程的整体最优。

4. 绿色制造系统工程的特征

绿色制造系统工程采用系统科学和系统工程的思想来研究绿色制造的实施问题,是绿色制造领域研究的一个重要方法,具有以下几个特征。

（1）绿色制造系统工程把具体绿色制造过程的各个组成部分看成一个有机的整体，力图将绿色制造系统的形态与本质、结构与功能、稳定与变化等有机地综合在一起，形成具有动态变化的统一体系。

（2）绿色制造系统工程充分借鉴其他学科的相关理论，丰富系统工程的学科体系，以机械工程、计算机与微电子工程、信息工程、资源环境工程、生态工程等多学科知识为支持，应用系统工程的理论和方法，有机综合和集成绿色制造过程中所涉及的多学科知识，以解决绿色制造过程中的关键技术以及相关的管理问题，实现绿色制造系统运行过程的整体优化。

（3）绿色制造系统工程运用先进的技术手段，从原先表象的描述及定性分析逐步转向抽象概括与数量表达相结合的分析方法。系统的仿真以及数学模型的建立都为绿色制造系统工程提供了强有力的工具。

1.3　绿色制造系统工程的基本内容

绿色制造系统工程学科的基本内容是研究绿色制造系统的有关理论，及如何基于这些理论，从整体性、综合性、最优性的角度来研究绿色制造系统的分析、决策、规划、设计、运行、管理和评价的方法，使系统的综合效益最佳。绿色制造系统工程的内容如图1.3所示。

绿色制造系统工程的基本内容主要包括：绿色制造系统理论、绿色制造系统体系结构与运行原理、绿色制造系统评价方法、绿色制造系统过程优化技术以及绿色制造系统工程实践方法。

绿色制造系统理论包括领域制造理论和系统制造理论。领域制造理论是针对绿色制造过程（包括产品全生命周期）内的某一环节的理论或制造过程中针对某一技术的理论，它又称为局部理论或专门理论。当前人们对领域制造理论做了大量的研究，如绿色设计、绿色材料的选用、绿色工艺规划、绿色包装、再制造技术等，这些理论在相关的文献[4]～[9]中已进行了大量的讨论。领域制造理论现处于不断发展之中。系统制造理论是针对整个绿色制造过程或绿色制造过程中的多个环节有机结合的理论，或绿色制造过程中综合性的技术或管理问题的理论，它是从系统、全局和集成的角度来研究绿色制造系统的理论。

绿色制造系统体系结构与运行原理主要采用系统工程的理论和方法，分析绿色制造系统的环境边界特性，深入剖析绿色制造系统的体系结构，揭示绿色制造系统的基本运行原理，为绿色制造系统工程的实施提供理论基础和实践方法。这方面的内容将在第2章进行讨论。

绿色制造系统评价方法是绿色制造系统工程的重要内容之一，主要研究绿色制造系统的资源环境属性分析与评价方法，探讨如何基于相关的评价分析方法建

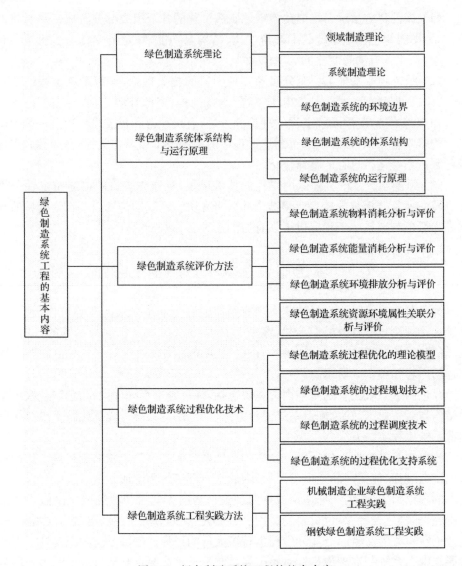

图 1.3　绿色制造系统工程的基本内容

立绿色制造系统的总体决策模型框架,并依据此决策模型框架对系统的资源消耗和环境影响做出正确的分析,这方面内容将在第 3 章进行讨论。

　　绿色制造系统过程优化技术是在绿色制造系统评价的基础上,将绿色制造的思想应用到绿色制造系统的实践过程中,以生产率、质量、成本、资源消耗、环境影响以及职业健康与安全组成的目标体系为核心,以绿色制造系统的过程规划技术、过程调度技术和过程优化支持系统为支撑,对绿色制造系统过程进行优化和管理,从而实现整个绿色制造系统的绿色化,这方面内容将在第 4 章进行讨论。

绿色制造系统工程实践方法是在以上研究内容的基础上，将绿色制造系统工程应用到不同行业的制造业中，为企业降低生产过程资源消耗、减少环境污染、实现清洁化生产提供解决方案，这方面内容将在第 5 章和第 6 章进行讨论。

上述绿色制造系统工程的基本内容有待于丰富和完善，各要点之间的关系也有待于进一步研究和完善。

1.4　绿色制造系统工程的学科特点

1. 绿色制造系统工程学科的知识基础和学科支撑体系

绿色制造系统工程的知识基础由三部分组成。一是系统理论和系统思想贯穿于整个绿色制造过程的始终，系统科学是绿色制造系统工程的思维基础；二是绿色制造追求的是产品生命周期全过程的经济效益和社会效益协调整体最优，则必然要涉及大量的方法论、控制论、信息论和协同论等技术和方法，这些构成了绿色制造系统工程的技术基础；三是绿色制造过程要用到绿色制造技术、绿色制造工艺、绿色制造方法和绿色制造设备等，这些是绿色制造赖以生存的基石，构成了绿色制造过程的专业基础，而且要实现绿色制造、实现制造与环境和谐共处，资源与环境科学、生态学方面的知识也是绿色制造过程的专业基础。图 1.4 描述了绿色制造系统工程的知识基础。

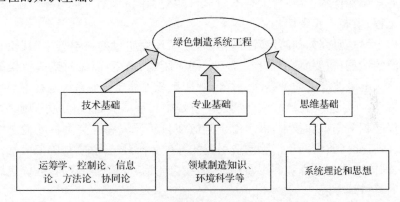

图 1.4　绿色制造系统工程知识基础

绿色制造系统工程的学科支撑体系尚不完善，还处在发展之中，目前也没有明确的描述。综合有关文献的论述，笔者认为绿色制造系统工程的学科支撑体系是以制造学科、环境科学学科为基础，以系统工程的理论和方法为纽带，有机结合机械工程、能源与资源工程、环境工程、生态工程、计算机技术、电气工程、工业工程、管理工程等多学科知识而形成的一门综合学科，其学科特点在于学科复合性与技术的集成性,强调多学科的结合与融会贯通。绿色制造系统工程的学科体系如图1.5所示。

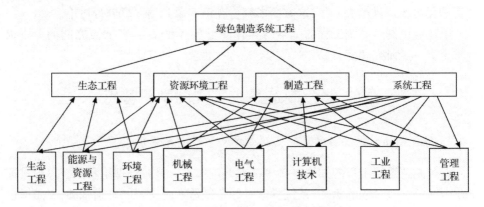

图1.5　绿色制造系统工程学科支撑体系

2. 绿色制造系统工程与现有工程学科之间的关系

绿色制造系统工程是用系统工程的理论和方法与绿色制造过程中的多学科专业技术有机结合而形成的一门复合性综合学科。它涉及现有的专业性工程学科如机械工程、环境工程、能源与资源工程、生态工程、计算机工程、材料工程、电气工程等学科的知识和技术,存在着大量不同学科的交叉问题,尤其是与环境工程、能源与资源工程、生态工程密切相关。

环境工程是研究如何防治环境污染和提高环境质量的科学技术,其核心是环境污染源的治理;主要研究对废气、废水、固体废物、噪声,以及对造成污染的放射性物质、热、电磁波等的防治技术。绿色制造系统工程要研究系统运行中环境影响要素的特性,保证系统在产品生命周期全过程中对环境负面影响最小,则必须结合环境工程的相关知识和技术,揭示由于制造使自然环境和人类生存环境产生变异的规律,研究如何改善乃至消除制造引起的各种生态环境问题,如降低大气污染和水污染、固体废物的处理和利用、环境污染综合防治、环境影响评价等,促进绿色制造系统的可持续发展。

能源与资源工程是将能源与资源一体化,研究能源和资源综合利用并与生态环境综合保护密切相关的科学技术,其主要内容有资源高效与循环利用、新型能源开发等。能源与资源是制造系统运行的物质基础。长期以来,制造业对能源和资源的低效利用,加剧了能源与资源的短缺局面,同时又对生态环境造成严重影响。绿色制造系统工程就是要用能源与资源工程的有关知识与技术,解决制造系统中的资源、能源综合利用问题,如绿色制造技术领域的创新资源的开发、资源节约、再利用技术与装备的研究、节能与环保和可循环的新型制造工艺等,使绿色制造系统的资源利用率达到最高。

　　生态工程是指应用生态系统中物质循环原理,将生物群落内不同物种共生、物质与能量多级利用、环境自净和物质循环再生等原理与系统工程的优化方法相结合,达到资源多层次循环利用的一门学科。绿色制造系统要实现资源综合利用最大、环境影响最小,必须采用资源循环利用的闭环运行方式。因此绿色制造系统工程要利用生态工程的相关知识,以自然生态系统的运行规律为基础,研究制造系统运行中资源的循环规律,各子系统之间资源的相互合作、相互利用,使制造系统的运行模仿自然生态行为,达到一种较为完美的共生体系。

　　此外,绿色制造系统工程还与复合性学科如管理工程、工业工程等学科既有密切联系,又有本质区别。

　　管理工程主要是运用行政、组织、人事、财政、贸易、法律等手段来保证企业生产、技术开发及各种工程活动的开展,保证系统功能得以充分发挥和顺利进行,从而达到系统整体优化,其中的部分理论和方法是绿色制造系统工程的重要组成部分;而绿色制造系统工程主要运用多学科知识的融会贯通,来解决绿色制造系统中的综合性技术问题及所涉及的管理问题。

　　工业工程是从科学管理的基础上发展起来的一门应用性工程专业,是一门技术与管理相结合的工程学科。一般说来,工业工程可看作是运用工业专业知识和系统工程的思想和方法,把人力、设备、物料、信息和环境等生产系统要素进行优化配置所从事的规划、设计、评价与创新的工程技术活动,它以生产过程为研究对象,以提高生产力为目标,为管理提供科学的依据。

　　工业工程和绿色制造系统工程都强调“系统概念”、“工程意识”和“整体优化”,在学科内容上有不少交叉之处。但两者又存在着以下明显的区别:工业工程研究的对象主要是工业企业生产经营的全过程,重点是技术和管理的密切结合,强调从技术的角度研究解决生产组织、管理中的问题;而绿色制造系统工程的研究对象是绿色制造系统的规划、设计、构造、评价等,重点是绿色制造系统中涉及多学科知识的综合性技术问题,强调的是“技术集成”。

　　绿色制造系统工程与制造系统工程之间的关系:制造系统工程是绿色制造系统工程的基础,绿色制造系统工程是制造系统工程的延续和发展。传统制造消耗了大量资源,带来严重的环境问题,制造的绿色化和可持续性毫无疑问应该成为未来制造系统的必然趋势,制造必然向绿色制造发展,因此绿色制造系统工程是制造系统工程发展的必然。

1.5　绿色制造系统工程的方法特点

　　绿色制造系统工程的基本内涵和学科特点决定了绿色制造系统工程具有如下

的方法特点。

　　1）思维综合性

　　绿色制造系统工程总是把研究的对象——产品全生命周期过程及其所涉及的全部硬件和软件（包括系统与环境之间相互影响的关联因素）全部看成一个整体，从全局和全过程的角度来分析和处理制造过程中的有关问题，强调要把这些问题所涉及的绿色制造系统以及应用环境的各方面因素和动态过程综合起来研究，防止顾此失彼。即要用系统论的方法来研究绿色制造系统，分析系统的结构和功能，研究系统、要素、环境三者的相互关系和变动的规律性。

　　2）知识集成性

　　知识集成性是绿色制造系统工程强调运用多学科知识来研究和处理绿色制造系统的设计、运行、管理、更新和发展等重大问题，强调将多学科知识有机的集成，来研究绿色制造系统。例如产品的再制造技术就包括表面工程技术、再制造修复技术、快速成形技术、零件的检测与寿命评估技术等，涉及光、学、电、制造加工、材料学等方面的知识，是多个学科知识的有机集成。

　　制造技术本身的发展，越来越多地依赖于不同领域、不同学科的发展，越来越多地吸收数学、生物、材料、信息、计算机、系统论、信息论、控制论等诸多学科的基本理论和最新成果。现代制造学科已发展成为一门面向整个制造业、涵盖整个产品和制造系统生命周期及其各个环节的"大制造、大系统、大科学"的制造科学，其中制造机理、制造信息学、计算制造学、制造智能和制造系统的结构与建模等构成了现代制造系统的基础。

　　作为现代制造系统的绿色制造系统同样具有知识综合、交叉的特点。绿色制造系统的形成、运行和发展的研究需要多门理论学科的支撑，如需要协同论来研究其制造系统内各子系统之间的相互合作与共生，用耗散结构理论来研究制造系统成长过程的优化，用突变论来研究在外部环境的约束下制造系统的重构与非稳定的发展，用仿生学理论探究绿色制造系统如何与生态环境协调共生，用运筹学研究制造系统运作中的结构优化问题等。总之，绿色制造系统工程是多学科知识有机集成的交叉学科。

　　3）目标最优化

　　绿色制造系统工程在绿色制造系统的规划、设计、构造、管理等各个环节总是追求优化状态和效果，并且特别强调全局和全过程的最优，这也是绿色制造系统工程方法的最终目标。绿色制造系统工程的方法体系是在绿色制造系统理论的指导下，为达到绿色制造系统整体优化目标而采取的一系列方法的集合。

1.6　绿色制造系统工程的工作程序和步骤

绿色制造系统是多种多样的,其性质、特点以及所服从的规律,都不完全相同。然而,它们都是动态的、多变量、多目标以及随时间变化的复杂系统,都可以用系统工程的方法来处理。

绿色制造系统工程的工作程序和步骤一般列为以下 6 个方面:

(1) 系统地提出问题,明确其目标和范围。绿色制造系统由彼此相互影响、相互渗透、相互制约的诸多要素组成。在外界施加影响之前,绿色制造系统处于一种动态平衡状态,当绿色制造系统的部分要素受到影响时,绿色制造系统部分甚至整体将发生变化,以达到一种新的平衡。绿色制造系统工程的目标是提高资源利用率,减少污染物排放,实现制造过程的经济效益与环境效益协调优化。

(2) 选择绿色制造系统评价指标或目标函数。要对绿色制造系统进行公正客观的评价,必须建立一套综合评价体系,遵循科学性、系统性、综合性、完整性等原则进行指标的选取。

(3) 明确绿色制造系统的组成要素。绿色制造系统是一个具有多层次结构、多输入、多输出、多目标、多变量的复杂系统。每个大系统又是由众多子系统组成的。物质和能量交换,不仅在大系统之间产生,而且各个子系统内部也通过一定的途径、按着一定顺序发生物质和能量交换。这就表明,各系统及其子系统都具有使物质和能量转变的功能、结构,表现出一定的效率,并影响到其他系统中物质和能量转变的结构和功能,即产生一定的影响和效益。因此,把各系统当成一个有机的整体来研究,才能找到解决绿色制造问题的有效方法。

(4) 建立绿色制造系统数学模型或进行数学模拟。数学模型是对真实系统行为特征的反映与描述,是对真实系统认识的升华。绿色制造系统数学模型建立的过程,实际上也是对环境系统内在行为规律的认知过程,必须经过实践—抽象—实践的多次反复才能得到一个可以付诸实用的模型。

(5) 分析模式的特点,确定优选的方法,使系统性能最优化。绿色制造系统各式各样,欲达到的目标和系统最优化模型的形式也各有不同。但是,绿色制造系统优化时均可以按照以下的步骤进行:①确定系统的范围、目标函数、约束条件和独立变量。目标函数的确定取决于系统最优化的目的,通常以产量高、消耗少、费用低以及质量好为目标。②根据数学模型的类型,决定最优的求解方法。

(6) 控制和规划方案的实施。根据选定的最优方案,进行绿色制造系统的控制和规划。

对一些绿色制造系统问题,这一工作程序在应用系统工程方法来进行规划、设计管理及运行时都可以参考,但不一定严格按照这一顺序,常常需要反复穿插进行。

1.7　本章小结

　　本章首先介绍了绿色制造的发展概况,然后讨论了绿色制造、系统与系统工程、绿色制造系统与绿色制造系统工程的基本概念和内涵,探讨了绿色制造系统工程的基本内容、学科特点及其方法特点。本书的后续章节将在上述基本理论和方法的指导下深入分析绿色制造系统的构成及运行原理,以及在实际中如何实施、规划、设计、运行、管理和评价绿色制造系统。

第 2 章　绿色制造系统的体系结构与运行原理

充分认识绿色制造系统的体系结构及其运行原理,是揭示绿色制造系统的本质特征和深入开展绿色制造系统的规划与设计、评价与优化以及系统工程应用的前提。本章将采用系统工程的理论和方法,分析绿色制造系统的环境边界特性,深入剖析绿色制造系统的体系结构,揭示绿色制造系统的基本运行原理,为绿色制造系统工程的实施提供理论基础和实践方法。

2.1　绿色制造系统的环境边界及特性

绿色制造系统是将可持续发展的理念融入到生产过程中,实现物能资源转化的一种输入输出系统。绿色制造系统不是孤立存在的封闭系统,它与其他工业系统,尤其是与自然环境系统之间存在密不可分的必然联系[49]。

2.1.1　绿色制造系统的环境

绿色制造系统的环境是指与绿色制造系统紧密相关的外部系统,由自然环境和人工环境构成。自然环境主要由蕴藏矿产资源和一次能源的地质环境系统、大气圈、水圈,以及消纳物质排放和能量耗散的生物圈、生态系统构成;人工环境主要是指为绿色制造系统提供物质原料、二次能源及能源介质的上游制造系统,吸纳绿色制造系统物质能量产出的下游制造系统,以及那些不与绿色制造系统直接发生物质能量交流,却提供各类重要信息的社会经济环境。

绿色制造系统的环境具有相对性。当研究一个具体的绿色制造系统时,众多与其存在物质能量交换的工业制造系统共同构成它的外部人工环境;反之,当以这些工业制造系统为研究对象的时候,绿色制造系统则成为被研究对象的环境系统。也就是说,同样一个制造系统,它既可能成为其他制造系统的人工环境,其他制造系统也可能成为它的人工环境;自然环境具有同样的性质,一个地域的局部自然资源和生态系统可以成为绿色制造系统的自然环境,同样的,绿色制造系统也可以成为该地域自然资源和生态系统的人工环境。

绿色制造系统的环境具有可拓展性。一般情况下,与绿色制造系统直接发生物质能量交换的外部系统构成其外部环境。但是,根据研究范围的深度和广度,纳入研究视野的外部环境系统可以进行必要的扩大,与绿色制造系统有信息交流的所有自然系统和人工系统,都可以认为是绿色制造系统的外部环境。

　　绿色制造系统的环境具有动态性。绿色制造系统的环境会随着时间的推移而发生各种各样的变化。时间尺度不一,这种变化的方式和变化的量也是不一样的,如时间尺度较大的自然地质条件发生的缓慢变化以及时间尺度较小的生态系统的变化、市场经济条件等人工环境的变化等,都会对绿色制造系统的环境造成显著的影响。当然,绿色制造系统对其环境所施加的影响也是不容忽视的,尤其是生产规模大、范围广、层次高的绿色制造系统。这种影响反过来也会作用于绿色制造系统本身,影响其物能资源的转化和运行方式。

2.1.2　绿色制造系统的环境边界

　　绿色制造系统由一系列的子系统构成,各子系统通过彼此之间的系统边界连接在一起,进行物质能量的交换与传递。这些子系统边界相互叠加形成交集,同时它们又汇聚在一起形成并集,从而形成整个绿色制造系统与外部环境系统之间的环境边界。绿色制造系统环境边界的构成如图 2.1 所示。

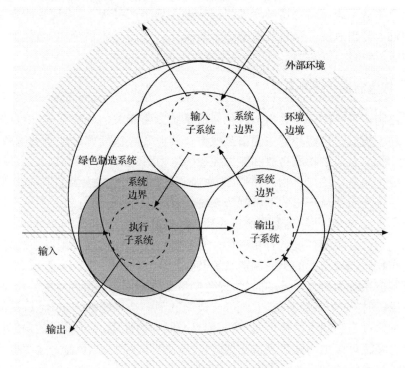

图 2.1　绿色制造系统环境边界的构成

绿色制造系统的环境边界必须实现两个基本的系统功能:①将绿色制造系统

从外部环境系统中界定出来,并保持绿色制造系统的稳定。即区分出哪些元素属于本系统,哪些元素属于相邻系统,哪些元素属于环境系统,从而确定绿色制造系统涵盖的有限范围。②在绿色制造系统与外部环境系统之间起到物质能量和信息的交流作用,如绿色制造系统通过其边界向外部环境输出产品和其他排放物,而外部环境通过环境边界向绿色制造系统输入物质能量资源以及设计、工艺和控制等信息。

环境边界对于研究绿色制造系统具有重要意义。

首先,环境边界是绿色制造系统与环境之间在空间和时间上的界线。它既是绿色制造系统的有机组成部分,又是界定绿色制造系统与外部环境范围的依据,同时与外部环境之间发生密切的物质、能量和信息交流,并对这些物质、能量和信息的输入输出加以控制和约束;它既是绿色制造系统区别于外部环境的时间、空间范围的界定,更是对绿色制造系统与外部环境进行物质能量交流的定量描述。界定绿色制造系统的范围对于明确输入输出数据的统计口径具有重要意义。

其次,环境边界是绿色制造系统与外部环境之间进行物质、资源和信息交流的范围、数量、途径和方法。绿色制造系统的环境边界通过对资源输入进行控制和对环境输出进行约束,以实现环境边界的交换作用和功能,将绿色制造系统从外部环境系统中分离出来。如为了进行绿色制造系统的资源环境属性分析与评价,则必须界定绿色制造系统资源环境属性的层次和范围。

此外,环境边界具有一定的阻尼效应。物质和能量在穿越环境边界进出绿色制造系统的过程中,总会产生一部分无效的物质能量输出或者直接耗散到自然环境中去,使得绿色制造系统的有效输出总是小于系统的总输入。相对绿色制造系统而言,环境边界具有系统阻尼的功能,使输出系统的物质和能量产生损耗。同样的,信息在穿越环境边界的过程中也会发生损耗而产生失真。因此,一般而言,绿色制造系统物质能量信息的耗散及无效输出与其总输入之比可以反映该系统环境边界的阻尼,比值越大,环境边界阻尼越大,通过绿色制造系统的物质能量和信息损耗越大,产生的废弃物及信息的失真相对增加,对环境的不利影响也越大。绿色制造系统环境边界的阻尼是反映绿色制造系统绿色性的一项重要指标,环境边界阻尼越低,绿色制造系统绿色性越好。

2.1.3　绿色制造系统环境边界的特性

绿色制造系统通过其环境边界来卫护绿色制造的功能,同时又通过边界与外围环境发生物质、能量和信息等方面的交换。在整个交换过程中,外部环境因素的变化将影响绿色制造系统的运行,同时绿色制造系统的运行也影响着外部环境的状态。

绿色制造系统的环境边界具有如下特性:

（1）存在的普遍性。环境边界是绿色制造系统不可缺少的组成部分,只要有绿色制造系统存在,环境边界就会普遍存在。

（2）时间和空间上的中介性。环境边界位于绿色制造系统与环境之间,并在两者之间充当中介,具有时间和空间上的特殊性。

（3）对绿色制造系统输入的控制性和对输出的约束性。环境边界不仅是绿色制造系统与环境交换的中介,还起到对绿色制造系统输入的控制和对输出的约束作用,即限制系统与外部环境之间各种交换量的任意出入。从控制论角度来看,环境边界是对系统的一种控制、约束和反馈。

（4）结构性。环境边界是绿色制造系统的子系统边界之间相互作用而形成的,并最终在系统层面共同构成对外部环境的影响;同时,环境系统对环境边界也会施加一定的影响,促使绿色制造系统形成更为有效的环境边界。因此,环境边界是绿色制造系统与外部环境相互作用而最终妥协的产物,具有一定的结构,物质、能量和信息在环境边界上的运行方式是由环境边界的结构决定的。

（5）动态性。绿色制造系统是一个开放系统,其系统边界也是一个动态边界。随着绿色制造系统由初级向高级阶段发展,资源环境约束加剧,绿色制造系统的边界也处在动态发展的过程之中。在绿色制造研究初期,绿色制造涉及的问题域有三部分:制造问题、环境保护问题、资源优化问题,人们认为绿色制造就是这三部分内容的交叉,因此绿色制造系统的边界就是制造系统、自然生态系统、自然资源系统的交叉边界,如图 2.2 左图所示。

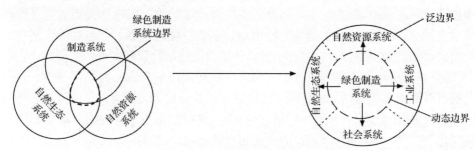

图 2.2　绿色制造系统环境边界的动态特性

随着资源环境约束的加剧,绿色制造必须向生态意识制造发展,要求绿色制造系统的所有要素都要与自然生态协调共生,系统内部的要素在不断调整变化,其系统边界不断动态扩大,最终会出现工业系统与社会系统、自然生态系统、自然资源系统的融合态势,则绿色制造系统呈现出一种“泛边界化”的态势,如图 2.2 右图所示。

2.2 绿色制造系统的体系结构

2.2.1 绿色制造系统的统一单元结构模型

绿色制造系统是由相互作用和相互依赖的若干子系统结合而成的具有特定功能的有机整体。这些子系统可以是单一、不能再分的基本单元,也可以是能继续细分、由其他次一级要素构成的集合。这些子系统之间通过物质、能量和各类制造信息的转换与传递发生联系,各子系统均可看做是完成某一特定功能的低一级绿色制造系统,且其结构具有同一性,也就是绿色制造系统内部无论哪一层级的单元系统,都可按照一定的结构进行系统划分和分析。

绿色制造系统的统一单元结构模型是各级绿色制造系统模型的抽象化,用于揭示绿色制造系统的构成要素及运行规律。在绿色制造系统的统一单元结构模型中,外部环境经环境边界的物质、能量和信息通道,输入制造资源,通过信息控制下的物质能量转化,输出合格产品并产生一定的环境排放。如图 2.3 所示。

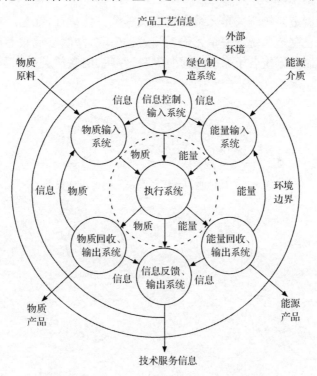

图 2.3 绿色制造系统的统一单元结构模型

执行系统主要实现绿色制造系统的制造功能,通过物理或化学的加工方法将输入的物质和能源等转化为合格的产品。广义来讲,这些产品不仅可以是物质产品,也可以是能量产品或信息产品,由执行系统所要实现的制造功能决定。物质输入系统主要负责对输入执行系统的物质资源进行分类、量化、输送和定位。这里的物质主要是指被加工物料及加工辅料,不包括一次能源物质和能源介质。物质输出系统既包括对下游系统的产品运输,也包括对外部环境的物质排放和耗散。能量输入系统负责能源的分类、准备和计量,将能源转化成执行系统需要的能量形式,并输送给执行系统。这里的能源包括在绿色制造系统中直接使用的一次和二次能源,包括电能、热能、燃气、煤等。能量输出系统主要负责对执行系统耗散的能量或生产的能源副产品进行收集、转化、输送和储存。绿色制造系统的能量输出系统强调对可用能量进行回收和重用的系统功能。信息控制系统主要对制造信息包括设计信息和工艺信息进行管理和优化,对输入执行系统的物质和能量进行分配、协调和控制,包括产品的结构设计系统、工艺设计系统、工艺控制系统、设备控制系统、资源计量监测系统。而信息反馈系统则主要对输出执行系统的物质和能量进行监测、约束和反馈,包括工艺状态反馈系统、设备状态反馈系统、产品质量监测系统和环境监测系统等。

　　根据绿色制造系统统一单元结构模型及其统一性特征,绿色制造系统可以看做是由众多绿色制造系统统一单元子系统通过串联、并联或混联等形式构成的有机整体。绿色制造系统各子系统之间的串联、并联、混联等关系如图 2.4～图 2.6所示。

图 2.4　绿色制造系统子系统之间的串联模型

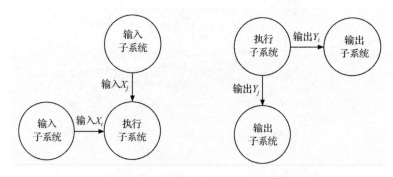

图 2.5　绿色制造系统子系统之间的并联模型

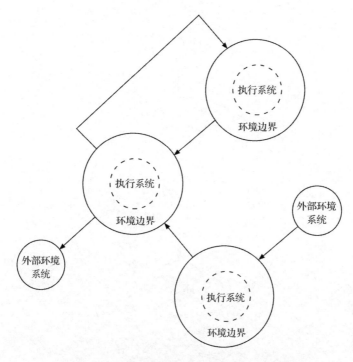

图 2.6 绿色制造系统子系统之间的混联模型

通过绿色制造系统各子系统之间的串、并联等结构,绿色制造系统可以形成形态、结构、功能各异的更高一级的复杂制造系统。甚至形成一个复杂的绿色制造系统网络,在一个比较大的范围内实现资源利用的最大化和环境影响的最小化。

需要指出的是,区别于传统制造系统和制造模式,绿色制造系统具有突出的闭环结构特征,如图 2.7 所示。

由外部环境输入的物质能量资源,在信息系统控制下进入执行系统,发生物理或化学的各种转化,得到不同形式的物质能量输出。绿色制造系统对这一部分输出进行收集、分选、储存,并通过输送系统回收至输入系统,然后由输入系统进行配置后输送至执行系统完成物质能量输出。输出系统中的主要制造产品则向下游制造系统输送或被存储。通过对绿色制造系统结构的配置调整和优化控制,在执行系统外部和绿色制造系统的环境边界之间,实现物质能量输出与输入的动态平衡,在绿色制造系统内部实现物质能量运行的闭环结构。

2.2.2 绿色制造系统的多层次体系结构

从绿色制造系统所处的空间环境来看,为达到资源优化利用的目的,系统将不断由低层次绿色制造系统向高层次绿色制造系统集成。较高层次的绿色制造系统

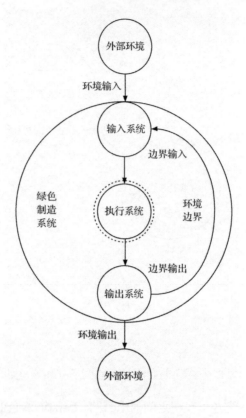

图 2.7　绿色制造系统的闭环模型

都是较低层次的绿色制造系统的集成发展,高层次系统不仅与低层次系统具有相似性,而且还具有更高的复杂性和更强的适应资源环境约束的应变能力。绿色制造系统的多层次体系结构如图 2.8 所示。

　　绿色制造装备、绿色制造工艺、绿色制造技术、绿色装配单元等是绿色制造系统最基本的组成要素,这些绿色制造单元的有机结合构成了绿色制造系统的车间层系统,多个车间层的绿色制造系统构成企业层面的绿色制造系统。随着系统资源环境约束的加剧,绿色制造不仅仅只限于企业内,它将在更大的区域范围内寻求资源的优化、循环利用,通过模仿自然界生态系统运行模式,企业相互之间形成协同和共生关系,实现由绿色战略联盟形成的企业协作层面上的企业绿色联盟。企业绿色联盟是企业协作层面上的绿色制造系统。随着绿色制造系统不断的集成发展,最终会出现工业系统与社会系统、生态环境系统、自然资源系统的融合态势,形成社会层面上的绿色集成制造系统——循环社会系统。每个低层次绿色制造系统都是较高层次绿色制造系统的基本构成要素,而每个较高层次都是较低层次的必然发展。

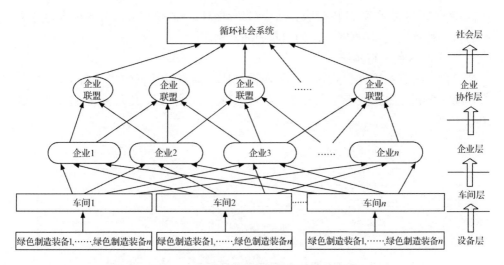

图 2.8　绿色制造系统的多层次体系结构

下面对各层级绿色制造系统的主要构成进行简要分析。

1) 加工制造系统

机械加工工艺系统是一种典型的加工制造系统。以机械加工工艺系统为例，系统由电机、机床、工件、夹具、刀具等要素构成，如图 2.9 所示。

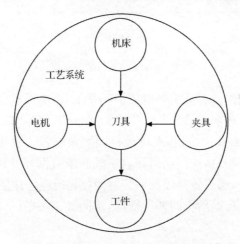

图 2.9　机械加工工艺系统的基本组成

电机提供切削能量，机床提供刀具和工件的定位与精度信息，夹具对物料进行输送、装夹和定位，刀具作为执行机构直接与工件发生作用。这些要素构成的加工制造系统将物质、能量和工艺信息等转化成预先设计好的机械产品。

通过研究切削用量与电机能耗、金属消耗量的关系；切削液使用方法与机床能耗、环境影响的关系,以及机床床身结构和刀、夹具结构,可以有效降低机床制造系统的物耗和能耗,实现物能资源的回收和高效利用。

2) 车间绿色制造系统

多台机床装备通过产品制造工艺连接形成车间制造系统的执行系统,负责完成车间主要产品的加工制造任务,完成机械产品物质形态及性能的转变,如图 2.10所示。

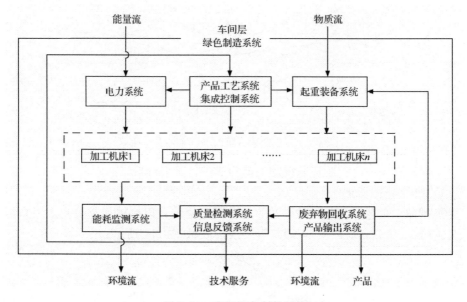

图 2.10　车间绿色制造系统

车间制造系统一般具有集中的电能供应系统,变电站输送的电能经由电力系统分配至各台加工机床和起重装备。生产调度部门是主要的信息控制系统,负责对车间的生产任务、装备、时间和人员进行调度和配置。物流系统主要由交通工具、计量设备和起重装备构成。切屑回收系统和废液循环处理系统构成车间绿色制造系统的回收系统,通过传感监测系统对回收物质进行计量和信息反馈,将车间逆向物流的基本信息反馈给车间调度部门,连同加工装备的能耗信息一并反馈给生产调度部门。

3) 企业层的绿色制造系统

企业层面的绿色制造系统是由多个车间层面的绿色制造系统构成。从企业功能角度来看,企业层绿色制造系统包括信息管理与控制系统、物流系统、能源与能源介质供应系统、能源与能源介质处理系统、质量监测与反馈系统、废弃物回收处理系统等六个功能子系统,如图 2.11 所示。

这些系统通过各生产车间组成的企业生产执行系统,进行产品和技术服务的

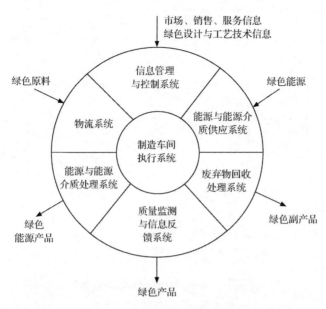

图 2.11　企业层绿色制造系统

输出。企业从外部环境获取的制造资源和市场信息由各车间共享,各车间的生产任务由企业的管理与控制部门下达,并对各车间的制造活动进行协调,确定信息的交流及与外部的联系。

4）企业协作层的绿色制造系统

企业协作层的绿色制造系统可以视为是由一系列具有子系统功能的企业组成的整体。作为更高层次的绿色制造系统,除了能实现子系统的绿色制造功能外,也能发挥更高级的整合功能。目前采用的协作形式主要是通过绿色供应链将产品全生命周期中的物料供应企业、能源供应企业、设计研发企业、生产制造企业、技术服务企业、产品用户企业、副产品用户企业及再制造企业等联系起来,形成跨区域、网络化的系统,使整个产品生命周期中的资源利用最优、环境排放最小,如图 2.12所示。

企业协作层的绿色制造系统还有另外一种常见的组织结构形式,即生态工业园区,是指在特定的地域空间,对不同的工业企业之间,以及企业、社区与自然生态系统之间的物质与能量的流动进行优化,从而在该地域内对物质与能量进行综合平衡,实现本区域内物料流、能量流、环境流和信息流的综合利用。通过生态工业园区这种重要的组织形式,把其他企业的废弃物或副产品作为绿色制造系统的生产原料,建立工业制造和代谢生态链,形成生态工业层面的绿色制造系统,实现系统内的环境污染"零排放"。其结构构成如图 2.13 所示。

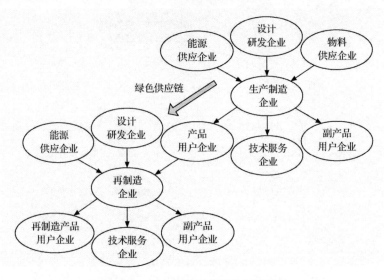

图 2.12　企业协作层的绿色制造系统

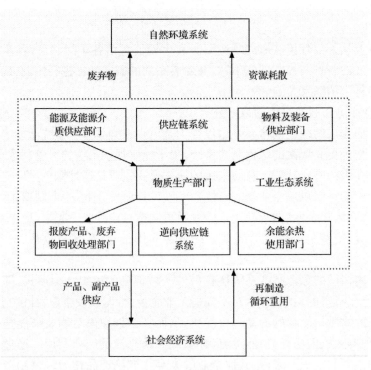

图 2.13　生态工业层面的绿色制造系统

5) 循环经济的构成体系

对工业生态系统进行再集成,构建工业系统与非工业系统(自然环境、农业、服务业等)的有机集成,形成循环经济体系[50]。在社会层面上由独立的经济系统对废弃物进行回收和分类处理,可再生资源送至制造系统进行循环利用,通过物联网体系建立起生产和消费一体化的循环经济体系。组成该系统的主要成员包括资源开采企业、处理者(制造企业)、消费者、回收再制造企业,其系统构成如图 2.14 所示。

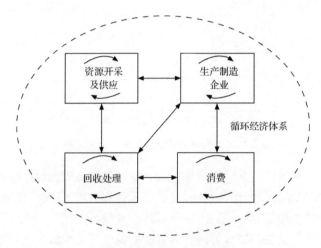

图 2.14　循环经济的构成体系

2.3　绿色制造系统的运行原理

绿色制造系统的运行原理用来描述绿色制造系统在运行过程中所遵循的规律及其表现形态,揭示绿色制造系统的输入、输出及运行过程中的相互影响关系。绿色制造系统在运行过程中时刻伴随着"四流"的相互耦合作用,呈现出复杂的时空运行特性,并以产品生命周期为主线进行物料资源转化。

2.3.1　绿色制造系统运行的"四流"分析模型

绿色制造系统是由一系列的绿色制造子系统组成,每个子系统都可以看作为一个输入—处理—输出的单元过程,这些单元过程可以继续再分下一级单元过程。绿色制造过程则可以看作是由一系列输入—处理—输出的单元过程组成的过程链,即一个更大的输入—处理—输出过程。每一个绿色制造过程都是物料资源在能源、信息等资源的配合下,经过一系列单元过程形成绿色产品的输入输出系统。绿色制造系统运行过程的广义单元模型如图 2.15 所示。

绿色制造系统的运行本质上是资源的不断优化利用过程,其运行特性体现在物料的不断循环运行特性、信息控制反馈特性、"四流"的运行及相互耦合作用及各

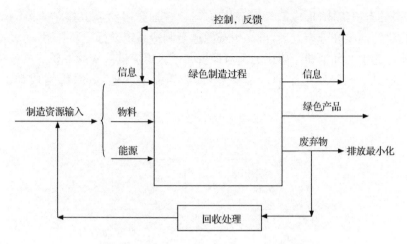

图 2.15　绿色制造系统运行的广义单元模型

种制造资源相互集成的复杂时空特性方面。输入的制造资源包括物料(原材料、制造辅助材料、半成品等)、能源信息等,经过一系列制造单元,生产出绿色产品,同时在制造过程中产生废品、副产品、废料等固体废弃物以及废气、废液、噪声、振动、辐射等有害的环境排放物和部分可回收的制造资源。每一个绿色制造单元系统都带有不同的资源消耗,生成绿色产品的同时产生废弃物。物料、能源、废弃物、信息等资源的输入、输出、反馈等运行特性及其相互之间的耦合作用关系通过不同的绿色制造过程影响着系统物料资源转化效率、能源消耗及其环境排放。

在绿色制造系统的运行过程中,时刻伴随着物料流、能量流、环境流和信息流的流动。从某种角度来说,绿色制造系统的运行实际上就是"四流"沿产品全生命周期的流动,因此绿色制造系统的运行原理主要表现在"四流"的运行方式和特性方面。

1. 物料流

这里的物料主要包括原材料、板坯、半成品等。在绿色制造系统中,把制造资源转变为产品或零件的过程,实质上是伴随一个物料流动的动态过程。这个动态过程主要体现在制造生产、包装运输、使用维护、报废回收和再制造等产品生命周期的不同阶段。对于一个具体负责产品生产的绿色制造系统而言,其制造生产阶段的物料流主要由加工、传送、储存、检验和装配等环节组成,如图 2.16 所示。

加工是将制造资源转变为产品或零件的基本运动形态,它通过制造设备及辅助设施、制造技术和操作者的共同作用,转变或改变原材料(或坯料)的形态、结构、性质、外观等来实现制造功能。传送是指在各工作位置之间移动工件,以改变其空间位置的功能,一般也称为物料搬运。储存是指在一段时间内,使工件处于无任何

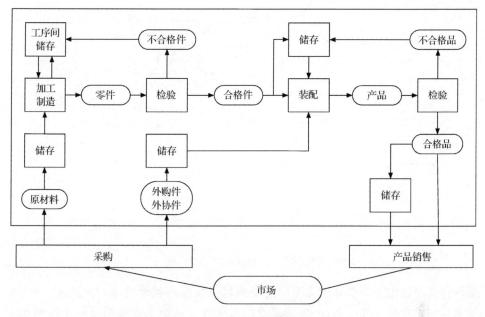

图 2.16　制造生产阶段的物料流

形状和空间位置改变的状态,工件在仓库的存放、加工工序前的等待和加工后的停放,都是储存的典型例子。一般的储存都伴随着加工和传送活动之间的不平衡而出现。检验主要是指对物料流的质量控制,检验是和加工相互对立而又相互统一的平等的一个物流作业环节。装配是形成产品的最后一个环节,它往往是多条物料流的汇合点,是决定最终产品质量和可靠性的关键环节,因此要特别强调装配质量。装配是一种制造技术,但又不同于单个工件的加工技术。再制造是使报废产品经过拆卸、清洗、检验、进行翻新修理和再装配后,而恢复到或接近于新产品的性能标准的一种资源再利用方法。产品再制造的物料流如图 2.17 所示,这其中的过程是相对复杂的,任意一个环节出现问题都直接影响到再制造的环境效益和产品质量。

2. 能量流

能量流是指绿色制造系统中的能量流动过程。来自绿色制造系统外部的能量(如电能),流向制造系统的各有关环节或子系统,一部分用以维持各环节或子系统的运动,另一部分通过传递、损耗、储存、释放、转化等有关过程,以完成制造系统的有关功能。由于机械加工系统是绿色制造系统各能量流动阶段的基本组成部分,因此下面以机械加工系统为例,讨论其能量流动状况及特征。

机械加工系统根据系统中机床的数量可分为单机床加工系统和多机床加工系

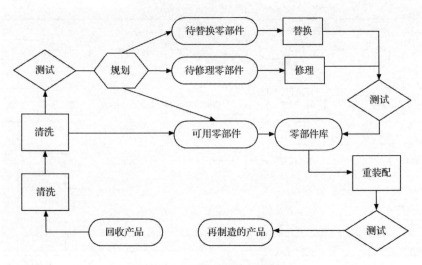

图 2.17　再制造阶段的物料流

统两种情况。由于多机床加工系统能量流状况完全由各单机床状况决定,因此本章重点讨论单机床加工系统,即所提及的机械加工系统主要是指单机床机械加工系统。机械加工系统的能量流动路线,可用图 2.18 所示的结构图来描述,其后总 E_i 表示系统的输入总能量。

图 2.18　机械加工系统的能量流结构图

对于某一时间段的机械加工过程而言,机械加工系统的能量流可用图 2.19 来描述。图 2.19 中,E_c 表示切削能,是机械加工系统中的有效能;E_s 表示系统广义储能,是机械加工系统中系统储存能量和释放能量的代数和;E_i 表示系统损耗的总能量,它的构成和机理均非常复杂,包括电机和机械传动系统中的各种能量损耗。

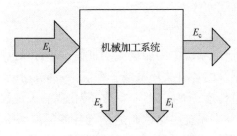

图 2.19　机械加工系统的能量流

通过对机械加工系统的能量流分析可知,机械加工系统的能量流动状态是加工运行状态的综合反映,加工系统的能量流中包含着丰富的加工状态信息。机械加工过程中总是存在着大量的能量损失,特别是空载功率带来的机械加工全过程损失相当大,从而使得机械加工能量效率和能量利用率低。节能措施不仅有利于减少能量损失,而且有利于改善机床其他性能。

3. 环境流

绿色制造系统是一个输入制造资源(原材料、能源等)通过制造过程(包括产品设计、加工制造、装配出厂等),而输出产品(包括半成品)的输入输出系统,同时产生环境流。环境流从最简单和最基本的形式来说,它代表着无价值的物能消耗,但是,从某种意义上来说,环境流和资源流是相对的概念,在一个阶段是废物,在另一个阶段是资源。因此,环境流可以看作绿色制造系统的一类特殊产品,在其产生、使用和处理的过程中,通过对绿色制造系统的设计,可以使环境流变为其他系统的有用资源。

根据制造系统的不同及其制造过程的不同,产品制造过程中的环境流有着不同的状态和组成[51]。以量大面广的机械制造系统为例,环境流的构成如图 2.20 所示。

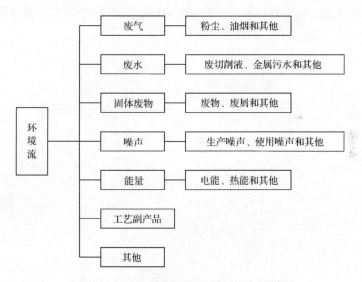

图 2.20　机械制造系统中环境流的构成

常见的环境流构成的一种描述如下:

(1) 工艺副产品。它是指在加工过程中,产生的不能被回收重用必须处理的输出或产品,如铁屑、粉尘、织物零料、泡沫等。

（2）融熔物、泥、淤渣。它们是指液态或半液态废物，这些废物一般在机床运转过程中产生。例如，熔融物是散失的液态废物，通常由水、冷却液、润滑液组成。

（3）包装。当从供应商那里取来零件并拆开时，不得不处理零件的包装材料。通常，这些材料是纸板、纸、带子、塑料包装、木托板或泡沫塑料等。在很多情况下，这些材料都被掩埋掉。

（4）挥发性有机化合物（VOCs）、有毒气体污染物（HAPs）。这些都是在转换加工过程中产生的气体。如给一辆自行车喷漆时，大量的油漆被喷在自行车上，没有喷在产品上的油漆被称为过量喷涂，然而，这些油漆的一部分将散失到空气中污染大气。另外，VOCs还出现在黏合剂、密封材料、溶剂和油漆中。HAPs有毒且溶度很高，暴露在其中，将导致人、动物、蔬菜等染病。

（5）能量成本。有些废物的产生是由于转换加工中能量的低利用率使用导致的，如电能。当一台机床需要比其他机床更多的能量时，则这部分能量就被浪费掉。

以切削加工中车削工艺的环境流构成为例进行说明。切削加工过程中把毛坯、切削液、刀具等作为输入，经过切削加工后，输出合格的零件，同时也产生了报废零件、切屑、废切削液等环境流，如图 2.21 所示。这些环境流除了一部分可以得到回收，其他则进入车间环境造成环境污染。而在能量的消耗过程中，部分能量被转化为噪声、振动、热等物理性污染物，进入车间环境，也将造成环境污染。切削加

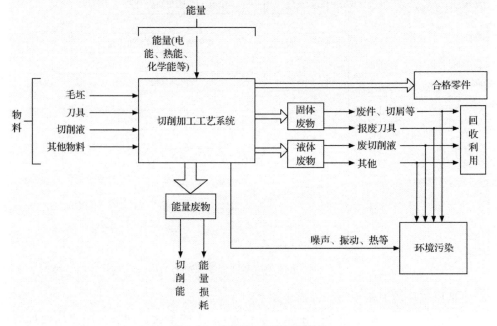

图 2.21　切削加工环境流构成

工工艺系统的资源消耗包括物料消耗和能量消耗,其中物料消耗主要是指原材料(毛坯)、切削液、刀具等的消耗;能量消耗主要是指电能的消耗;环境影响的源头主要是系统所排出的废件、切屑、报废刀具、废切削液以及噪声、振动、热等废物。

从切削加工环境流构成可知,各类废物的产生都对应一定的原料输入,可以从源头开始对环境流的产生进行控制和消除。

4. 信息流

信息流贯穿于绿色制造系统始终,从最开始的收集市场信息,进行产品的概念分析并确定产品的需求量,到产品设计、制造、包装、运输及后期的使用、维护、报废及再制造过程均需要通过管理信息分系统集成、反馈各方面的信息,同时通过环境评估分系统检测各阶段的环境信息,在保证生产效率和产品质量的同时,有效降低对环境的负面影响。

从信息的角度看,绿色制造过程实质上是一个使制造资源的熵降低,产品信息含量增高的过程,如图 2.22 所示。

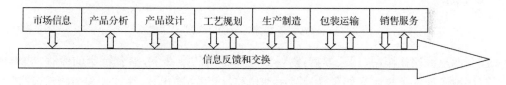

图 2.22　绿色制造系统的信息流

5. "四流" 关系模型

在绿色制造系统运行过程中,物料流、能量流、环境流、信息流相伴而行、相互影响,通过绿色制造系统中物料流、能量流、信息流和环境流的输入—过程—输出模式来描述整个绿色制造系统的运行过程和基本原理。物料流是绿色制造过程中被加工、使用的主体;能量流是物料流的动力源;环境流是物料流、能量流在运行过程中对生态环境、职业健康与安全等产生影响的要素的集合;信息流是物料流行为信息、能量流行为信息、环境流行为信息及外界其他信息和人为调控信息的总和。绿色制造系统的"四流"运行分析模型如图 2.23 所示。

1) 物料流与能量流的关系

在绿色制造系统运行过程中,物料流和能量流既独立又相互联系、彼此制约。物料流是制造过程的主体,能量流则推动物料流的流动和转变;从物料流为主体的角度来看,物料流始终带着能量流相伴而行;从能量流为主体的角度上来看,能量流时而伴随着物料流运动,而有时部分能量流又会脱离物料流相对独立地运行。例如,从特定的工序、装置看,在输入端分别输入物料流和能量流,在装置内部物料

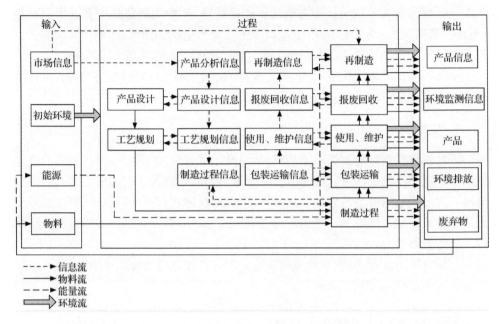

图 2.23　绿色制造系统运行的"四流"关系模型

流与能量流相互作用、相互影响,物料流在能量流的推动下,沿着特定的流程动态有序地实现各类物质—能量转换过程和位移过程;在输出端,往往表现为物料流带着部分能量流输出,同时还可能有不同形式的二次能量流脱离物料流分离输出。

　　物料流动过程也是能量消耗的主要过程,物料流的各主要环节对能量的消耗表现形式有所不同。从资源环境影响的角度,能量流对资源的消耗主要表现在能耗方面。当能量流伴随着物料流相互作用时,应采用节能材料,通过绿色工艺、绿色装备、绿色技术等来优化物料资源,降低能耗;而当能量流脱离物料流单独运行时,应采用绿色回收处理技术对二次能量流进行回收再利用,提高能源副产品、余热及余能的回收利用是降低能耗的重要途径,且回收率越大,节能效果越大。

　　2) 环境流与物料流、能量流的关系

　　在制造系统运行过程中,环境流是伴随着物料流和能量流的运行而产生的,但又独立于物料流和能量流而单独运行。只要有物料流、能量流的运动,就会产生环境流,而环境流的运行具有较强的时空特性。如果将物料流和能量流的运行看成是"动脉",则环境流的运行可看成是"静脉",环境流与物料流、能量流的关系如图 2.24所示。

　　一方面"动脉"越紧凑、越连续,则"静脉"的环境流分支越少;另一方面,作为"静脉"的环境流应通过废弃物的回收处理形成一个闭环,实现资源的再利用,降低对环境的时空影响。要使系统的废弃资源尽可能少,降低对环境的影响,应该在整

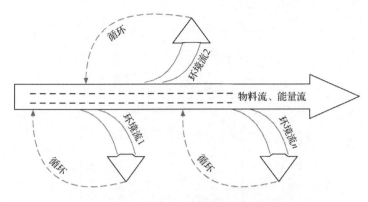

图 2.24　环境流与物料流、能量流的关系

个绿色制造过程的流程方面不断"紧凑化"、"连续化"及废弃物的"再资源化"。通过绿色制造系统的集成技术及企业层面乃至社会层面的集成效应,形成工业生态循环系统,实现"动脉"和"静脉"的协调控制。

3）信息流与其他"三流"的关系及"四流"运行模型

信息是整个制造系统的原动力,即驱动源。没有信息,整个制造系统无法运行,信息流始终贯穿于绿色制造系统的整个运行过程,从最开始的市场调研、资源的采购及供应到产品设计生产、使用及报废后再制造,均需要通过信息的处理、集成、反馈及控制来实现。信息流是物料流行为信息、能量流行为信息、环境流行为信息及外界其他信息和人为调控信息的总和。信息流是伴随着物料流、能量流、环境流的存在而存在,一方面信息流储存了物料流、能量流、环境流的运行状态,另一方面又通过信息反馈来调控其他"三流"的运行状态,没有物料流、能量流和环境流,信息流不可能存在,而脱离了信息流,物料流、能量流和环境流又无法正常运行。从以信息流为主体的角度来看,信息流担任着其他"三流"的控制和指挥角色,从信息流的角度看,绿色制造系统的运行过程实际上就是在信息流的控制和指挥下,"四流"的相互耦合并沿整个产品全生命周期的流动过程。

2.3.2　基于产品生命周期的绿色制造系统运行模型

从广义上讲,绿色制造系统可以理解为包括设计、生产、使用、维护、回收与再制造过程的基于产品全生命周期的循环制造系统。产品生命周期中每一个工艺环节、工艺系统、设计系统或者装备系统构成绿色制造系统的子系统,这些子系统通过产品在生命周期中的工艺关系和物能资源运行连接在一起,形成具有复杂结构的绿色制造系统。基于产品生命周期的绿色制造系统运行模型如图 2.25所示。

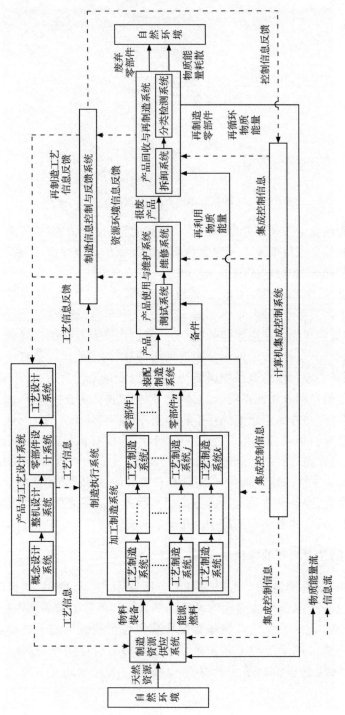

图 2.25　基于产品生命周期的绿色制造系统运行模型

　　基于产品生命周期的绿色制造系统运行模型主要包括制造资源供应系统、产品与工艺设计系统、制造执行系统、产品使用与维护系统、产品回收与再制造系统以及制造信息控制与反馈系统。制造资源供应系统主要为绿色制造系统提供原材料的生产供应;产品与工艺设计系统是整个产品生命周期中重要的阶段,很大程度上决定了产品制造过程中的资源消耗和环境影响;制造执行系统是采用绿色制造技术和绿色制造装备,将原材料物化并以产品的形式输出的过程;产品使用与维护系统是对产品生命周期的延伸,产品使用完毕后进入回收处理阶段,废旧产品的回收处理不仅能实现资源再生,而且可减轻弃物对环境的破坏和对人类健康的危害;制造信息控制和反馈系统尽可能对运行其间的物质流、能量流和环境流实施闭环控制,以确保绿色制造系统在产品的全生命周期内实现资源利用的最大化和环境负面影响的最小化。

　　以下就绿色制造系统各组成部分的运行方式进行简要的介绍。

　　1) 制造资源供应系统

　　制造资源供应系统的主要功能是产品原材料的生产供应,即原材料的获取。原材料包括产品材料、包装材料、辅助材料等。由于原材料的采掘与生产主要涉及冶金、煤化工等行业,这些行业都是造成环境污染的主要行业,因此制造资源的生产需要消耗大量的自然资源和能源。从产品全生命周期的生产过程来看,制造系统输入物料的采掘、制备和运输,是制造资源供应系统运行产生环境影响的根源。制造资源的输入是通过绿色供应链,充分利用本系统或其他系统产生的可循环利用资源(如本系统或其他系统输出的废弃物),尽量降低自然资源的消耗。在建立绿色制造系统的物能资源系统过程中,重点要研究面向环境的产品材料选择、制造系统的物能资源消耗规律、物能资源的优化利用技术、面向产品多生命周期的物流和能源管理与控制等问题。

　　决定制造资源供应系统运行方式的重点和关键是符合绿色制造原则的物能资源生产与选择。原材料的绿色特性对产品及整个系统的绿色性有着极其重要的影响,其绿色特性主要表现在它对资源的消耗及环境友好方面。面向绿色制造的原材料选择应综合考虑环境原则、技术原则和经济性原则。其中原材料选择的环境原则主要指材料资源的丰富程度、材料的可回收性和可重用性及材料的有毒性等。其材料选择原则主要有:①选用原材料丰富、低成本、少污染的材料;②选用无毒无害材料;③选用可回收利用材料;④考虑材料的相容性;⑤鼓励选用再生材料;⑥尽量选择生态环境材料。生态环境材料是指具有良好使用性能和环境协调性的材料。环境协调性是指资源和能源消耗少、环境污染小和循环再利用率高。生态环境材料包括天然材料、循环再生材料、低环境负荷材料和环境功能材料。

　　2) 产品与工艺设计系统

　　产品与工艺设计是产品生命周期的源头,在很大程度上决定绿色制造系统及其产品的绿色效能。产品与工艺设计系统包括概念设计系统、整机设计系统、零部件设计系统与工艺设计系统。在产品的概念设计、结构设计阶段,就应充分考虑产品在其全生命周期范围内的资源环境问题,从源头上制定产品的绿色解决方案。这就要求产品与工艺设计必须覆盖产品从市场需求、产品设计、加工制造、使用和维护,直到产品报废、回收、再制造等全生命周期的过程,以体现产品在全生命周期内的绿色效能。基于产品生命周期的绿色设计系统,不仅包括对产品本身的结构功能设计,还包括对产品生命周期全过程的资源(软、硬资源)配置方案、清洁化生产执行系统方案、产品使用与维护的技术方案、产品的回收处理工艺以及产品再制造工艺的规划与设计[52]。绿色制造系统的产品与工艺设计子系统,其运行原理如图 2.26 所示。其中区别于传统机械设计系统的重要特征在于其拥有独特的绿色评价与优化系统,能使产品在结构和工艺上更好地满足绿色制造和再制造的要求。

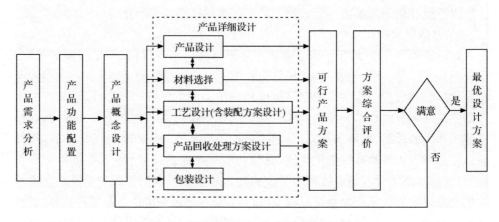

图 2.26　绿色产品与工艺设计系统运行过程

3) 制造执行系统

制造执行系统主要由零部件加工制造系统和装配制造系统构成。按照产品与工艺设计系统提供的工艺信息,在集成控制系统和监测与反馈系统的控制下,对输入执行系统的物质能量资源进行处理和转化,对制造装备、生产时间和空间进行调度和分配,最终装配出质量合格的产品。在零件的加工过程中,各道工序使用的制造资源、工艺信息、动力装备以及加工刀具、工量具、机床等加工装备共同构成了工艺制造系统,这些工艺制造系统按照零件的加工工艺关系串联在一起形成零部件的加工制造系统。一部分加工制造系统为产品的使用和维护提供备品备件。所有零部件最后都在装配制造系统中进行装配、测试、涂装,从而生产出合格的产品。因此零部件加工制造系统与装配制造系统之间形成并联结构,产品制造过程的物质流和能量流都汇集到装配制造系统,最终在这里完成产品制造阶段的物能转化。在产品加工工序所形成的各工艺制造系统中,应用多种绿色制造技术改善工艺系统的运行流程,提高各工艺系统的资源利用率,减少其环境排放,最后在资源环境影响方面形成对产品制造执行系统的集成效应。加工制造系统中集成的比较常用的绿色制造技术有少无切削液加工技术、高刚度机床装备设计制造、高速切削刀具的制造技术等,装配制造系统中常用的集成技术主要有虚拟样机与测试技术、装配废弃物及耗散能源介质回收与循环处理技术等,图 2.27 所示为制造执行系统运行过程。

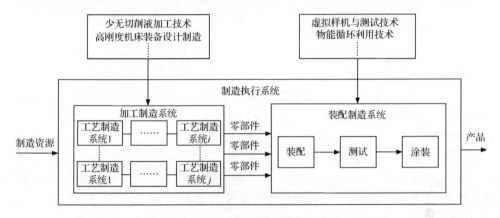

图 2.27　制造执行系统运行过程

　　值得提到的一点是,在基于产品生命周期的绿色制造系统运行模型的建立过程中,由于一个具体的绿色制造系统往往会加工多种产品,因此绿色制造系统的运行方式往往是多个产品生命周期中的所有制造过程形成的系统叠加。面对这样的情况,必须首先对各产品的生命周期、加工工艺过程进行独立分析,建立基于单一产品生命周期的环境边界,然后逐一对其他产品建立全生命周期的环境边界,通过系统叠加将与被研究系统相关的各绿色制造系统组织起来,研究整体系统的物能资源行为及其控制与配置方法,采取绿色性较高的制造技术。在多产品制造系统中,如果各产品之间在生命周期和工艺过程方面没有必然联系的情况下,对执行系统资源(主要是设备及设备的使用时间资源,也包括生产空间资源)的共享和分配是促成绿色制造子系统联合形成绿色制造系统的根本动因。执行系统资源的配置方式在很大程度上决定绿色制造系统对资源的利用效率。车间生产调度、车间布局规划等方面的研究也为解决这一类绿色制造系统资源配置问题提供了有效的方法和途径。

　　4) 产品使用及维护系统

　　产品使用与维护系统主要由测试系统和维修系统构成。产品使用和维护是产品生命周期中的重要环节,设计和生产产品的目的是满足使用,这也是用户购买产品的最终目的。产品的维护对于产品生命周期的延伸有着很重要的意义。产品生命周期的延伸,直接有利于减少废弃物的产生,有利于减少环境污染。

用户在产品的使用期内需使用消耗品(如能源、水、洗涤剂等)及其他产品(如电池、磁带等)。很多耐用消费品在其使用阶段的能源消耗要大于其制造阶段,如汽车、机床、电器等。例如,在比较汽车制造和其他产品制造的能耗时,我们通常会认为制造汽车的能耗高,但是,在汽车的整个生命周期中,使用过程的能量消耗远远超过其制造过程。从环境角度考虑,降低汽车的油耗比降低其制造过程的能耗更为重要。在产品的设计阶段应考虑减少这些方面可能造成的环境负面影响。

5) 制造信息控制与反馈系统

为了实现绿色制造系统生产过程的绿色化,要对产品全生命周期的各个阶段实施生产过程的绿色设计和规划,对生产工艺参数和设备运行参数进行全面的计算机集成控制,并通过生产过程资源环境综合评估系统将产品全生命周期过程中出现的工艺、装备和资源环境信息进行实时的分析、评估和反馈,以保证绿色制造系统在产品制造的全生命周期中实现最大限度的协调运行,从源头上控制制造系统对制造资源的消耗和对环境的不利影响。

制造信息控制与反馈系统主要由三个部分构成:一是负责产品技术信息处理的产品与工艺设计系统;二是对制造执行系统的装备、工艺参数、生产任务、时间、空间进行调度和控制的计算机集成控制系统;三是利用各种工业传感器,对生产制造过程和回收再制造过程进行监测,并将信息反馈给控制系统和设计系统的传感监测与反馈系统。在制造信息控制与反馈系统中,信息流的运行呈现比较明显的协同和闭环模式,与产品的生命周期同步,并在绿色制造系统内部形成最大限度的闭环运行,图 2.28 所示为系统运行过程。

首先,产品与工艺设计系统为绿色制造系统提供产品的工艺技术信息。计算机集成控制系统通过对产品全生命周期各工艺阶段的生产工艺参数和设备运行参数进行全面控制,并接收、分析和处理来自传感监测与反馈系统的资源环境信息、工艺和装备信息、反馈控制信息等,协调绿色制造系统的各个制造子系统的运行,从而实现制造装备和物能资源的优化调度和绿色配置。计算机集成控制系统还对废弃物回收和再制造等生命周期环节的制造活动进行反馈控制,使回收和再制造阶段的生产与制造执行系统协调衔接,在绿色制造系统内部完成物能资源的优化配置与循环利用。生产过程资源环境综合评估是在每道加工工序完成之后,通过对各道工序、各个零部件及最终产品总成的资源环境属性进行综合评估,找出产品制造过程中绿色性不足的加工制造阶段,为进一步优化工艺要素,改善产品制造工艺绿色性能提供改进的方案,并将优化后的工艺参数和工艺要素信息反馈给生产过程资源环境综合评估系统,完成对制造执行系统运行方式的绿色化调整。传感监测与反馈系统还负责将产品使用过程中、回收与再制造过程中采集到的资源环境信息、再制造工艺信息等反馈给产品与工艺设计系统,辅助绿色制造系统完成对产品设计的绿色优化。

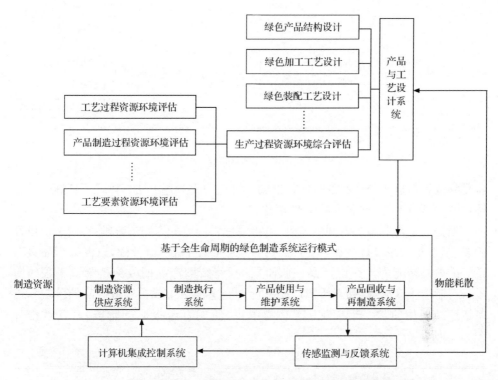

图 2.28　基于产品生命周期的制造信息控制与反馈系统运行过程

　　绿色制造系统在基于全生命周期的产品制造过程中,通过绿色产品与工艺设计系统对制造过程的技术支持,利用计算机集成控制系统和传感监测与反馈系统对产品全生命周期的制造过程实施全面控制,使原材料的消耗量、废物产生量、能源消耗、健康与安全风险及对自然环境的损害减少到最低限度。

　　6) 产品回收与再制造系统

　　当产品使用超过一定时期之后即进入报废阶段,将由再制造系统对其进行回收和分拣,对报废零部件进行剩余寿命预测和可靠性评估,由工艺设计系统对其进行再制造设计,由制造执行系统对其进行实物再制造,最终实现报废产品的重用。其中回收系统也会收集从执行系统中输出的副产品、废弃物、热能等可循环利用的物质能量,对其进行循环重用处理后,回到制造资源供应系统,重新为绿色制造系统所用。

　　在绿色回收过程中,其输入是废旧的产品,通过对其拆卸、清洗、分类、检测等过程,将废旧的产品分为再利用、再制造、再循环三个层次输出进行循环利用。其回收处理过程如图 2.29 所示。

　　其中,再制造是使报废产品经过拆卸、清洗、检验,进行翻新修理和再装配后,

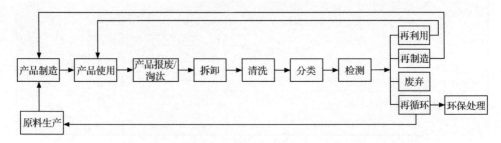

图 2.29　回收处理系统

恢复到或者接近于新产品的性能标准的一种资源再利用方法。体现了良好的环境性,是符合可持续发展要求的生产方式。

　　根据绿色再制造的时间和地点,可将绿色再制造分为四个阶段:再制造性设计阶段(指在新产品设计过程中对产品的再制造性进行设计、分配,以保证产品具有良好的再制造能力),废旧产品回收阶段(指将废旧产品回收到再制造工程的阶段),再制造生产阶段(指对废旧产品进行再制造加工生成再制造产品的阶段),再制造产品使用阶段(指再制造产品的销售、使用直至报废的阶段)。其过程如图 2.30 所示。

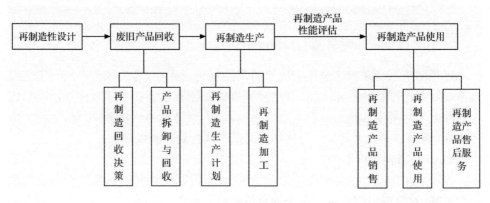

图 2.30　绿色再制造过程

　　综上所述,绿色制造系统的组织和运行方式并非一成不变,取决于绿色制造系统的生产目的和制造行为,即取决于产品和工艺。不同的制造目的和行为、不同的产品和工艺,将不同的绿色制造子系统以不同的组织和运行方式结合起来,在信息流的控制下实现物质流、能量流和环境流的运行,完成产品在整个生命周期范围内所必须采取的全部制造行为。具体的一个绿色制造系统、不同行业的绿色制造系统当然会具有差异较大的体系结构和多种多样的运行方式,但它们都具有上述绿色制造系统总体结构和运行原理的普遍规律及特征。

2.4　本章小结

　　本章首先对绿色制造系统的环境边界及其特性进行了系统分析,构建了绿色制造系统的统一单元结构模型,建立了绿色制造系统的多层次体系结构,在此基础上,探讨了绿色制造系统运行的一般性规律和结构组织方式,建立了绿色制造系统运行的"四流"分析模型,提出了基于产品生命周期的绿色制造系统运行模型。

第3章 绿色制造系统的评价方法

绿色制造系统评价旨在全面评定系统的价值,诊断绿色制造系统运行过程中的资源消耗和环境影响状况,是绿色制造系统从概念、理论进入实践层次的重要环节。本章提出绿色制造系统评价的内容体系和过程模型,分别对绿色制造系统的资源消耗、能量消耗和环境排放进行分析,并对绿色制造系统的资源环境属性进行综合分析与评价,为绿色制造系统的优化改进提供依据。

3.1 绿色制造系统评价的内涵与特征

3.1.1 绿色制造系统评价的内涵

作为一种先进的制造系统,绿色制造系统不仅注重经济效益,更注重环境效益和可持续发展效益。

在绿色制造系统中,衡量制造系统发展程度是一个综合的评判,它包括了系统周边的生态协调性、环境稳定性、资源利用永续性、人力资源发展的持续性、技术创新的持续性以及相关产业发展的平衡性(公平性)。这样的衡量标准要求绿色制造系统的发展在注重经济增长的同时,更要培养绿色制造系统发展的可持续性、稳定性、协调性和均衡性。绿色制造强调发展的时空公平原则,在时间上要求代际公平,即在满足当代人发展需求的同时,又要保证后代人具有和当代人同样的发展机会。因此在绿色制造系统中要注意遵循减量化、再利用和再循环的原则;在空间上要求制造系统在利用资源和保护环境的同时,不危及其他产业系统的发展[53]。

总之,对处于一定发展阶段、一定地域、某一行业的绿色制造系统来说,其发展状态要通过对系统的结构功能分析、反馈功能分析、环境适应性分析、经济效益分析等帮助决策者采取措施,以保证系统长期、和谐地发展,并产生尽可能大的效益。

3.1.2 绿色制造系统评价的特征

绿色制造系统具有"系统"的一系列特征,其动态性和高度集成性决定了影响其运行的因素很多,导致绿色制造系统评价具有多特征性。

1) 绿色制造系统评价目标的多样性

　　绿色制造系统评价研究的问题一般较为复杂,具有多目标、多指标属性,并且评价的目标和指标具有层次结构性。绿色制造系统评价需要综合考虑传统目标(生产率、质量、成本)和绿色制造属性目标(资源消耗、环境影响)。这 5 大目标既各自独立,又相互紧密联系,且每个目标又包含各种具体指标,如资源类指标包括资源种类和资源特性。

　　2) 绿色制造系统评价指标的主观影响性和相对性

　　绿色制造系统的评价指标包含定量指标和定性指标。对于定量指标,通过指标的实际取值和评价标准的比较,容易客观地得出绿色制造系统的评价结果。但对于定性指标,由于没有明确的数量表示,一般根据评价专家的主观感觉和经验进行打分评测,具有很强的主观性。因此,评价信息是否全面、准确受评价人员的知识水平、认识能力、个人经验和偏好的制约,如何做到评价的客观、公正、科学、合理,增加了绿色制造系统评价的难度。

　　绿色制造系统是一类具有时空变化的复杂系统,总是处于不断发展变化之中,这种基于系统发展变化的认识而建立起来的评价指标体系也具有相对性。因此,绿色制造系统评价指标体系可分为一般指标体系和具体指标体系。一般指标体系是根据绿色制造系统的共同特征而建立的,带有普遍性,可用来指导某个行业的绿色制造系统评价指标体系的建立。它本质上是一个指标库,可供建立具体评价指标体系时选择。具体指标体系是在一般指标体系的基础上,根据具体行业的经济发展水平和资源环境状况,结合数据的可得性等因素,建立用于评价某个具体行业的绿色制造系统评价指标体系。

　　3) 绿色制造系统评价指标权重的相对性

　　在绿色制造系统评价中,不同的评价指标对系统的影响程度不一样,因而其权重会有变化。与传统的制造系统相比,绿色制造系统更加注重系统的绿色制造属性。因此,在绿色制造系统评价过程中,反映系统的资源环境属性的评价指标的权重要高一些。例如,在化工制造业,对人的身体健康和对环境的污染程度影响相对较大,环境的相对指标的权重相应高一些。

3.1.3　绿色制造系统评价指标的设置原则与方法

　　1) 指标设置的原则

　　对于绿色制造系统这样的复杂系统而言,不可能用少数几个指标来描述系统的状态和变化,因而需要用多个指标组成一个有机的整体,通过建立指标体系来描述系统的发展状况。在设置绿色制造系统指标体系时,除了符合统计学的基本规范外,必须遵循以下原则[54]:

　　(1) 科学性原则。指标体系一定要建立在科学的基础上,指标概念必须明确,并且有一定的科学内涵,能够度量和反映绿色制造系统结构和功能的现状以及发展的趋势。

(2) 可操作性原则。指标的设置要尽可能利用现有的统计资料。指标要具有可测度性和可比性,易于量化。在实际调查评价中,指标数据易于通过统计资料整理、抽样调查、典型调查,或直接从有关部门获得。

(3) 相对完备性原则。指标体系作为一个有机整体,应该能比较全面地反映和测度被评价系统的主要发展特征和发展状态。

(4) 相对独立性原则。描述绿色制造系统发展状况的指标往往存在指标间信息的重叠,因此在选择指标时,应尽可能选择具有相对独立性的指标,从而增加评价的准确性和科学性。

(5) 主成分性原则。在完备性的基础上,指标体系力求简洁,尽量选择那些具有代表性的综合指标和主要指标。

(6) 针对性原则。指标体系的建立应该针对绿色制造系统发展面临的主要共性问题。

总之,在设置和筛选指标时,必须坚持科学性、可操作性、相对完备性、相对独立性、主成分性和针对性的统一,其中科学性和完备性对于绿色制造系统指标体系的理论探讨具有深远的意义;而主成分性、独立性、可操作性和针对性有利于指标体系在实际评价中的推广应用。

2) 指标筛选的思路和方法

选择评价指标需遵守以上六项原则,从技术角度看,主要归纳为完备性、针对性、主成分性、独立性。在指标筛选时,对于上述四原则既要综合考虑,又要区别对待。一方面要综合考虑评价指标的完备性、针对性、主成分性和独立性,不能仅由某一原则决定指标的取舍;另一方面由于这四项原则各具特殊性及目前研究认识的差异,对各项原则的衡量精度、研究方法不可强求一致。例如,评价指标的针对性和主成分性,前者由于受认识水平限制,目前还难以定量衡量,只能依赖于评价者对可持续发展内涵的理解程度及其对所评价范围的了解程度;而后者则可采取一定的数学方法定量研究,因而两者不必要也不可能采取同样的方法和同样的精度。再如,评价指标的完备性包含两层含义:第一是指选择的指标应尽量全面反映制造系统发展的各个方面及其变化;第二是指以评价目的、评价精度来决定评价指标体系的完备性。

3.2 绿色制造系统评价的内容体系及过程模型

3.2.1 绿色制造系统评价的内容体系

绿色制造系统是由一系列的绿色制造子系统组成,每个子系统都可以看作一个输入—处理—输出的单元过程。绿色制造系统的输入包括物质、能量和信息,输出包括产品、服务以及制造过程中产生的废弃物。

绿色制造系统评价是从物料流、能量流和环境排放流等方面评估产品及其制造过程对环境的影响,其内容体系如图 3.1 所示。

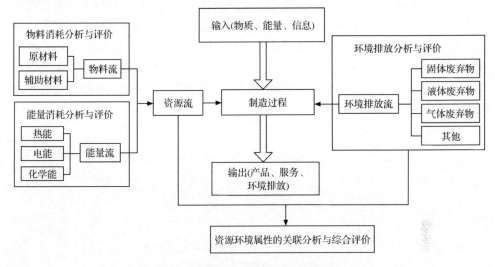

图 3.1　绿色制造系统评价的内容体系

绿色制造系统评价分别对物料消耗、能量消耗和环境排放三方面进行分析和评价,物料资源分析与评价是对输入的原材料和辅助材料从单种物料消耗和多种物料消耗的角度进行分析;能量消耗分析与评价是对制造过程中使用的热能、电能和化学能进行定量的评估;环境排放分析与评价是对输出的固体、液体、气体和其他废弃物与输入的物料能源之间的关系进行分析。在此基础上,对制造过程中的物料流、能量流和环境排放流进行集成分析和评价,可以有效诊断绿色制造系统运行过程中的资源消耗和环境影响状况。

3.2.2　绿色制造系统评价的过程模型

绿色制造系统中资源的消耗种类繁多,对环境的影响状况多样,程度不一,评价过程极其复杂。目前在绿色制造系统评价中,应用较多的一种方法是生命周期评价法。生命周期评价法是一种评价产品、工艺或活动从原材料采集,到产品生产、运输、销售、使用、回用、维护和最终处置整个生命周期阶段有关的环境负荷的过程,能够对产品体系整个生命周期的资源消耗、环境影响的数据和信息进行收集、鉴定、显化、分析和评估,为改善产品的资源消耗和环境排放提供全面准确的信息。1997 年 ISO14040 将生命周期评价法的实施步骤分为目标和范围定义、清单分析、影响评价和结果解释四个阶段。生命周期评价作为扩展和强化环境管理、评价产品性能、开发绿色产品的有效工具,得到了学术界、企业界和政府的一致认同,其应用领域也从包装材料和日用品扩展到电冰箱、洗衣机等家用电器以及建材、铝材、塑料等原材料。然而由于生命周期评价法评价过程复杂、周期长、成本高,至今应用范围仍有限[55]。

　　对于绿色制造系统来说,其物料资源消耗种类多且不确定,导致了制造过程中各种信息之间的关系复杂。生命周期评价法利用生命周期清单分析辨识和量化整个生命周期阶段中能量和物质的消耗以及环境排放,然后评价这些消耗和排放对环境的影响,对于绿色制造系统评价具有很好的参考价值。因此,借鉴生命周期评价法的思想和方法,结合综合评价理论和系统工程的思想,建立一种绿色制造系统评价的过程模型,如图 3.2 所示。

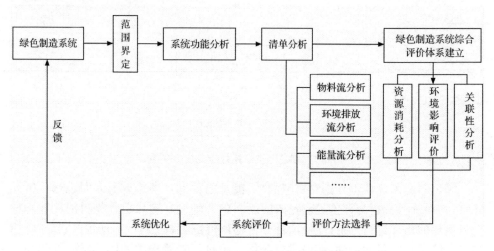

图 3.2　绿色制造系统评价的过程模型

　　在绿色制造系统评价过程中,首先必须确定分析问题的范围,明确分析评估的目的以及评价的对象范围;接着针对不同行业绿色制造系统的特点对评价系统的功能特性进行分析并选择系统的功能集,如发展度、持续度和协调度等,在此基础上进行资源环境属性清单分析,包括清单的建立、数据的收集、有效数据的提取、冗余数据的剔除等,用量化的数据来标识生产过程中物料消耗、能量消耗和环境排放流;然后建立资源环境属性分析与评价模型,包括资源和环境排放的关联性分析、资源消耗分析和环境影响评价,涉及评价指标体系的层次划分、各级指标的建立、影响因子的取舍、基于层次分析法和惩罚函数等多种方法的权重分配等内容;最后是选择评价方法并实施评价,根据评价的结果,分析减少环境影响的方法和措施。具体步骤如下:

　　1) 目的与范围的确定

　　清楚地说明评价的目的和原因,以及研究结果的可能应用领域。包括定义所研究的系统、确定系统边界、说明数据要求、指出重要假设和限制等。目的与范围的确定将直接影响到整个评价工作程序和最终的研究结论。

2）系统功能分析

根据行业特点对评价系统的功能特性进行系统分析。例如,有些系统的重点功能在于资源的合理利用,而有些系统重点却在污染的控制。在此基础上选择系统的功能集,如发展度、持续度和公平度等。

3）清单分析

清单分析贯穿于产品的整个生命周期,即原材料的提取,产品的加工、制造、销售、使用和后处理等,是绿色制造系统评价的基础。数据收集的齐全及精确与否是决定分析结果正确与否的关键。其步骤如图 3.3 所示。

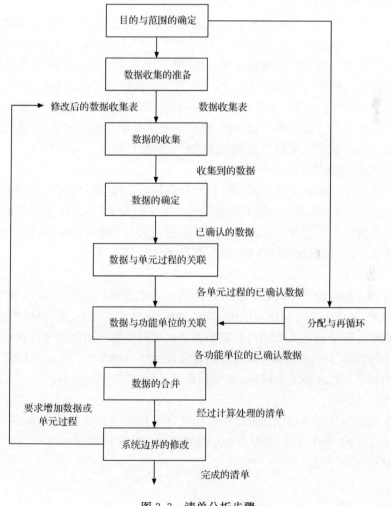

图 3.3　清单分析步骤

4) 评价指标体系建立

根据目标分析所确立的设计评测目标,按照目标功能展开,形成目标分解体系,再将各项目标抽象成相应的指标,构建评价指标体系。也就是说,评价指标体系是根据评价要求选择的多个评价指标的集合。选择过程首先要注意全面性和可操作性的关系,指标数量多,反映情况全面,但评价过程太繁琐,会给评价造成困难。在基本能满足评价要求和给出决策所需信息的前提下,应尽量减少指标个数。根据实际评测经验,指标幅度最好以不超过 10 个为佳。其次,要注意各评价指标之间的相互关系,避免指标的重复和二义性。再次,在可能的情况下,尽可能定量化,以减少评价过程中的主观性和片面性。最后,指标设置要成体系,分层排列,具有层次性,以便于聚类分析。

5) 确定评价指标权重

不同的评价指标对系统评价总目标的贡献是不同的,即评价指标的重要程度存在差异。指标权重是以定量方式反映各项评价指标在系统总目标中所占的比重。既要确定各大类指标的权重向量,又要确定单项评价指标相对于大类指标的相对权重向量。确定权重的意义在于:首先要解决指标之间的可加性问题;其次要注意指标之间重要程度的一致性,要避免指标间的逻辑混乱现象。权重的确定是系统综合评价中难度较大的一项工作,往往需要从整体上多次调整、反复归纳综合才能完成。可以应用层次分析法或灰色关联分析法计算各指标的权重。

6) 评价方法选择

系统评价是根据预定的目的,利用模型和资料,从多个视角对各个评价的价值进行评定,系统综合评价的方法和聚类综合法各具优缺点,应用时应注意根据评价对象的具体情况加以选择。目前常用的系统评价法有专家咨询法、层次分析法、多指标综合评价法、模糊聚类评价法、灰色聚类评价法等。

7) 评价实施

对清单分析阶段所识别的环境影响进行定量或定性的表征评价,即确定产品系统的物质、能量交换对外部环境的影响。影响评价包括分类、特征化和量化。分类是将清单分析中的输入和输出数据归到不同的环境影响类型的过程。特征化是将每一个影响类目中的不同物质转化和汇总成为统一的单元。量化是确定不同环境类型的相对贡献大小或权重,以期得到总的环境影响水平的过程。

8) 结果解释

根据规定的目的和范围,综合考虑清单分析和影响评价提供的信息,寻求产品、工艺或活动的整个生命周期内减少能源消耗、原材料使用以及污染排放的可能,从而形成结论并提出系统的优化建议。

3.3　绿色制造系统物料资源消耗分析与评价

物料资源是绿色制造系统运行的物质基础,同时也是产生环境污染的主要源头,涉及绿色制造系统的可持续发展。因此,物料资源消耗分析与评价对减少绿色制造系统环境污染具有十分重要的意义。

对于不同的绿色制造系统而言,其资源指标所包含的内容不一样,以机械加工制造系统为例,物料资源消耗主要包括原材料消耗量、利用率、回收率和可处理性;能源消耗主要包括加工设备能源消耗和辅助设备能源消耗,次级指标有消耗量和利用率;设备消耗主要包括加工设备消耗和辅助设备消耗;辅助材料消耗主要包括切削液消耗、刀具消耗、夹具消耗和量具消耗等,次级指标有消耗量、利用率、回收率和可处理性。机械加工制造系统的资源消耗指标体系如图 3.4 所示。

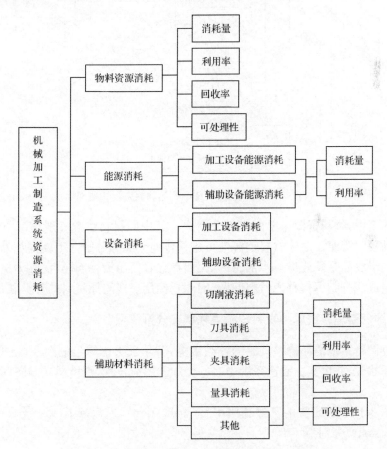

图 3.4　机械加工制造系统的资源消耗指标体系

　　根据绿色制造系统中制造过程的不同,物料资源中产品和废弃物均有着不同的状态和组成。以量大面广的机械加工制造系统为例,其物料资源的构成如图3.5所示。

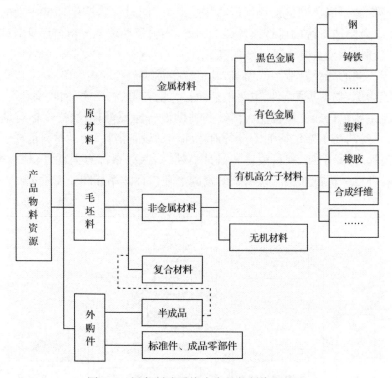

图 3.5　绿色制造系统中产品物料资源构成

　　图3.5中,物料资源主要由三部分组成。其中原材料资源一般情况下为最主要的产品物料资源。对原材料资源又可进一步地分类和分解。毛坯件和外购件中分解出的半成品是需要进一步加工的,因而存在着资源消耗问题,实际分析时也应考虑其组成成分归属何种原材料问题,因此它们用虚线与原材料的分类联系起来。

3.3.1　绿色制造系统单种物料资源消耗状况分析模型

　　绿色制造系统消耗物料资源的种类繁多,若单独考虑绿色制造系统中某一种资源消耗状况,并设其在制造系统中有 q 个加工制造过程,则可建立如图3.6的分析模型。

　　由图3.6,该种资源的资源利用率 U(utilization)、损耗率 L(losing rate)和废弃物 W(waste)分别为

$$U = R_o/R_i \tag{3.1}$$

$$L = (R_i - R_o)/R_i \tag{3.2}$$

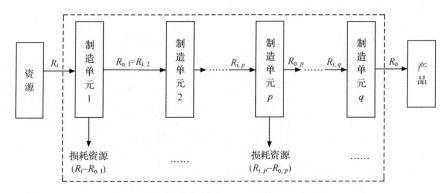

图 3.6　单种物料资源消耗状况分析模型

$$W = R_i - R_o \tag{3.3}$$

式(3.1)~式(3.3)中,R_i 为资源输入量,R_o 为资源输出量。

第 p 个加工制造工序的资源利用率 U_p、损耗率 L_p 和废弃物 W_p 分别为

$$U_p = R_{o,p}/R_{i,p} \tag{3.4}$$

$$L_p = (R_{i,p} - R_{o,p})/R_{i,p} \tag{3.5}$$

$$W_p = R_{i,p} - R_{o,p} \tag{3.6}$$

3.3.2　绿色制造系统多物料资源消耗状况评价

3.3.1 节中单独考虑物料资源中的某一种资源的消耗状况进行分析相对比较简单,但要分析绿色制造系统中整个产品的多物料资源消耗状况,相对就要复杂得多了。本节从系统的角度建立绿色制造系统的多物料资源消耗状况分析模型。

设绿色制造系统中某产品物料的种数为 n,并用 $R_{i,j}$、$R_{o,j}$、U_j、$L_j(j = 1,2,\cdots,n)$ 分别表示第 j 种物料资源的输入量和转化为产品零部件后的资源量、利用率、损耗率。

将这 n 种资源参照图 3.5 的分类方法进行适当分类。例如,将 n 种资源按相近的资源属性原则(相接近的材料物理特性、化学特性、环境影响特性、差别不大的价格特性等)一次性分成若干类。设这样的类别数为 m,第 i 类用 C_i 表示$(i = 1,2,\cdots,m)$,其资源种数为 K_i,则有

$$K_1 + K_2 + \cdots + K_i + \cdots + K_m = n \tag{3.7}$$

综上所述,可建立如下绿色制造系统多物料资源消耗状况分析模型,如图 3.7 所示。

第 j 种产品物料资源的资源利用率和资源损耗率的计算式分别为

$$U_j = R_{o,j}/R_{i,j} \quad (j = 1,2,\cdots,n) \tag{3.8}$$

$$L_j = (R_{i,j} - R_{o,j})/R_{i,j} = 1 - U_j \tag{3.9}$$

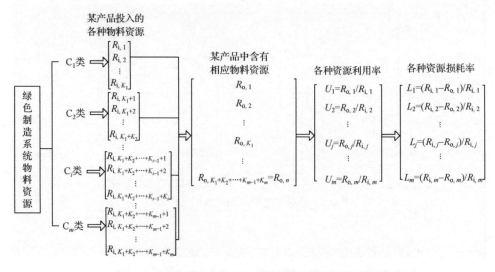

图 3.7　绿色制造系统多物料资源消耗状况分析模型

第 j 种资源的第 p 个加工制造工序的资源利用率 $U_{j,p}$ 和损耗率 $L_{j,p}$，分别为

$$U_{j,p} = R_{o,j,p}/R_{i,j,p} \tag{3.10}$$

$$L_{j,p} = 1 - U_{j,p} \tag{3.11}$$

为了描述各类和整个系统的资源利用率和损耗率，我们引用权系数 w_j 及其加权平均的方法，可得第 C_i 类资源的当量利用率 U_{C_i} 和当量损耗率 L_{C_i}，分别为

$$U_{C_i} = \frac{\sum_{j=1}^{K_i} w_{K_1+K_2+\cdots+K_{i-1}+j} \times R_{o,K_1+K_2+\cdots+K_{i-1}+j}}{\sum_{j=1}^{K_i} w_{K_1+K_2+\cdots+K_{i-1}+j} \times R_{i,K_1+K_2+\cdots+K_{i-1}+j}} \tag{3.12}$$

$$L_{C_i} = 1 - U_{C_i} \tag{3.13}$$

整个系统或全部产品物料资源的当量总利用率 U_t 和当量总损耗率 L_t 为

$$U_t = \sum_{j=1}^{n} w_j R_{o,j} / \sum_{j=1}^{n} w_j R_{i,j} \tag{3.14}$$

$$L_t = 1 - U_t \tag{3.15}$$

式(3.14)、式(3.15)中的权系数 w_j 的确定是一个复杂问题。确定权系数应从人类社会可持续发展的角度，根据资源的稀有性、贵重性、可再生性、对环境的影响特性等多方面的因素加以综合确定。为分析问题方便，建议采用价格系数作为权系数，因为资源的价格在一定程度上反映了资源的稀有性、贵重性和可再生性。并且近年来也开始在考虑环境影响问题，即对环境影响大的资源(如木材)有价格逐步上升趋势。当然价格系数也可根据资源的环境特性等因素进行修正后作为权系数。

应用上述分析模型,可以清楚地了解绿色制造系统产品物料资源消耗状况,为制定针对性的改善措施提供依据。

3.4　绿色制造系统的能量消耗分析评价及预测模型

3.4.1　绿色制造系统的能量消耗状况与特点分析

绿色制造系统能源消耗结构非常复杂,主要表现在耗能单元多、耗能种类多、消耗量差异性大等。绿色制造系统消耗的能源包括一次能源(如原煤、天然气等)、二次能源(如电、焦炭、柴油、汽油、煤气、液化石油气、蒸汽等)、耗能工质(如自来水、压缩空气、氧气、氮气等)。对于不同的行业,其制造系统能源消耗的种类和消耗量也不相同,下面以机械制造系统为例对常用能源进行简单介绍[56]。

1) 原煤

目前,原煤仍是绿色制造系统消耗的主要一次能源,其用途主要包括两个方面:一是直接作燃料,二是通过能源转换部门转换成二次能源(如电、焦炭、蒸汽等)再使用。

2) 焦炭

焦炭主要应用于铸造生产的冲天炉。焦炭的质量直接影响铸造产品的质量、稳定性及废品率等。

3) 液体燃料

机械制造企业常用的液体燃料包括:重油、柴油、汽油、煤油等。其中重油主要用于工业炉、锅炉等;柴油、汽油主要用于内燃机、汽车等;煤油主要用于清洗。

4) 气体燃料

气体燃料可分为单一气体燃料和复合气体燃料。企业所用气体燃料一般为复合气体燃料,是主要的燃料能源之一,主要包括天然气、人工煤气(如焦炉煤气、高炉煤气等)、液化石油气等。气体燃料与固体、液体燃料相比,具有炉温均匀、易控制、污染小、输送及使用简单方便等优点。

5) 电

电是常规能源中用途最广泛、最方便的二次能源。主要用于机电设备拖动、电加热及照明等。

6) 蒸汽

蒸汽是机械制造企业常用的二次能源,主要由企业能源转换部门生产,此外还可由大型冶炼设备、加热炉及余热锅炉提供。主要用于蒸汽动力机械、小型工业汽轮机、烘干设备、清洗设备等。

7）压缩空气

压缩空气由电能通过空气压缩机转换而来。主要用于风动机械、风动工具及其他用气设备。

8）氧气和乙炔

企业生产中，通常将氧气和乙炔同时使用，氧气用来助燃，乙炔用来供热，形成高温火焰。主要用于金属气割、气焊等，也可用于局部火焰淬火、焊接件火焰矫正、金属热喷涂等。

9）水

企业用水是电能通过水泵转换而来，称为耗能工质。水是企业生产过程中传递热量或动力的载能体（如蒸汽、热水、冷却等）。

机械制造系统生产工艺主要包括：铸造、锻造、热处理、焊接、电镀、涂装、冲压、机械加工、装配等。各主要工艺的主要耗能种类和主要耗能设备如表 3.1 所示[57,58]。

表 3.1　机械制造系统主要工艺及其能耗

序号	主要工艺	主要耗能种类	主要耗能设备
1	铸造	主要是焦炭、煤、电，其次是压缩空气、水等	熔炼炉（如平炉、电弧炉、精炼炉）、干燥炉（砂型烘炉、砂芯烘炉）、热处理炉（如台车式热处理炉）
2	锻造	主要是燃料能源（煤、天然气、煤气、油），其次是电、蒸汽、压缩空气、水等	锻造加热炉（如室式加热炉、开隙式加热炉）、锻造设备等
3	热处理	主要是电能及燃料（煤、煤气、天然气、液化石油气），其次是水、蒸汽、压缩空气、乙炔、氧气等	各类热处理炉，如室式热处理炉、台车式热处理炉、推杆式热处理炉等
4	焊接	主要是电，其次是乙炔、蒸汽、压缩空气、水、天然气、氧气等	各类电焊机，如氩弧焊、埋弧焊等
5	电镀	主要是电，其次是蒸汽、水、压缩空气	处理槽、清洗机、清洗槽、镀槽、整流器、过滤设备、抛光设备、烘干设备、起重运输设备等
6	涂装	电、蒸汽、压缩空气、水	表面处理槽、清洗机、电泳槽、清洗槽、喷漆室、烘干室、起重运输设备等
7	冲压	主要是电，其次是压缩空气、蒸汽、水等	各种冲压设备
8	机械加工	主要是电，其次是压缩空气、水、蒸汽、柴油、煤油、汽油等	各种金属切削机床
9	装配	电、柴油、煤油、汽油、乙炔、压缩空气、蒸汽、水等	装配用设备

绿色制造系统能源消耗结构非常复杂,具有如下特点。

1) 耗能部门多

绿色制造系统的耗能部门包括不同的制造单元,以机械制造系统为例,主要包括生产车间(如铸造车间、锻造车间、热处理车间、焊接车间、电镀车间、涂装车间、冲压车间、机械加工车间、装配车间)、辅助车间、动力车间等。下面简要介绍各生产车间主要消耗的能源种类。

铸造车间常用的一次能源包括:原煤、天然气等;常用的二次能源包括:电、焦炭、重油、柴油、煤油、汽油、水煤气、焦炉煤气、液化石油气、乙炔、蒸汽等;常用的耗能工质包括:水、压缩空气、氧气、氮气、氢气及二氧化碳等。

锻造车间常用的一次能源包括:原煤、原油、天然气等;常用的二次能源包括:煤气、电、重油、柴油、蒸汽等;常用的耗能工质包括:水、压缩空气等。

热处理车间常用的一次能源包括:原煤、天然气等;常用的二次能源包括:电、煤气、液化石油气、蒸汽、乙炔、氧气等;常用的耗能工质包括:水、压缩空气等。

焊接车间常用的一次能源包括:天然气等;常用的二次能源包括:电、蒸汽、乙炔、氧气等;常用的耗能工质包括:水、压缩空气、二氧化碳等。

电镀车间常用的一次能源包括:天然气等;常用的二次能源包括:电、蒸汽等;常用的耗能工质包括:水、压缩空气等。

涂装车间常用的二次能源包括:电、蒸汽等;常用的耗能工质包括:水、压缩空气等。

冲压车间常用的二次能源包括:电、蒸汽等;常用的耗能工质包括:水、压缩空气等。

机械加工车间常用的二次能源包括:电、蒸汽、柴油、煤油、汽油等;常用的耗能工质包括:水、压缩空气等。

装配车间常用的二次能源包括:电、柴油、煤油、汽油、蒸汽、乙炔等;常用的耗能工质包括:水、压缩空气等。

2) 耗能设备多

设备是绿色造系统的制造资源要素之一,设备在运行过程中不可避免地消耗大量的能量。对于某一个具体的绿色制造系统来说,包含有多种耗能设备,如对于机械制造系统来说,铸造车间、锻造车间及热处理车间的各类工业炉窑、焊接车间的各类电焊机、冲压车间的各种冲压设备、机械加工车间的各种金属切削机床及装配车间的装配用设备等。几种机械制造企业典型生产设备能源消耗情况如下:

工业锅炉:工业锅炉是机械制造企业能源转换的主要设备。工业锅炉以燃煤为主,一些先进工业锅炉燃料以油和气(天然气、煤气等)为主。在我国,工业锅炉消耗的原煤约占全国原煤开采量的 1/3。因此,工业锅炉节能潜力很大,是国家节能的重点。

工业炉窑:工业炉窑是铸造、锻造及热处理等热加工的主要设备,种类繁多,包括熔炼金属的电弧炉、平炉、冲天炉等;烘烤砂型、砂芯及各种合金的干燥炉;铸件退火的时效炉;对钢锭或钢坯进行锻前加热和锻后消除内应力的热处理炉;改善工件力学性能的各种退火、正火、淬火、回火和渗碳用的热处理炉。在机械制造企业中,工业炉窑消耗的能源平均占企业总能源消耗量的 35%～45%,有的高达 80%。工业炉窑消耗的能源包括:煤、焦炭、油、煤气、电、天然气、蒸汽等。

锻锤:锻锤是目前许多企业和锻造车间使用的主要毛坯生产设备。目前,我国中小型自由锻件生产多以蒸空锤为主,模锻设备中蒸空锤所占比例也很大。蒸空锤采用饱和蒸汽(或过热蒸汽)或压缩空气驱动,能源利用率很低。电液锤是一种高效节能的产品,可以对能耗大的蒸空锤进行节能改造。若用电液锤改造或更新蒸汽锤,能源利用率可以提高 90%以上。若用电液锤改造或更新空气锤,传动效率可提高 70%左右。

电焊机:电焊机是一种直接利用电能转换为热能的热加工设备,各类电焊机都要消耗大量的电能。我国低水平的电焊机产品所占比例很大,节能、高效的自动、半自动气体保护焊机、埋弧焊机、电阻焊机以及特种焊机等品种较少。大力发展高效节能型产品,是我国电焊机产品的发展方向。

电机:电机为许多生产加工设备提供原动力,是决定生产加工设备能耗特性的关键部分。电机可分为大、中、小、微型电机。不同的电机具有不同的特性,需要根据工作环境、用途、负载特性等合理选用电机,如机械加工车间的各种金属切削机床电机的合理选择是企业节能的一个重要方面。

很多机械制造企业生产设备陈旧、性能差、能耗高。目前我国机械制造企业仍有 20 世纪 80 年代以前的产品在超期服役,由于这些生产设备性能差、能耗高,使得我国机械制造企业产品能耗与经济发达国家同类产品相比差距较大。

3) 耗能种类多

绿色制造系统消耗的能源品种达十种以上,消耗种类多且多属不可再生能源。所消耗的能源中消耗量最多的是煤、天然气等燃料能源,占绿色制造系统总能耗的 30%～80%,平均为 60%左右。消耗面最广的是电,一般占企业总能耗的 17%～47%,有的高达 60%以上。由此可见,绿色制造系统消耗的能源主要包括煤、天然气、电等,其中煤、天然气本身就是不可再生能源,而由于我国电能的供应结构主要是煤电,也间接属于不可再生能源。

随着经济社会的不断发展,我国能源需求量大幅增长,不可再生能源的开采量不断加大,带来巨大的环境压力,且不可再生资源的价格不断上涨,企业需要不断减少不可再生能源的消耗量或用可再生能源代替不可再生能源。

4) 能源消耗量差异性大

对于不同行业的绿色制造系统来说,由于产品的类型及涉及的制造资源要素不同,系统消耗的能量差异较大。对于机械制造系统来说,机械产品种类很多,包括机床、工程机械等技术装备及汽车、摩托车等消费品,对于同一个企业,所生产的产品类型经常变化,对于不同的产品类型需要采用不同的加工方法及设备,不同的加工方法和设备所消耗的能源种类及消耗量不同,这使得机械制造系统的能源消耗种类及消耗量在不断变化,使得供能稳定性差,给合理使用能源造成一定困难。

综上所述,绿色制造系统具有耗能部门多、耗能设备多、消耗能源种类多及能源消耗量差异性大等特点。能源消耗特点使得从系统角度对能源消耗进行分析进而找到节能的关键环节、选择合适的节能方法具有重要的作用。

3.4.2　绿色制造系统能源消耗分析与评价

能量消耗分析与评价是一种加强企业能源科学管理和节约能源的有效手段和方法,具有很强的监督和管理作用。通过能量消耗的分析,可以帮助企业和政府更好地了解企业整体用能状况、主要能耗问题以及节能潜力,为企业进一步改进能源管理,实行节能技术改造,提高能源利用率提供科学依据。

目前国内外能量分析与评估的方法主要有投入产出分析方法、统计分析法、能耗系数法、能耗基准因数法、指标计算法和常用设备效率计算模型法等。而投入产出分析是从数量上系统研究不同制造单元之间的相互关系,一般以企业为体系,用于企业能源利用状况的宏观分析。

绿色制造系统能源消耗主要包括电力、天然气、煤等,这些能源可以从社会购入也可以由本企业能源转换部门提供。企业能源主要用于各生产车间的制造过程。设共有 m 种能源输出到 n 个相对独立的制造单元,如图 3.8 所示,其中,每个制造单元可能消耗一种或几种能源,每种能源可以用于一个或多个制造单元[59]。

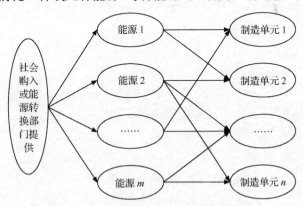

图 3.8　绿色制造系统能源消耗情况

1) 实物模型

用 $X_i(i=1,2,\cdots,m)$ 代表单位时间(某几年或某几个月) 内第 i 种能源输入的总量,$Y_j(j=1,2,\cdots,n)$ 代表第 j 个制造单元单位时间内能耗的总量,Z_{ij} 代表第 i 种能源输出到第 j 制造单元的总量。为了计算方便,各种能源可以按当量值折算成标准煤,则这种输入和输出关系可用表 3.2 来进一步描述。

表 3.2 绿色制造系统能源消耗输入输出关系(实物型)

输入量	输出量			
	Y_1	Y_2	...	Y_n
X_1	Z_{11}	Z_{12}	...	Z_{1n}
X_2	Z_{21}	Z_{22}	...	Z_{2n}
⋮	⋮	⋮		⋮
X_m	Z_{m1}	Z_{m2}	...	Z_{mn}

依据各变量之间的平衡关系,可得

$$X_i = Z_{i1} + Z_{i2} + \cdots + Z_{ij} + \cdots + Z_{in} = a_{i1}Y_1 + a_{i2}Y_2 + \cdots + a_{ij}Y_j + \cdots + a_{in}Y_n$$
(3.16)

$$Y_j = Z_{1j} + Z_{2j} + \cdots + Z_{ij} + \cdots + Z_{mj} = b_{1j}X_1 + b_{2j}X_2 + \cdots + b_{ij}X_i + \cdots + b_{mj}X_m$$
(3.17)

式中, X_i 为单位时间内第 i 种能源输入的总量;Y_j 为单位时间内第 j 个制造单元能耗总量;Z_{ij} 为单位时间内第 i 种能源输出到第 j 制造单元的总量;a_{ij},b_{ij} 为实物型能源消耗系数。

$$a_{ij} = \frac{Z_{ij}}{Y_j}, \quad \sum_{i=1}^{m} a_{ij} = 1 \quad j = 1,2,\cdots,n$$

$$b_{ij} = \frac{Z_{ij}}{X_i}, \quad \sum_{j=1}^{n} b_{ij} = 1 \quad i = 1,2,\cdots,m$$

基于上述式子,可得

$$\left.\begin{array}{l} X_1 = a_{11}Y_1 + a_{12}Y_2 + \cdots + a_{1j}Y_j + \cdots + a_{1n}Y_n \\ X_2 = a_{21}Y_1 + a_{22}Y_2 + \cdots + a_{2j}Y_j + \cdots + a_{2n}Y_n \\ \vdots \\ X_m = a_{m1}Y_1 + a_{m2}Y_2 + \cdots + a_{mj}Y_j + \cdots + a_{mn}Y_n \end{array}\right\}$$
(3.18)

$$\left.\begin{array}{l} Y_1 = b_{11}X_1 + b_{21}X_2 + \cdots + b_{i1}X_i + \cdots + b_{m1}X_m \\ Y_2 = b_{12}X_1 + b_{22}X_2 + \cdots + b_{i2}X_i + \cdots + b_{m2}X_m \\ \vdots \\ Y_n = b_{1n}X_1 + b_{2n}X_2 + \cdots + b_{in}X_i + \cdots + b_{mn}X_m \end{array}\right\}$$
(3.19)

式(3.18)、式(3.19)可写成矩阵形式

$$\boldsymbol{X} = \boldsymbol{A}\boldsymbol{Y} \tag{3.20}$$
$$\boldsymbol{Y} = \boldsymbol{B}^{\mathrm{T}}\boldsymbol{X} \tag{3.21}$$

式中，$\boldsymbol{X} = (X_1, X_2, \cdots, X_m)^{\mathrm{T}}$，$\boldsymbol{Y} = (Y_1, Y_2, \cdots, Y_n)^{\mathrm{T}}$

$$\boldsymbol{A} = \begin{bmatrix} a_{11} & a_{12} & \cdots & a_{1n} \\ a_{21} & a_{22} & \cdots & a_{2n} \\ \vdots & \vdots & & \vdots \\ a_{m1} & a_{m2} & \cdots & a_{mn} \end{bmatrix}, \quad \boldsymbol{B} = \begin{bmatrix} b_{11} & b_{12} & \cdots & b_{1n} \\ b_{21} & b_{22} & \cdots & b_{2n} \\ \vdots & \vdots & & \vdots \\ b_{m1} & b_{m2} & \cdots & b_{mn} \end{bmatrix}$$

其中，$\boldsymbol{A}$、$\boldsymbol{B}$ 是实物型能源消耗系数矩阵。

2) 价值模型

如果考虑每种能源的价格，则可建立绿色制造系统能源消耗的价值模型。用 $X_i'(i=1,2,\cdots,m)$ 代表单位时间内绿色制造系统消耗的第 i 种能源的总费用，$Y_j'(j=1,2,\cdots,n)$ 代表第 j 个制造单元单位时间内能耗费用，Z_{ij}' 代表第 j 个制造单元消耗的第 i 种能源的费用，则企业能源的输入和输出关系还可用表 3.3 来进一步描述。

表 3.3　绿色制造系统能源消耗输入输出关系(价值型)

输入量	输出量			
	Y_1'	Y_2'	$\cdots$	Y_n'
X_1'	Z_{11}'	Z_{12}'	$\cdots$	Z_{1n}'
X_2'	Z_{21}'	Z_{22}'	$\cdots$	Z_{2n}'
$\vdots$	$\vdots$	$\vdots$		$\vdots$
X_m'	Z_{m1}'	Z_{m2}'	$\cdots$	Z_{mn}'

依据各变量之间的平衡关系，可得

$$X_i' = Z_{i1}' + Z_{i2}' + \cdots + Z_{ij}' + \cdots + Z_{in}' = c_{i1}Y_1' + c_{i2}Y_2' + \cdots + c_{ij}Y_j' + \cdots + c_{in}Y_n' \tag{3.22}$$

$$Y_j' = Z_{1j}' + Z_{2j}' + \cdots + Z_{ij}' + \cdots + Z_{mj}' = d_{1j}X_1' + d_{2j}X_2' + \cdots + d_{ij}X_i' + \cdots + d_{mj}X_m' \tag{3.23}$$

式中，$X_i' = C_i X_i = \sum_{j=1}^{n} Z_{ij}'$，单位时间内绿色制造系统消耗的第 i 种能源的总费用，其中，C_i 代表第 i 种能源的价格；$Y_j' = \sum_{i=1}^{m} Z_{ij}'$，单位时间内第 j 个制造单元能耗费用；$Z_{ij}' = C_i Z_{ij}$，单位时间内第 j 个制造单元消耗的第 i 种能源的费用；$c_{ij} = \dfrac{Z_{ij}'}{Y_j'}\left[\sum_{i=1}^{m} c_{ij} = 1(j=1,2,\cdots,n)\right]$ 为第 j 个制造单元的价值型能源消耗系数；$d_{ij} = \dfrac{Z_{ij}'}{X_i'}\left[\sum_{j=1}^{m} d_{ij} = 1(i=1,2,\cdots,m)\right]$ 为第 i 种能源的价值型能源消耗系数。

基于上述式子,可得

$$X_1' = c_{11}Y_1' + c_{12}Y_2' + \cdots + c_{1j}Y_j' + \cdots + c_{1n}Y_n'$$
$$X_2' = c_{21}Y_1' + c_{22}Y_2' + \cdots + c_{2j}Y_j' + \cdots + c_{2n}Y_n'$$
$$\vdots$$
$$X_m' = c_{m1}Y_1' + c_{m2}Y_2' + \cdots + c_{mj}Y_j' + \cdots + c_{mn}Y_n' \tag{3.24}$$

$$Y_1' = d_{11}X_1' + d_{21}X_2' + \cdots + d_{i1}X_i' + \cdots + d_{m1}X_m'$$
$$Y_2' = d_{12}X_1' + d_{22}X_2' + \cdots + d_{i2}X_i' + \cdots + d_{m2}X_m'$$
$$\vdots$$
$$Y_n' = d_{1n}X_1' + d_{2n}X_2' + \cdots + d_{in}X_i' + \cdots + d_{mn}X_m' \tag{3.25}$$

式(3.24)、式(3.25)可写成矩阵形式

$$\boldsymbol{X}' = \boldsymbol{C}\boldsymbol{Y}' \tag{3.26}$$
$$\boldsymbol{Y}' = \boldsymbol{D}^{\mathrm{T}}\boldsymbol{X}' \tag{3.27}$$

式中

$$\boldsymbol{X}' = (X_1', X_2', \cdots, X_m')^{\mathrm{T}}, \quad \boldsymbol{Y}' = (Y_1', Y_2', \cdots, Y_n')^{\mathrm{T}}$$

$$\boldsymbol{C} = \begin{bmatrix} c_{11} & c_{12} & \cdots & c_{1n} \\ c_{21} & c_{22} & \cdots & c_{2n} \\ \vdots & \vdots & & \vdots \\ c_{m1} & c_{m2} & \cdots & c_{mn} \end{bmatrix}, \quad \boldsymbol{D} = \begin{bmatrix} d_{11} & d_{12} & \cdots & d_{1n} \\ d_{21} & d_{22} & \cdots & d_{2n} \\ \vdots & \vdots & & \vdots \\ d_{m1} & d_{m2} & \cdots & d_{mn} \end{bmatrix}$$

其中,$\boldsymbol{C}$、$\boldsymbol{D}$ 是价值型能源消耗系数矩阵。

3) 模型应用

(1) 绿色制造系统能耗分析比较与评价。分析绿色制造系统某段时间能耗情况,计算相应的实物型或价值型能源消耗系数矩阵 $\boldsymbol{A}$、$\boldsymbol{B}$、$\boldsymbol{C}$、$\boldsymbol{D}$。纵向比较矩阵 $\boldsymbol{A}$ 或 $\boldsymbol{C}$ 中第 j 个制造单元的能耗系数 a_{ij} 或 $c_{ij}(i=1,2,\cdots,m)$,得出该制造单元的主要能耗种类;横向比较矩阵 $\boldsymbol{B}$ 或 $\boldsymbol{D}$ 中第 i 种能源的消耗系数 b_{ij} 或 $d_{ij}(j=1,2,\cdots,n)$,得出该能源的主要流向。

(2) 绿色制造系统时间方向能耗分析比较与评价。分析绿色制造系统多个时间段能源消耗情况,计算相应的实物型或价值型能源消耗系数矩阵 $\boldsymbol{A}_1,\boldsymbol{A}_2,\cdots$ 或 $\boldsymbol{B}_1,\boldsymbol{B}_2,\cdots$ 或 $\boldsymbol{C}_1,\boldsymbol{C}_2,\cdots$ 或 $\boldsymbol{D}_1,\boldsymbol{D}_2,\cdots$。分析第 i 种能源在第 j 个制造单元的能源消耗系数 a_{ij} 或 b_{ij} 或 c_{ij} 或 $d_{ij}(i=1,2,\cdots,m;j=1,2,\cdots,n)$ 的变化趋势,能够在一定程度上评估节能措施的实施效果。

(3) 制造单元间能耗分析比较与评价。分析多个制造单元某段时间能源消耗情况,计算相应的实物型或价值型能源消耗系数矩阵 $\boldsymbol{A}^{(1)},\boldsymbol{A}^{(2)},\cdots$ 或 $\boldsymbol{B}^{(1)},\boldsymbol{B}^{(2)},\cdots$ 或 $\boldsymbol{C}^{(1)},\boldsymbol{C}^{(2)},\cdots$ 或 $\boldsymbol{D}^{(1)},\boldsymbol{D}^{(2)},\cdots$。比较其中第 i 种能源在第 j 个制造单元的能源消耗系数 a_{ij} 或 b_{ij} 或 c_{ij} 或 $d_{ij}(i=1,2,\cdots,m;j=1,2,\cdots,n)$,可以了解绿色制造系统各制造单元能源消耗水平,进而确定节能方向。

（4）能源价格对绿色制造系统能源消耗的影响分析。如果第 i 种能源价格 C_i 变化,该种能源消耗费用 X'_i 及各制造单元的能源消耗费用 $Y'_j(j=1,2,\cdots,n)$ 就会相应变化。那么若要减少第 j 个制造单元能耗费用 Y'_j 的变化,需要改变价值型能源消耗矩阵 $\boldsymbol{C}$ 中的能源消耗系数 $c_{ij}(i=1,2,\cdots,m)$,即通过改变第 j 制造单元各能源的消耗量来降低能源价格变动对能耗费用的影响;若要减少绿色制造系统第 i 种能源的能耗费用 X'_i 的变化,需要改变价值型能源消耗矩阵 $\boldsymbol{D}$ 中能源消耗系数 $d_{ij}(j=1,2,\cdots,n)$,即通过改变各制造单元第 i 种能源的消耗量来降低能源价格变动对该能源的消耗费用的影响。

3.4.3　绿色制造系统能量消耗预测模型

能耗预测是绿色制造系统过程优化的重要组成部分。精确的能源预测有助于能源的精确供给、把握能源消耗的趋势、控制能源的存储量、减少能源的浪费。国内外能源消耗量的预测方法主要有时间序列预测法、因果关系预测法、能源消费弹性系数预测法和神经网络预测法等。由于神经网络通过学习能够掌握数据之间复杂的依从关系,具有较好的样本非线性拟合功能,与其他预测方法相比,其预测的精度较高,预测结果的可靠性较大。基于 BP 神经网络建立一种绿色制造系统能源消耗预测模型,在此基础上,运用方差分析对企业能耗实测值、BP 神经网络预测值、多元线性回归模型预测值进行比较,以期能够为绿色制造系统能源消耗预测提供一种有效的模型。

1）神经网络技术简介

神经网络是一个由简单处理元构成的规模宏大的并行分布式处理器。具有存储经验知识和使之可用的特性[60]。一般而言,神经网络由许多个神经元组成,每个神经元只有一个输出,它可以连接到很多其他的神经元,每个神经元输入有多个连接通路,每个连接通路对应于一个连接权系数。神经元的结构模型如图 3.9 所示。

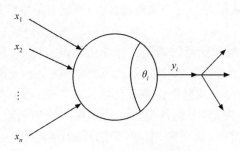

图 3.9　神经元的结构模型

上述模型可以描述为

$$y_i = f(\sum_j w_{ij}x_j - \theta_i) \tag{3.28}$$

式中，$x_1, x_2, \cdots, x_j, \cdots, x_n$ 为输入信号；θ_i 为阈值；w_{ij} 为神经元 i 到神经元 j 连接的权值；f 为激发函数；y_i 为输出。

由大量神经元相互连接组成的神经网络具有人脑的某些基本特征：①分布存储和容错性。一个信息不是存储在一个地方，而是按内容分布在整个网络上，网络某一处不只存储一个外部信息，而是每个神经元存储多种信息的部分内容，这种存储方式的优点在于若部分信息不完全，它仍能恢复出原来正确的完整的信息，使网络具有容错性；②大规模并行处理。神经网络在结构上是并行的，而且网络的各个单元可以同时进行类似的处理过程。因此，网络中的信息处理是在大量单元中平行而又有层次地进行，运算速度高；③自学习、自组织和自适应性。神经元之间的连接多种多样，各神经元之间连接强度具有一定的可塑性，相当于突触传递信息能力的变化，这样网络可以通过学习和训练进行自组织以适应不同信息处理的要求；④神经网络是大量神经元的集体行为，并不是各单元行为的简单的相加，表现出一般复杂非线性动态系统的特性；⑤神经元可以处理一些环境信息十分复杂、知识背景不清楚和推理规则不明确的问题。

神经网络模型各种各样，它们是从不同的角度对生物神经系统不同层次的描述和模拟。有代表性的网络模型有感知器、多层映射 BP 网络、RBF 网络、双向联想记忆（BAM）、Hopfield 模型等。利用这些网络模型可实现函数逼近、数据聚类、模式分类、优化计算等功能[61]。

2）基于 BP 神经网络的能源消耗预测模型

基于 BP 神经网络建立绿色制造系统能源消耗预测模型的步骤如下：①确定模型的输入变量与输出变量；②收集输入输出变量样本，并将样本分为训练样本及验证样本，训练样本用于建立模型，验证样本用于检验模型的预测效果；③利用训练样本对 BP 神经网络模型进行训练，确定 BP 神经网络的隐含层数和层内节点数，建立绿色制造系统能源消耗预测模型；④对所建立的绿色制造系统能源消耗预测模型进行验证。

（1）模型输入与输出变量的确定。在绿色制造系统中，作为制造资源要素之一的生产设备是耗能大户，生产设备运行的时间是决定企业能源消耗量的主要因素之一。生产设备能源消耗量受设备载荷状况的影响，而生产设备的载荷状况主要由其所生产的产品决定，因此各类产品产量影响绿色制造系统能源消耗状况。除生产设备外，其他设备（如照明、空调等）的耗能情况主要受工人工作时间的影响。因此，绿色制造系统能源消耗主要影响因素为生产设备运行小时数、产品产量及工人工作小时数。在上述分析的基础上，基于 BP 神经网络建立绿色制造系统能源消耗预测模型。模型的输入变量为绿色制造系统各种生产设备月运行小时

数、各种产品月产量和工人月工作小时数,输出变量为绿色制造系统各种能源月消
耗量,如图 3.10 所示。

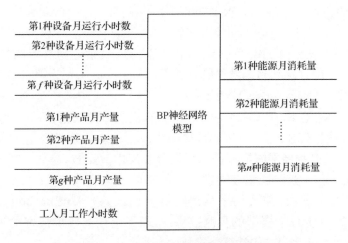

图 3.10　绿色制造系统能源消耗预测模型

（2）模型输入与输出变量样本归一化处理。收集的各输入输出变量样本通常
需要进行归一化处理。采用的归一化方法如下:

$$x' = \frac{x'_{\max} - x'_{\min}}{x_{\max} - x_{\min}}(x - x_{\min}) + x'_{\min} = \frac{x'_{\max} - x'_{\min}}{x_{\max} - x_{\min}}x$$
$$+ \left(x'_{\min} - \frac{x'_{\max} - x'_{\min}}{x_{\max} - x_{\min}}x_{\min}\right) = Ax + B \tag{3.29}$$

式中,$x_{\max}$、$x_{\min}$ 为变量实际的最大值及最小值;$x'_{\max}$、$x'_{\min}$ 为所需范围的最大值及最
小值,本节取值为$[0,1]$;$A = \dfrac{x'_{\max} - x'_{\min}}{x_{\max} - x_{\min}}$;$B = x'_{\min} - \dfrac{x'_{\max} - x'_{\min}}{x_{\max} - x_{\min}}x_{\min}$。

（3）模型的建立。绿色制造系统能源消耗 BP 神经网络预测模型如图 3.11 所示。

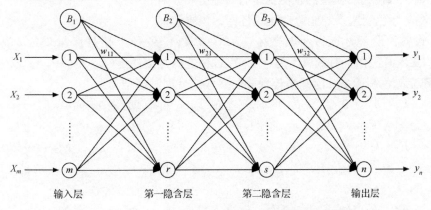

图 3.11　绿色制造系统能源消耗 BP 神经网络预测模型

上述预测模型可表示如下：

$$Y = f_3\{W_{32}f_2[W_{21}f_1(W_{11}X + B_1) + B_2] + B_3\} \tag{3.30}$$

式中，$X = (x_1, x_2, \cdots, x_m)^T$ 为模型的输入变量，包括各种生产设备月运行小时数、各种产品月产量和工人月工作小时数；$Y = (y_1, y_2, \cdots, y_n)^T$ 为模型的输出变量，即企业各种能源月消耗量；$W_{11} = (w_{ij})_{r \times m}$ 为输入层到第一隐含层的权值；$W_{21} = (w_{ij})_{s \times r}$ 为第一隐含层到第二隐含层的权值；$W_{32} = (w_{ij})_{n \times s}$ 为第二隐含层到输出层的权值；$B_1 = (b_1, b_2, \cdots, b_r)^T$ 为第一隐含层节点阈值；$B_2 = (b_1, b_2, \cdots, b_s)^T$ 为第二隐含层节点阈值；$B_3 = (b_1, b_2, \cdots, b_n)^T$ 为输出层节点阈值；f_1, f_2, f_3 为模型的传递函数，如线性传递函数、硬限幅传递函数、S形传递函数、径向基传递函数等。

为确定该 BP 神经网络模型的隐含层数及层内节点数，建立具有不同隐含层数及层内节点数的预测模型，使用训练样本对各个预测模型进行训练，得到各个模型的网络权值和阈值，并采用平均绝对百分比误差（mean absolute percentage error, MAPE）评价各个模型的预测效果，从而得出预测效果最好的神经网络模型。平均绝对百分比误差的计算公式为

$$e = \frac{1}{n} \sum_{i=1}^{n} \frac{|EC_j' - EC_j|}{EC_j}$$

式中，EC_j' 为能源消耗的预测值；EC_j 为能源消耗的实测值；n 为样本数。

值得说明的是，若绿色制造系统能源消耗情况较复杂，可以以制造单元为单位应用上述 BP 神经网络模型进行能源消耗预测，各制造单元能耗总和可作为整个绿色制造系统的能耗。

3) 基于方差分析的模型验证

为了验证模型的预测效果，运用一种基于方差分析的模型验证方法。运用方差分析可以验证 BP 神经网络模型的预测效果与其他预测方法的预测效果是否存在显著性差异。本节选择线性回归模型来进行比较，对实测值、BP 神经网络模型预测值及线性回归模型的预测值进行方差分析。

(1) 绿色制造系统能源消耗线性回归预测模型。

设各种设备月运行小时数 $(T_1, T_2, \cdots, T_f)$、各种产品月产量 $(M_1, M_2, \cdots, M_g)$、工人月工作小时数 (L) 为自变量，各种能源月消耗量 $(E_1, E_2, \cdots, E_n)$ 为应变量，建立绿色制造系统能源消耗预测的多元线性回归模型为：

$$E_1' = b_{10} + b_{11}T_1 + b_{12}T_2 + \cdots + b_{1f}T_f + b_{1(f+1)}M_1 + b_{1(f+2)}M_2 + \cdots$$
$$+ b_{1(f+g)}M_g + b_{1(f+g+1)}L$$

$$E_2' = b_{20} + b_{21}T_1 + b_{22}T_2 + \cdots + b_{2f}T_f + b_{2(f+1)}M_1 + b_{2(f+2)}M_2 + \cdots$$
$$+ b_{2(f+g)}M_g + b_{2(f+g+1)}L$$

$$\vdots$$

$$E_n' = b_{n0} + b_{n1}T_1 + b_{n2}T_2 + \cdots + b_{nf}T_f + b_{n(f+1)}M_1 + b_{n(f+2)}M_2 + \cdots$$

$$+ b_{n(f+g)} M_g + b_{n(f+g+1)} L \tag{3.31}$$

式中，$E'_1, E'_2, \cdots, E'_n$ 为回归值，即各种能源消耗预测值；$b_{10}, b_{11}, b_{12}, \cdots, b_{1(f+g+1)}$，$b_{20}, b_{21}, b_{22}, \cdots, b_{2(f+g+1)}, \cdots, b_{n0}, b_{n1}, b_{n2}, \cdots, b_{n(f+g+1)}$ 为回归系数。

① 线性回归方程的确定。

以某一个回归方程为例，为使表述方便，设 $T_1, T_2, \cdots, T_f, M_1, M_2, \cdots, M_g, L$ 为自变量 $x_1, x_2, \cdots, x_f, x_{f+1}, x_{f+2}, \cdots, x_{f+g}, x_{f+g+1}$，设 $m = f + g + 1$ 将上述多元线性回归方程改写为

$$y' = b_0 + b_1 x_1 + b_2 x_2 + \cdots + b_m x_m \tag{3.32}$$

各回归系数计算方法如下：

$$b_0 = \bar{y} - b_1 \bar{x}_1 - b_2 \bar{x}_2 - \cdots - b_m \bar{x}_m \tag{3.33}$$

$$\begin{cases} L_{11} b_1 + L_{12} b_2 + \cdots + L_{1m} b_m = L_{1y} \\ L_{21} b_1 + L_{22} b_2 + \cdots + L_{2m} b_m = L_{2y} \\ \qquad\qquad\vdots \\ L_{m1} b_1 + L_{m2} b_2 + \cdots + L_{mm} b_m = L_{my} \end{cases} \tag{3.34}$$

设有 r 组样本

$$\bar{y} = \frac{1}{r} \sum_{k=1}^{r} y_k, \quad \bar{x}_i = \frac{1}{r} \sum_{k=1}^{r} x_{ik} \quad (i = 1, 2, \cdots, m) \tag{3.35}$$

$$L_{ij} = L_{ji} = \sum_{k=1}^{r} (x_{ik} - \bar{x}_i)(x_{jk} - \bar{x}_j) = \sum_{k=1}^{r} x_{ik} x_{jk} - \bar{x}_i \sum_{k=1}^{r} x_{jk} \quad (i, j = 1, 2, \cdots, m) \tag{3.36}$$

$$L_{iy} = \sum_{k=1}^{r} (x_{ik} - \bar{x}_i)(y_k - \bar{y}) = \sum_{k=1}^{r} x_{ik} y_k - \bar{x}_i \sum_{k=1}^{r} y_k \quad (i = 1, 2, \cdots, m) \tag{3.37}$$

求解上面方程组即可求得 $b_1, b_2, \cdots, b_m$，进而可求得 b_0，方程组可写成以下矩阵形式：

$$\begin{bmatrix} L_{11} & L_{12} & \cdots & L_{1m} \\ L_{21} & L_{22} & \cdots & L_{2m} \\ \vdots & \vdots & & \vdots \\ L_{m1} & L_{m2} & \cdots & L_{mm} \end{bmatrix} \begin{Bmatrix} b_1 \\ b_2 \\ \vdots \\ b_m \end{Bmatrix} = \begin{Bmatrix} L_{1y} \\ L_{2y} \\ \vdots \\ L_{my} \end{Bmatrix} \tag{3.38}$$

令 $\boldsymbol{L} = \begin{bmatrix} L_{11} & L_{12} & \cdots & L_{1m} \\ L_{21} & L_{22} & \cdots & L_{2m} \\ \vdots & \vdots & & \vdots \\ L_{m1} & L_{m2} & \cdots & L_{mm} \end{bmatrix}$，若 $\boldsymbol{L}$ 为满秩矩阵，则 $\boldsymbol{L}$ 的逆矩阵存在，设

$$
C = L^{-1} = \begin{bmatrix} C_{11} & C_{12} & \cdots & C_{1m} \\ C_{21} & C_{22} & \cdots & C_{2m} \\ \vdots & \vdots & & \vdots \\ C_{m1} & C_{m2} & \cdots & C_{mm} \end{bmatrix}
$$

则有

$$
\begin{bmatrix} b_1 \\ b_2 \\ \vdots \\ b_m \end{bmatrix} = \begin{bmatrix} C_{11} & C_{12} & \cdots & C_{1m} \\ C_{21} & C_{22} & \cdots & C_{2m} \\ \vdots & \vdots & & \vdots \\ C_{m1} & C_{m2} & \cdots & C_{mm} \end{bmatrix} \begin{bmatrix} L_{1y} \\ L_{2y} \\ \vdots \\ L_{my} \end{bmatrix} \tag{3.39}
$$

② 线性回归方程的显著检验。

对 r 组观测数据,定义 $S_总 = L_{yy} = \sum\limits_{k=1}^{r}(y_k - \bar{y})^2$,$S_总$ 为该批观测数据的总偏差平方和,其自由度 $f_总 = r-1$;$S_回 = U = \sum\limits_{k=1}^{r}(y'_k - \bar{y})^2$,$S_回$ 为该批观测数据的回归偏差平方和,其自由度 $f_回 = m$;$S_剩 = Q = \sum\limits_{k=1}^{r}(y_k - y'_k) = L_{yy} - U$,$S_剩$ 为该批观测数据的剩余偏差平方和,其自由度 $f_剩 = r-m-1$。

计算统计量

$$
F = \frac{U/m}{Q/(r-m-1)} \sim F(m, r-m-1) \tag{3.40}
$$

在给定显著水平 α 下,查 F 的临界值 $F_\alpha(m, r-m-1)$。若 $F > F_\alpha(m, r-m-1)$,说明回归方程效果显著,否则回归方程效果不显著。

③ 线性回归方程系数的显著检验。

$b_i(i = 1, 2, \cdots, m)$ 的显著性可用以下统计量来检验,即

$$
F_i = \frac{b_i^2/C_{ii}}{Q/(r-m-1)} \sim F(1, r-m-1), i = 1, 2, \cdots, m(\text{其中}, C_{ii} \text{ 为矩阵 } C =
$$

L^{-1} 中对角线上第 i 个元素)。

在给定显著水平 α 下,查 F_i 的临界值 $F_\alpha(1, r-m-1)$,若 $F_i > F_\alpha(1, r-m-1)(i = 1, 2, \cdots, m)$,说明所有变量都是显著的。否则相应的变量 x_i 就被认为在回归方程中作用不大,应剔除掉,然后重新建立更为简单的线性回归方程。

若建立的线性回归方程及其系数经检验都是显著的,利用所建立的回归方程可对绿色制造系统能源消耗进行预测。

（2）方差分析。

对实测值、BP 神经网络的预测值及线性回归模型的预测值进行单因素方差分析。设实测值、BP 神经网络的预测值及线性回归模型的预测值分别为样本 Y_1,Y_2,Y_3,所有数值的总和为样本 Y。如表 3.4 所示。

三组数值是否存在显著性差异归结为检验假设,即

$$H_0: \mu_1 = \mu_2 = \mu_3$$
$$H_1: \mu_i \neq \mu_j \qquad i,j = 1,2,3; i \neq j \tag{3.41}$$

使用表 3.4 所列数值进行方差分析,检验上述假设。单因素方差分析表如表 3.5 所示。

表 3.4　实测值、BP 神经网络的预测值及线性回归模型的预测值

数值类型	月份			
	1	2	⋯	n
实测值(Y_1)	Y_{11}	Y_{12}	Y_{1j}	Y_{1n}
BP 神经网络的预测值(Y_2)	Y_{21}	Y_{22}	Y_{2j}	Y_{2n}
线性回归模型的预测值(Y_3)	Y_{31}	Y_{32}	Y_{3j}	Y_{3n}

表 3.5　单因素方差分析表

方差来源	DF(自由度)	S^2(平方和)	$\bar{S}^2$(均方差)	F 值
因素 A	2	S_A^2	$\bar{S}_A^2$	$F = \dfrac{\bar{S}_A^2}{\bar{S}_E^2}$
随机误差 E	$3n-3$	S_E^2	$\bar{S}_E^2$	
总和 T	$3n-1$	S_T^2		

表 3.5 中

$$S_A^2 = \sum_{i=1}^{3} n\bar{Y}_i^2 - 3n\bar{Y}^2$$

$$S_E^2 = \sum_{i=1}^{3} \sum_{j=1}^{n} Y_{ij}^2 - \sum_{i=1}^{3} n\bar{Y}_i^2$$

$$S_T^2 = S_A^2 + S_E^2$$

$$\bar{S}_A^2 = S_A^2/2$$

$$\bar{S}_E^2 = S_E^2/(3n-3)$$

给定显著性水平 α,若计算出的 F 样本值大于查表值 $F_{1-\alpha}(2,3n-3)$,则拒绝假设 H_0,接受假设 H_1,说明三组数值存在显著性差异,对于该预测问题,两种预测方法效果差异明显;若计算出的 F 样本值小于查表值 $F_{1-\alpha}(2,3n-3)$,则接受假设 H_0,拒绝假设 H_1,说明三组数值不存在显著性差异,对于该预测问题,两种预测方法效果差异不明显。

若检验结果为三组数值存在显著性差异,比较 $|\bar{Y}_1 - \bar{Y}_2|$ 与 $|\bar{Y}_1 - \bar{Y}_3|$ 的值可得出哪种预测结果较好。

3.5　绿色制造系统环境属性分析与评价

3.5.1　绿色制造系统环境属性分析

绿色制造系统环境属性指的是物料资源在转化到合格产品过程中所产生的对环境有影响的因素,主要包括固体废弃物、废液、噪声、职业健康与安全等。

1) 固体废弃物污染[62]

绿色制造系统运行过程中产生的固体废弃物的种类极其繁多,很难量化。现阶段可先将固体废弃物分类,确定各类废弃物的量,用经济指标(元/单位重量)来对每类废弃物进行粗略的量化和评价。对某一具体的实际生产过程来说,若包含多种固体废弃物,可采用线性加权来综合最后的评价。

2) 废液的危害

对废气和废水指标可以采用等标污染负荷进行量化。等标污染负荷法将不同行业排放的不同污染物(浓度或总量)经过标准化处理后,转化成同一尺度上可以相互比较的量,具体的计算公式如下:

$$P_{ij} = C_{ij}/C_{0j} \times Q_{ij} = N_{ij} \times Q_{ij} \qquad (3.42)$$

式中,P_{ij} 为绿色制造系统第 j 污染源中的第 i 种污染物的等标污染负荷(t/a,m^3/a,t/d,m^3/d);C_{ij} 为绿色制造系统第 j 污染源中的第 i 种污染物的浓度(水:mg/L;气:mg/m^3);C_{0j} 为绿色制造系统第 i 种污染物的评价标准;N_{ij} 为等标污染指数,无量纲;Q_{ij} 为绿色制造系统第 j 种污染源中的第 i 种污染物的排放量,单位同 P_{ij}。

若第 j 个污染源中有 n 个污染物,则该污染源的等标污染负荷为

$$P_j = \sum_{i=1}^{n} P_{ij} \qquad (3.43)$$

式中,P_j 为绿色制造系统第 j 污染源等标污染负荷;单位同上。

若绿色制造系统有 m 个污染源,则等标污染负荷为

$$P = \sum_{j=1}^{m} P_j = \sum_{j=1}^{m} \sum_{i=1}^{n} P_{ij} \qquad (3.44)$$

式中,P 为绿色制造系统等标污染负荷,单位同上。

3) 噪声污染

绿色制造系统运行过程中的噪声主要源于设备运转、运动部件的间隙及旋转部件的运动不平衡等。噪声的危害主要表现在损害听觉和干扰日常生活,影响的范围包括车间内部环境和车间周边环境。世界各国的声学界和医学界都公认,用 A 声级和以 A 声级为基础的等效声级来评价各类噪声的危害和干扰,都得到了很

好的结果[63]。等效连续 A 声级可表示如下：

$$L_{cq} = 10\lg \frac{1}{T}\int_0^T 10^{0.1L_A(t)} \mathrm{d}t \tag{3.45}$$

式中，L_{cq} 为在时间 T 内的等效连续 A 声级，dB(A)；T 为连续取样的总时间 min；$L_A(t)$ 为时刻 t 时的瞬时 A 声级，dB(A)。

在实际测量中常采取等时间间隔取样，如每隔 5s 读一个数，因此式(3.45)常用离散取和的形式：

$$L_{cq} = 10\lg \Big(\frac{1}{N}\sum_{i=1}^N 10^{0.1L_i}\Big) \tag{3.46}$$

式中，L_i 为第 i 次读取的 A 声级，dB(A)；n 为取样总数。

4) 职业安全健康影响评价

职业安全健康是影响工作场所内员工(包括临时工、合同工)、外来人员和其他人员安全与健康的条件和因素，可以采用以下指标进行评价：①职工伤亡事故次数；②接触粉尘、毒物和噪声等职业危害的人数；③患有职业病的人数。

环境影响评价指标主要包括废气指标、废水指标、固体废弃物指标、噪声指标、电磁辐射、人体危害指标以及其他指标等。其指标体系如图 3.12 所示。

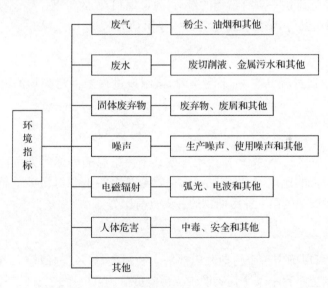

图 3.12　绿色制造系统环境影响评价指标体系

3.5.2　绿色制造系统环境质量评价方法

1) 污染源评价

污染源评价是通过三个特征参数，找出影响绿色制造系统运行过程的主要污染源和主要污染物。这三个特征参数是:等标污染指数、等标污染负荷和污染负荷比[64]。

(1) 等标污染指数:是指所排放的某种污染物超过该种污染物的评价标准的倍数,也称污染物的超标倍数。等标污染指数反映污染物的排放浓度与评价标准之间的关系,它的计算方法为

$$N_{ij} = \frac{C_{ij}}{C_{0j}} \tag{3.47}$$

式中,N_{ij} 为第 j 个污染源第 i 种污染物的等标污染指数;C_{ij} 为第 j 个污染源第 i 种污染物的排放浓度;C_{0j} 为第 i 种污染物的排放标准。

污染源评价中的评价标准一般都选用污染物排放标准中规定的有关浓度。

(2) 等标污染负荷:是对环境产生影响的污染物排放总量的表示。等标污染负荷的计算式为

$$P_{ij} = \frac{C_{ij}}{C_{0j}} Q_{ij} \tag{3.48}$$

式中,P_{ij} 为第 j 个污染源中第 i 种污染物的等标污染负荷;Q_{ij} 为第 j 个污染源中第 i 种污染物的介质的排放量。

等标污染负荷是一个有量纲的量,它的量纲和 Q_{ij} 的量纲一致。对于一个含有 n 种污染物的污染源,该污染源总等标污染负荷为

$$P_i = \sum_{i=1}^{n} P_{ij} = \sum_{i=1}^{n} \frac{C_{ij}}{C_{0j}} Q_{ij} \tag{3.49}$$

若某一制造过程共有 m 个污染源,该制造过程某种污染物的总等标污染负荷为

$$P_i = \sum_{i=1}^{m} P_{ij} = \sum_{i=1}^{m} \frac{C_{ij}}{C_{0j}} Q_{ij} \tag{3.50}$$

(3) 污染负荷比:是指某种污染物或某个污染源的等标污染负荷在总的等标污染负荷中所占的比重,是确定某种污染物或某个污染源对污染贡献顺序的特征量。第 j 个污染源内第 i 种污染物的污染负荷比为

$$K_{ij} = \frac{P_{ij}}{P_j} \tag{3.51}$$

根据 K_{ij} 的值可以确定一个污染源内部的主要污染物,K_{ij} 的值最大者即为主要污染物。一个制造过程中某个污染源 j 的污染负荷比可以用式(3.52)计算:

$$K_j = \frac{P_j}{P} \tag{3.52}$$

按 K_j 值的大小可以对污染源进行排序,K_j 值最大者是制造过程的主要污染源。

制造过程中某种污染物 i 的污染负荷比可以用式(3.53)计算:

$$K_i = \frac{P_i}{P} \tag{3.53}$$

按 K_i 值的大小排序,可以确定制造过程的主要污染物。

污染负荷比揭示了各种污染物或各个污染源对环境影响的严重程度,可为合理组织、安排污染源的治理提供依据。

2) 环境质量指数评价

(1) 单因子评价指数。

单因子评价是环境质量评价的最简单的表达方式,也是其他各种评价方法的基础。单因子环境质量指数的表达式为

$$I_i = \frac{C_i}{S_i} \tag{3.54}$$

式中,I_i 为第 i 种污染物的环境质量指数;C_i 为第 i 种污染物的环境浓度;S_i 为第 i 种污染物的环境质量评价标准。

环境质量指数是无量纲数,它表示某种污染物在环境中的浓度超过评价标准的程度,亦称超标倍数。I_i 的数值越大,表示第 i 个因子的单项环境质量越差;$I_i = I$(I 为均值型多因子环境质量评价指数)时的环境质量处在临界状态。

环境质量指数是相对于某一评价标准而定的。在评价标准变化时,尽管污染物在环境中的实际浓度并未变化,I_i 值仍会变化。在做环境质量指数的横向比较时,要注意它们是否具有相同的评价标准。

(2) 多因子评价指数。

制造过程的环境质量问题不仅仅是单因子问题。当参与评价的因子数大于 1 时,就要用多因子环境质量指数;当参与评价的环境要素大于 1 时,就要用综合环境质量指数。

单因子评价指数是多因子评价的基础。多因子环境质量指数分为均值型、计权型和几何均值型等。

① 均值型多因子环境质量评价指数。

均值型多因子环境质量评价指数可用式(3.55)计算:

$$I = \frac{1}{n} \sum_{i=1}^{n} I_i \tag{3.55}$$

式中,n 为参加评价因子的数目。

均值型指数的基本出发点是各种因子对环境质量的影响是分等级的。

② 计权型多因子环境质量评价指数。

计权型多因子环境质量评价指数的基础是各种因子对环境质量的影响不等权,它们的作用应计入各种因子影响的权重。计权型指数可以用式(3.56)计算:

$$I = \frac{1}{n} \sum_{i=1}^{n} W_i I_i \tag{3.56}$$

式中,W_i 为对应于第 i 个因子的权系数。

③ 几何均值型多因子环境质量评价指数。

几何均值型多因子环境质量评价指数是一种突出最大值型的环境质量指数，其计算式为

$$I = \sqrt{(I_i)_{最大}(I_{ij})_{平均}} \qquad (3.57)$$

式中，$(I_i)_{最大}$ 为参加评价的最大的单因子指数；$(I_{ij})_{平均}$ 为参加评价的单因子指数的均值。

几何均值型多因子环境质量评价指数特别考虑了污染最严重的因子，实际上也是一种加权的形式。该指数既考虑了主要污染因素，又避免了确定权系数的主观影响，是目前应用较多的一种多因子环境质量指数。

3.6　绿色制造系统资源环境属性综合分析与评价

3.6.1　绿色制造系统资源环境属性的关联分析方法

物料资源是制造系统产生环境问题的根源，研究物料资源的消耗与产生的环境影响之间的关联性，对优化绿色制造系统的生产过程，减少绿色制造系统废弃物的排放和污染具有重要的作用。本节将投入产出法应用到制造过程输入资源和产生环境排放的关联性分析。

1. 单个制造单元资源消耗和环境影响关联分析的数学模型

单独考虑某个制造单元的资源消耗和环境影响关系，可建立图 3.13 所示的示意图。

图 3.13　某制造单元输入输出示意图

在上图中共有 m 个输入量，从 M_1 到 M_m，以及 M_1^* 至 M_m^* 和 Y_1 至 Y_n 共 $m+n$ 个输出量。在输出量中，M_1^* 至 M_m^* 保持原来的物质形态，Y_1 至 Y_n 是在制造单元生产过程中生成的新物质。这种工艺过程输入和输出关系可用表 3.6 来进一步描述。

表的第一列表示制造单元的输入量，顶行表示输出量，其他元素描述的是从输

入到输出的物料流,如 Z_{12} 表示从材料 M_1 到材料 M_2 的物料流,W_{1n} 表示材料 M_1 生成新物质 Y_n 的物料流。假定制造单元的输入和输出之间有一定的线性关系,基于物质守恒定律,则有

表 3.6　制造单元的输入输出转换关系

输入量	输出量						
	M_1^*	M_2^*	$\cdots$	M_m^*	Y_1	$\cdots$	Y_n
M_1	Z_{11}	Z_{12}	$\cdots$	Z_{1m}	W_{11}	$\cdots$	W_{1n}
M_2	Z_{21}	Z_{22}	$\cdots$	Z_{2m}	W_{21}	$\cdots$	W_{2n}
$\vdots$	$\vdots$	$\vdots$		$\vdots$	$\vdots$		$\vdots$
M_m	Z_{m1}	Z_{m2}	$\cdots$	Z_{mm}	W_{m1}	$\cdots$	W_{mn}

$$x_i = Z_{i1} + Z_{i2} + \cdots + Z_{ij} + \cdots + Z_{im} + W_{i1} + \cdots + W_{ij} + \cdots + W_{in}$$
$$= a_{i1}x_1 + a_{i2}x_2 + \cdots + a_{ij}x_j + \cdots + a_{im}x_m + b_{i1}y_1 + \cdots + b_{ij}y_j + \cdots + b_{in}y_n$$
$$\tag{3.58}$$

$$a_{ij} = \frac{Z_{ij}}{x_j}, \quad b_{ij} = \frac{W_{ij}}{y_j} \tag{3.59}$$

式中,$x_i(i=1,2,\cdots,m)$ 表示制造单元输入量;$y_i(i=1,2,\cdots,n)$ 表示在制造单元中以新的物质形式出现的输出量;Z_{ij} 是从材料 i 到材料 j 的物料流,W_{ij} 是从材料 i 到新物质 j 的物料流,a_{ij}、b_{ij} 是技术系数。

在生产条件不变的情况下,a_{ij}、b_{ij} 固定不变,基于上述式子,可得

$$x_1 = a_{11}x_1 + a_{12}x_2 + \cdots + a_{1m}x_m + b_{11}y_1 + \cdots + b_{1n}y_n$$
$$x_2 = a_{21}x_1 + a_{22}x_2 + \cdots + a_{2m}x_m + b_{21}y_1 + \cdots + b_{2n}y_n$$
$$\vdots$$
$$x_m = a_{m1}x_2 + a_{m2}x_2 + \cdots + a_{mm}x_m + b_{m1}y_1 + \cdots + b_{mn}y_n$$
$$\tag{3.60}$$

式(3.60)可写成矩阵形式:

$$(I-A)X = BY \tag{3.61}$$

式中,$X = (x_1, x_2, \cdots, x_m)^{\mathrm{T}}$,$Y = (y_1, y_2, \cdots, y_n)^{\mathrm{T}}$

$$A = \begin{bmatrix} a_{11} & a_{12} & \cdots & a_{1m} \\ a_{21} & a_{22} & \cdots & a_{2m} \\ \vdots & \vdots & & \vdots \\ a_{m1} & a_{m2} & \cdots & a_{mm} \end{bmatrix}, \quad B = \begin{bmatrix} b_{11} & b_{12} & \cdots & b_{1n} \\ b_{21} & b_{22} & \cdots & b_{2n} \\ \vdots & \vdots & & \vdots \\ b_{m1} & b_{m2} & \cdots & b_{mn} \end{bmatrix}$$

A 和 B 是制造单元的技术矩阵,矩阵 A 描述在制造单元的输出中物质形态没有变化的系数矩阵,矩阵 B 表示制造单元的输出中产生了新物质的系数矩阵。A 是一个方阵,在制造单元输入量数目和形式不变的情况下,$(I-A)$ 是非奇异的,则输入量 X 可根据输出 Y 表示为

$$X = (I - A)^{-1}BY \text{ 或 } Y = B^{-1}(I - A)X \tag{3.62}$$

式(3.62)具有特殊的意义,通常对于环境产生影响的排放物出现在矢量 Y 中,可以通过改变制造单元的输入来降低这些环境排放物的影响。

2. 绿色制造系统资源消耗和环境影响关联分析模型

整个绿色制造系统资源消耗和环境影响的分析,可在制造单元层次上的物料输入输出集成的基础上进行。以绿色制造系统中的两个制造单元的集成为例进行说明,如图 3.14 所示。

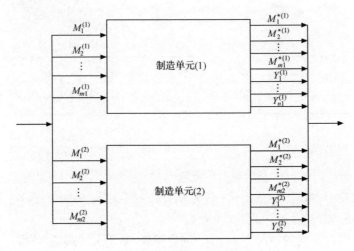

图 3.14　两个制造单元输入输出集成分析示意图

根据式(3.58)可得这两个制造单元的物料平衡关系:

$$
\begin{aligned}
x_i^{(1)} &= Z_{i1}^{(1)} + \cdots + Z_{ij}^{(1)} + \cdots + Z_{im}^{(1)} + W_{i1}^{(1)} + \cdots + W_{ij}^{(1)} + \cdots + W_{in}^{(1)} \\
&= a_{i1}^{(1)} x_1^{(1)} + \cdots + a_{ij}^{(1)} x_j^{(1)} + \cdots + a_{im}^{(1)} x_m^{(1)} + b_{i1}^{(1)} y_1^{(1)} + \cdots + b_{ij}^{(1)} y_j^{(1)} + \cdots + b_{in}^{(1)} y_n^{(1)}
\end{aligned}
\tag{3.63}
$$

$$
\begin{aligned}
x_i^{(2)} &= Z_{i1}^{(2)} + \cdots + Z_{ij}^{(2)} + \cdots + Z_{im}^{(2)} + W_{i1}^{(2)} + \cdots + W_{ij}^{(2)} + \cdots + W_{in}^{(2)} \\
&= a_{i1}^{(2)} x_1^{(2)} + \cdots + a_{ij}^{(2)} x_j^{(2)} + \cdots + a_{im}^{(2)} x_m^{(2)} + b_{i1}^{(2)} y_1^{(2)} + \cdots + b_{ij}^{(2)} y_j^{(2)} + \cdots + b_{in}^{(2)} y_n^{(2)}
\end{aligned}
\tag{3.64}
$$

式中, $i = 1, 2, \cdots, m; j = 1, 2, \cdots, n(m$ 是两个制造单元中独立输入量的个数, n 是与两个制造单元中生成的新物质相关的独立输出量的个数。)

$$a_{ij}^{(1)} = \frac{Z_{ij}^{(1)}}{x_j^{(1)}}, b_{ij}^{(1)} = \frac{W_{ij}^{(1)}}{y_j^{(1)}}, a_{ij}^{(2)} = \frac{Z_{ij}^{(2)}}{x_j^{(2)}}, b_{ij}^{(2)} = \frac{W_{ij}^{(2)}}{y_j^{(2)}}$$

集成的输入量 X 和输出量 Y 定义为 $X = (x_1, x_2, \cdots, x_m)^{\mathrm{T}}, Y = (y_1, y_2, \cdots, y_n)^{\mathrm{T}}$。

式(3.63)、式(3.64)组合后可化为

$$x_i = Z_{i1}^{(1)} + Z_{i1}^{(2)} + Z_{i2}^{(1)} + Z_{i2}^{(2)} + \cdots + Z_{ij}^{(1)} + Z_{ij}^{(2)} + \cdots + Z_{im}^{(1)} + Z_{im}^{(2)} + W_{i1}^{(1)} +$$

$$W_{i1}^{(2)} + \cdots + W_{ij}^{(1)} + W_{ij}^{(2)} + \cdots + W_{in}^{(1)} + W_{in}^{(2)}$$
$$= a_{i1}x_1 + a_{i2}x_2 + \cdots + a_{ij}x_j + \cdots + a_{im}x_m + b_{i1}y_1 + b_{i2}y_2 + \cdots + b_{ij}y_j + \cdots + b_{in}y_n$$
$$(3.65)$$

式中, $x_i = x_i^{(1)} + x_i^{(2)}$; $y_j = y_j^{(1)} + y_j^{(2)}$。

集成的技术系数定义为

$$a_{ij} = \alpha_j^{(1)} a_{ij}^{(1)} + \alpha_j^{(2)} a_{ij}^{(2)}, \quad b_{ij} = \beta_j^{(1)} b_{ij}^{(1)} + \beta_j^{(2)} b_{ij}^{(2)} \qquad (3.66)$$

式中, $\alpha_j^{(1)}, \alpha_j^{(2)}, \beta_j^{(1)}, \beta_j^{(2)}$ 是权重系数, $\alpha_j^{(1)} = \dfrac{x_j^{(1)}}{x_j}, \alpha_j^{(2)} = \dfrac{x_j^{(2)}}{x_j}, \beta_j^{(1)} = \dfrac{y_j^{(1)}}{y_j}, \beta_j^{(2)} = \dfrac{y_j^{(2)}}{y_j}$。

集成的制造过程输入输出分析模型为

$$\boldsymbol{X} = (\boldsymbol{I} - \boldsymbol{A})^{-1} \boldsymbol{B} \boldsymbol{Y} \text{ 或 } \boldsymbol{Y} = \boldsymbol{B}^{-1} (\boldsymbol{I} - \boldsymbol{A}) \boldsymbol{X} \qquad (3.67)$$

上述过程说明,绿色制造系统的运行过程可在各单个制造单元输入输出分析模型的基础上进行集成,建立整个制造过程的输入输出模型。同样,应用这些模型及其间的相互联系,可对整个绿色制造系统的输入输出进行关联性分析。

3.6.2 绿色制造系统资源环境属性综合评价

绿色制造系统是由一系列的制造单元组成,这些制造单元按顺序组合构成制造过程。因此对绿色制造系统的资源环境属性分析需要对每个制造单元进行分析。对绿色制造系统资源环境属性评价采取基于制造单元的方式,这种方式以对每个制造单元的分析评价为基础,同时考虑每个制造单元对整个绿色制造系统运行过程的不同影响程度,评价结果不仅能反映制造单元的绿色性情况,更能有效的反映各制造单元对生产过程绿色度的不同影响。

绿色制造系统资源环境属性评价过程可用图 3.15 所示框图进行描述。

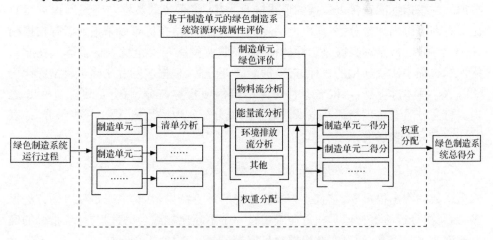

图 3.15　绿色制造系统运行过程资源环境属性评价过程

对绿色制造系统运行过程中的资源环境属性进行分析与评价时,首先对运行过程中涉及的制造单元进行资源环境属性清单分析,包括清单的建立、数据的收集、有效数据的提取、冗余数据的剔除等;然后建立资源环境属性评价模型,其中涉及评价指标体系的层次划分、各级指标的建立及量化规则、评分规则的建立,权重的分配等。

1. 单个制造单元的资源环境属性评价模型

由于制造单元中各资源环境属性指标难以进行定量的计算和分析,许多问题只能用定性分析和定量计算及逻辑判断相结合的方法进行求解。本节将模糊综合评价法和专家打分法集成应用于制造单元的绿色评价。模糊综合评价法用于数据处理,专家打分法用于确定各目标和指标之间的权重。为了尽量全面考虑所有的评价因素,采用二级模糊综合评价模型,该模型的具体建立过程如下:

(1) 确定评价指标集。将所有指标分成 s 个子集,记为 $U_1,U_2,\cdots,U_s$,并满足条件 $U=\{U_1,U_2,\cdots,U_s\}$,$U_i\bigcap U_j=\varnothing(i\neq j)$。每个子集 U_i 又可由它的下一级评价要素集 X_{ini} 来评价,即可表示为 $U_i=\{x_{i11},x_{i22},\cdots,x_{ini}\}$,$i=1,2,\cdots,s$,其中 $n=\sum_{i=1}^{s}n_i$,n 表示 U 中所有的元素个数,n_i 表示 U_i 的元素个数。对 X_{ini} 再进一步划分,可得评价因素集,$U_{ij}=\{U_{ij1},U_{ij2},\cdots,U_{ijk}\}$,其中,$k$ 为第 i 评价方面第 j 评价要素中评价因素的个数。

(2) 对评价因素集 U_{ijk} 进行单指标评价,得出单指标评价矩阵 $\boldsymbol{R}_i=(r_{ij},k)_{n_im}$,其中 $i=1,2,\cdots,s;j=1,2,\cdots,n_i;k=1,2,\cdots,m$。这里 (r_{ij},k) 表示指标 x_{ij} 对评语 y_k 的隶属度。由于不同制造单元评价指标的差异和量纲问题,很难直接进行数据叠加。一些指标能直接以数据的形式进行采集,将采集的数据与理想数据进行对比计算即可得出评价分值,如电能消耗等;但还有一些指标难以采集或者存在模糊性、不准确性,甚至本身就是定性的指标,如职业健康与安全危害评价等。在此采用评标过程中比较通用的一种方法,即专家评分法,根据实际意义确定单指标评价矩阵 $\boldsymbol{R}_i$。具体过程是:每位专家针对评语给每项指标打分,打分范围为 $0\sim10$ 之内。打完分后对每项指标在每项评语下的得分分别取平均值,得出最终得分,并以此作为对应的隶属度。

(3) 给出 U_{ijk} 中各评价指标的权重,$\boldsymbol{A}_i=(a_{i11},a_{i22},\cdots,a_{ini})$,应有 $\sum_{j=1}^{n_i}a_{ij}=1$。权重系数的确定很重要,它直接影响着最终的评价结果,常见的确定权重的方法很多,如层次分析法等。但是权重的确定是一个不断比较综合的过程,评价指标的确定充满着主观因素,所以在此根据项目招投标的特殊性,采用具体项目与专家经验相结合的方法,由各评委打分综合决定。具体实施时可由评标单位召集专家。

（4）得出上级指标 X_{ini} 的最终评语：$\boldsymbol{B}_i = \boldsymbol{A}_i \cdot \boldsymbol{R}_i = (b_{i1}, b_{i2}, \cdots, b_{im})$，$i = 1, 2, \cdots,$ s；b_{ik} 的确定：由于影响评标结果的因素很多，为了避免丢失有价值的信息，做到真正的客观公正，应综合考虑各种指标因素的影响，因此采用加权平均法，即有

$$b_{ik} = \sum_{j=1}^{n_j} a_{ij} r_{ij,k}, \quad b_k = \sum_{i=1}^{s} a_i r_{ik} \quad k = 1, 2, \cdots, m \quad (3.68)$$

（5）将 U_i 视为一个单独元素，用 $\boldsymbol{B}_i$ 作为 U_i 的单指标评价向量，可构成 $\boldsymbol{U}$ 到 $\boldsymbol{V}$ 的模糊评价矩阵

$$\boldsymbol{R} = \begin{bmatrix} \boldsymbol{B}_1 \\ \boldsymbol{B}_2 \\ \vdots \\ \boldsymbol{B}_i \end{bmatrix} = \begin{bmatrix} b_{11} & b_{12} & \cdots & b_{1n} \\ b_{21} & b_{22} & \cdots & b_{2n} \\ \vdots & \vdots & \vdots & \vdots \\ b_{i1} & b_{i2} & \cdots & b_{in} \end{bmatrix} \quad (3.69)$$

按照 U_i 在 U 中的重要程度给出权重，$\boldsymbol{A} = (a_1, a_2, \cdots, a_s)$ 于是得出 U 的最终评语向量

$$\boldsymbol{B} = \boldsymbol{A} \cdot \boldsymbol{R} = (b_1, b_2, \cdots, b_m) \quad (3.70)$$

（6）最后可以用一总分数来表达综合评价结果，一般可取评价标准隶属度集为 $U = \{u_1, u_2, \cdots, u_i, \cdots, u_n, \cdots\}$，则可计算出综合评价结果的具体得分，据此分数可以对评价方案对象进行排序，方法为：$\mathrm{Num} = 100\boldsymbol{B} \cdot \boldsymbol{U} = 100 \cdot (b_1, b_2, \cdots, b_i, \cdots, b_m) \cdot (u_1, u_2, \cdots, u_i, \cdots, u_n) = 100 \cdot \left(\sum_{i=1}^{n} b_i \cdot u_i \right)$ 按照最大隶属度原则，据此可以得出某个制造单元的总体评价。

2. 基于制造单元的绿色制造系统资源环境属性评价模型

基于制造单元的绿色制造系统运行过程资源环境属性评价通过调用各个制造单元资源环境属性评价的结果对整体绿色制造系统的物料消耗、能源消耗和环境排放进行综合评价。

首先根据所得到的各制造单元的评价结果，运用专家打分法的定性推理确立权重，即

$$\boldsymbol{A} = (a_1, a_2, \cdots, a_j, \cdots, a_m)，且满足 \sum_{j=1}^{m} a_j = 1 \quad (3.71)$$

最后得到整个绿色制造系统运行过程的资源环境属性评价的分数 m

$$m = \sum_{j=1}^{m} a_j \cdot n_j \quad (3.72)$$

量化的数据比较直观的体现绿色制造系统运行过程的绿色度，同时辅助管理人员根据评价结果找出对绿色制造系统资源环境属性影响较大的制造单元，并采取相应的措施改善绿色制造系统的资源环境属性。

3.7　本章小结

　　绿色制造系统的运行结果是否满足预期的需求和标准、是否还有改进的潜力以及如何改进等是绿色制造系统运行过程中所关心的问题,绿色制造系统评价方法是解决这些问题的重要途径。本章阐述了绿色制造系统评价的内涵和特征,建立了绿色制造系统评价的过程模型,提出了绿色制造系统物料资源消耗、绿色制造系统能量消耗预测分析模型和评价方法以及绿色制造系统环境属性分析与评价方法,为使绿色制造系统运行于最佳状态,发挥出最佳效益奠定了基础。

第4章 绿色制造系统过程优化技术

绿色制造系统过程优化是在绿色制造系统评价的基础上,将系统科学与系统工程的思想应用到绿色制造系统的实践过程中,以生产率、质量、成本、资源消耗、环境影响以及职业健康与安全组成的目标体系为核心,以绿色制造系统的过程规划技术、过程调度技术和过程优化支持系统为支撑,对绿色制造系统过程进行优化和管理,从而实现整个绿色制造系统的绿色化。

4.1 绿色制造系统过程优化的内涵

绿色制造系统过程优化是通过对产品材料、工艺方法、加工设备等进行绿色规划与优化调度,制定出资源利用率高、环境影响小的绿色制造工艺方案,提高生产过程的绿色度。绿色制造系统过程优化是在系统深入地认识和分析绿色制造运行规律的基础上,建立绿色制造优化运行的技术支持模型,并基于所建立的模型进行生产过程的优化设计与实施、系统改进和优化运行。

绿色制造系统过程优化技术的实施不是在现有生产过程体系上简单叠加绿色制造要求,而是面向绿色制造的生产工艺和流程的再造过程。绿色制造系统过程优化具有两方面的含义:一是将传统制造系统过程优化目标由单一的经济目标(包括生产率、质量、成本等)转变为在考虑经济目标的同时,综合考虑环境影响以及职业健康与安全这两个社会效益目标和资源消耗这个社会经济效益目标;二是为实现多目标之间的协调优化而对生产过程采取的优化技术、方法和支持工具。绿色制造系统过程优化不是对传统制造系统过程优化的一种否定,而是在传统制造系统过程优化基础上的一种补充和发展,甚至是一种使得传统制造系统过程具有环境友好性的提升手段。

绿色制造系统过程优化技术包括绿色制造过程规划技术、绿色制造过程调度技术,以及基于以上优化技术的绿色制造系统过程优化支持系统。绿色制造系统过程优化的技术框架如图 4.1 所示。

绿色制造系统过程规划技术是从材料、工艺方法、工艺设备和工艺路线等方面进行绿色规划,包括面向绿色制造的材料选择、面向绿色制造的工艺方法选择、面向绿色制造的工艺设备选择和面向绿色制造的工艺路线选择等。

绿色制造系统的过程调度技术将生产过程中的资源消耗和环境影响因素纳入到生产调度问题中,在满足各种生产约束的条件下,对生产任务进行合理的调度安排。

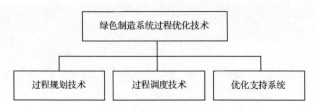

图 4.1　绿色制造系统过程优化技术框架

　　绿色制造系统过程优化支持系统是将绿色制造系统过程规划技术和过程调度技术数字化和信息化,在工艺方法数据库、工艺设备、工艺装备、工艺辅助物料等基础物料信息和相关数学模型的基础上,建立信息系统,辅助工厂相关人员更方便地进行过程规划和车间调度。

4.2　绿色制造系统过程优化的理论模型

　　绿色制造系统过程优化应充分体现其绿色特性,在每个环节都要充分考虑到资源高效利用、尽可能少的环境影响、尽可能高的生产效率、尽可能低的生产成本以及尽可能高的生产质量。建立绿色制造系统的多目标优化模型,是有效实现绿色制造系统过程优化的基础。

　　绿色制造系统多目标优化理论模型包括绿色制造系统过程优化多目标体系、绿色制造系统过程优化变量体系、绿色制造系统优化约束体系、模型映射关系四个部分。

4.2.1　绿色制造系统过程优化的多目标体系

　　绿色制造系统过程优化的目标体系复杂,既包括经济效益目标,还包括社会经济效益目标。对绿色制造系统进行优化,首先要明确其效益目标。绿色制造系统多目标优化的效益目标可以归纳为[65]:

　　(1) 实现绿色制造系统的经济效益目标:全面完成生产计划所规定的任务,包括产品的质量、品种、产量、成本和交货期等各项要求,不断降低物耗和生产成本,缩短生产周期,减少在制品,提高经济效益。

　　(2) 实现绿色制造系统的社会效益目标:在绿色制造系统运行过程中充分利用资源和能源,最大限度地消除废物或污染物的产生和排放;通过改善绿色制造系统的运行环境、提高操作人员的健康状况和工作安全性,从而增强操作人员的主观能动性和工作效率,以创造出更大的利润。

　　(3) 实现绿色制造系统的社会经济效益目标:物料资源是绿色制造系统运行的基础,从经济目标看绿色制造系统中的资源消耗问题,效益是最为重要的;但是,人类的资源将越来越有限,资源的使用会造成环境污染,从社会效益考虑,尽可能减少资源消耗。因此,在绿色制造系统中应优化物料资源的流动过程,使得资源利用率尽可能高,废弃资源尽可能少,获得好的社会经济效益。

　　根据以上效益目标,在对绿色制造系统运行过程进行全面分析的基础上,构建绿色制造系统过程优化的多目标体系,如图 4.2 所示。

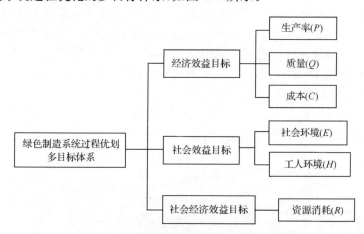

图 4.2　绿色制造系统过程优化的多目标体系

　　绿色制造系统过程优化的目标体系包括了六个总目标,每个目标又可分解为多个子目标,如资源类指标包括资源种类、资源特性等。以上六个优化目标根据具体的生产过程优化问题又可以进一步的具体化,而且量化方法也会有所不同,需要结合具体问题具体分析。

　　(1) 生产率(P)。绿色制造系统过程优化多目标体系中的生产率,不仅仅是指生产过程的高效率,更强调加工规划对零件或产品工艺过程时间因素的影响,如机械加工中的切削时间、辅助时间、准备时间以及车间中的生产任务调度时间等。

　　(2) 质量(Q)。产品质量是指产品的功能、功用满足用户要求的程度,它与生产过程的各环节有密切的关系。在生产阶段,产品质量是指产品的制造工艺满足产品设计参数(技术特征、性能、技术要求等)的程度。它主要包括零件的加工质量和机器的装配质量两方面的内容,如零件加工的尺寸精度、形状精度、表面间相互位置精度、零件的性质和保证机器符合性能的装配精度等。

　　(3) 成本(C)。主要是指产品工艺成本(刀具、辅助物料等)、工艺管理成本、设备折旧成本等,不考虑产品的销售、使用、处理等的成本消耗。

　　(4) 资源消耗(R)。包括生产过程中消耗的能量、工件材料、辅助物料(刀具、切削液等)等,不考虑产品使用的能耗和物料消耗。

　　(5) 环境影响(E)。包括环境排放物对生态环境的影响、车间工作环境的影响、职业健康与安全方面的危害等。实际上由于各种排放物都在同时造成以上三方面的环境影响。因此,有时也采用以污染物为依据进行环境影响划分的方法,如噪声污染、切削液污染、粉尘污染等。

(6) 职业健康与安全(H)。职业健康与安全是影响工作场所内员工(包括临时工、合同工)、外来人员和其他人员安全与健康的条件和因素,包括职工伤亡事故次数,接触粉尘、毒物和噪声等职业危害的人数和患有职业病的人数等。

绿色制造系统过程优化中的任何一个优化问题都或多或少与上述六个优化目标变量中的某些或全部有关。当然每个目标还可以包括若干独立目标分量,以环境影响目标 E 为例,E 包括加工过程中噪声污染 E_1、切削液污染 E_2、粉尘污染 E_3 和不安全影响 E_4 等。因此,可将各目标看成是由各因素组成的向量,如 E 可看成是由 e 个因素组成,即

$$E = (E_1, E_1, \cdots, E_e) \tag{4.1}$$

同理,其他各优化目标的向量表示为

$$\begin{aligned} P &= (P_1, P_2, \cdots, P_p) \\ Q &= (Q_1, Q_2, \cdots, Q_q) \\ C &= (C_1, C_2, \cdots, C_c) \\ R &= (R_1, R_2, \cdots, R_r) \\ H &= (H_1, H_2, \cdots, H_r) \end{aligned} \tag{4.2}$$

4.2.2　绿色制造系统过程优化的变量体系

每个具体应用中的优化问题可看作由若干优化变量描述和构成。为此,每个优化问题看成一个向量,如 X、Y,并由变量元素描述成 $X = (x_1, x_2, \cdots, x_m)$,$Y = (y_1, y_2, \cdots, y_n)$。因此,整个绿色制造系统过程优化问题可以描述为

$$\begin{bmatrix} X = (x_1, x_2, \cdots, x_m) \\ Y = (y_1, y_2, \cdots, y_n) \\ \vdots \end{bmatrix} \tag{4.3}$$

4.2.3　绿色制造系统过程优化的约束体系

绿色制造系统过程优化的约束体系非常复杂,与加工任务、加工设备、人员、生产计划等都有关联,但可以大致划分为与优化变量有关的"变量约束体系"和与优化目标有关的"目标约束体系",这两种约束体系可用等式约束和不等式约束,即

$$\text{s. t.} \quad \begin{aligned} g_u &= 0 \\ h_v &\leqslant 0 \end{aligned} \tag{4.4}$$

4.2.4　绿色制造系统过程优化的数学模型

根据以上描述,变量约束体系和优化目标体系的模型映射关系可用如下技术经济模型(或者目标函数)描述:

$$P_i = P_i(X, Y, \cdots), \quad i = 1, 2, \cdots, p$$

$$
\begin{aligned}
Q_j &= Q_j(\boldsymbol{X}, \boldsymbol{Y}, \cdots), & j &= 1, 2, \cdots, q \\
C_k &= C_k(\boldsymbol{X}, \boldsymbol{Y}, \cdots), & k &= 1, 2, \cdots, c \\
R_l &= R_l(\boldsymbol{X}, \boldsymbol{Y}, \cdots), & l &= 1, 2, \cdots, r \\
E_p &= E_p(\boldsymbol{X}, \boldsymbol{Y}, \cdots), & p &= 1, 2, \cdots, e \\
H_s &= H_s(\boldsymbol{X}, \boldsymbol{Y}, \cdots), & s &= 1, 2, \cdots, h
\end{aligned}
\tag{4.5}
$$

综上所述,绿色制造系统过程优化理论模型的框架可用图 4.3 所示的形式表示。

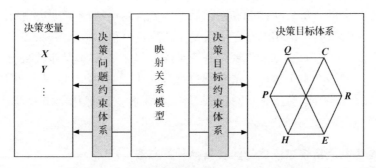

图 4.3　绿色制造系统过程优化理论的模型框架

该模型是一个综合性和系统性均很强的理论模型,甚至是理想化模型,但它又有着明确的应用基础,是一个应用模型的工具模型。据此,可建立绿色制造系统过程优化理论模型的数学表达式:

$$
\left.
\begin{array}{l}
\left.
\begin{array}{l}
\boldsymbol{P} = (P_1, P_2, \cdots, P_n) \\
\boldsymbol{Q} = (Q_1, Q_2, \cdots, Q_q) \\
\boldsymbol{C} = (C_1, C_2, \cdots, C_c) \\
\boldsymbol{R} = (R_1, R_2, \cdots, R_r) \\
\boldsymbol{E} = (E_1, E_2, \cdots, E_e) \\
\boldsymbol{H} = (H_1, H_2, \cdots, H_r)
\end{array}
\right] \\
\left.
\begin{array}{l}
P_i = P_i(\boldsymbol{X}, \boldsymbol{Y}, \cdots), i = 1, 2, \cdots, p \\
Q_j = Q_j(\boldsymbol{X}, \boldsymbol{Y}, \cdots), j = 1, 2, \cdots, q \\
C_k = C_k(\boldsymbol{X}, \boldsymbol{Y}, \cdots), k = 1, 2, \cdots, c \\
R_l = R_l(\boldsymbol{X}, \boldsymbol{Y}, \cdots), l = 1, 2, \cdots, r \\
E_p = E_p(\boldsymbol{X}, \boldsymbol{Y}, \cdots), p = 1, 2, \cdots, e \\
H_s = H_s(\boldsymbol{X}, \boldsymbol{Y}, \cdots), s = 1, 2, \cdots, h
\end{array}
\right]
\end{array}
\right\} \Rightarrow
\left\{
\begin{array}{l}
\max \boldsymbol{P} = \boldsymbol{P}(\boldsymbol{X}, \boldsymbol{Y}, \cdots) \\
\max \boldsymbol{Q} = \boldsymbol{Q}(\boldsymbol{X}, \boldsymbol{Y}, \cdots) \\
\min \boldsymbol{C} = \boldsymbol{C}(\boldsymbol{X}, \boldsymbol{Y}, \cdots) \\
\min \boldsymbol{R} = \boldsymbol{R}(\boldsymbol{X}, \boldsymbol{Y}, \cdots) \\
\min \boldsymbol{E} = \boldsymbol{E}(\boldsymbol{X}, \boldsymbol{Y}, \cdots) \\
\min \boldsymbol{H} = \boldsymbol{H}(\boldsymbol{X}, \boldsymbol{Y}, \cdots) \\
\mathrm{s.t.:} g(\boldsymbol{X}, \boldsymbol{Y}, \cdots) = 0
\end{array}
\right.
\tag{4.6}
$$

$$
其中,\left[
\begin{array}{l}
\boldsymbol{X} = (x_1, x_2, \cdots, x_m) \\
\boldsymbol{Y} = (y_1, y_2, \cdots, y_n) \\
\vdots
\end{array}
\right.
$$

4.3　绿色制造系统过程优化理论模型的求解方法

根据对理论模型建立过程和上述应用模型的分析可以看出,理论模型很难直接在实际的生产中进行应用,需要进行适当的转化。原因主要在于两个方面,一方面,绿色制造系统过程优化模型的目标是一个复杂的多目标体系,该目标体系包括了六个总目标,每个目标又可分解为多个子目标,各个子目标除了具有自身的特性外,也存在复杂的直接或间接的联系。另一方面,绿色制造系统过程优化涉及的主客观影响因素很多,它的实施是一个很复杂的决策过程。

根据系统工程理论,可以将绿色制造系统过程优化分解,从组成部分来研究其运行机理。因此,在整个绿色制造系统过程优化中,抓住生产过程中的主要环节,研究决策变量的构成,分解优化总模型,形成各个独立的优化子模型,以保证绿色制造系统过程优化的有效实施。

4.3.1　绿色制造系统过程优化的多目标分解方法

由于绿色制造系统过程优化多目标之间复杂的关系,建立一个包括所有目标的理论模型,往往很难在实际中进行应用;而且从绿色制造系统过程运行过程的实际需求来看,通常情况下并不需要对所有的目标都进行优化,往往集中在其最关心的目标上。因此,理论模型向应用模型进行转化的依据主要是以绿色制造系统过程运行的实际需求为基础,根据目标之间的特性关系,合理地选择最符合实际需求的目标,并参考理论模型,建立满足实际需求的应用模型。绿色制造系统过程优化多目标分解方法如图 4.4 所示。

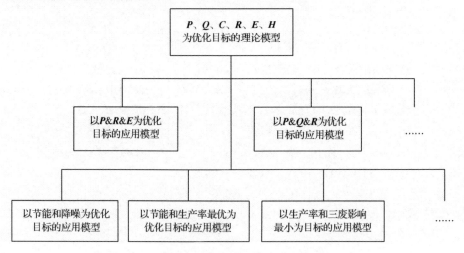

图 4.4　绿色制造系统过程优化多目标分解方法

图 4.4 中,在最顶层的目标集模型框架下,可以根据绿色制造系统过程运行的实际需求,突出重点目标,将目标集模型中的优化目标分解为多个目标、多个子目标以及单子目标的应用模型,相应的变量参数集、约束集等也因此得到简化,目标分解的数学描述如表 4.1 所示。

表 4.1　绿色制造系统过程优化多目标简化数学模型

模型类型		数学描述
目标集模型	目标函数集	$\gamma=A=\{A_i\mid i=1,2,\cdots,n\}=\{a_{ij}\mid i=1,2,\cdots,n;j=1,2,\cdots,p_i\}$
	约束集	$\beta=B=\{b_w\mid w=1,2,\cdots,m\}$
部分优化目标的应用模型	目标函数集	$\gamma=A_F=\{A'_k\mid k=1,2,\cdots,l;l<n\}$
	约束集	$\beta=B_F=\{\{b_w\mid w=1,2,\cdots,m\},\{A''_k\mid A''_k\in(A/A_F)\}\}$
面向多个优化子目标的应用模型	目标函数集	$\gamma=A_f=\{a'_{rt}\mid r=1,2,\cdots,k,k<n;t=1,2,\cdots,q_i,q_i\leqslant p_i\}$
	约束集	$\beta=B_f=\{\{b_w\mid w=1,2,\cdots,m\},\{a''_{rt}\mid a''_{rt}\in(A/A_f)\}\}$

注:A 表示理论模型优化目标集合;B 表示理论模型约束条件集合;A_i 表示理论模型中的第 i 个优化目标;n 表示理论模型中优化目标的个数;a_{ij} 表示理论模型优化目标中的子目标;p_i 表示优化目标 A_i 的子目标个数;b_w 表示理论模型中的第 w 个约束条件;m 表示理论模型中的约束条件的个数;A_F 表示部分优化目标的应用模型的优化目标集合;B_F 表示部分优化目标的应用模型的约束条件集合;A'_k 表示应用模型中选取的部分优化目标;l 表示选取部分优化目标的应用模型中,优化目标的个数;A''_k 表示由理论模型的优化目标转化为的约束条件;A_f 表示面向多个优化子目标的应用模型的优化目标集合;B_f 表示面向多个优化子目标的应用模型的约束条件集合;a'_{rt} 表示应用模型中选取的优化子目标;k 表示选取部分优化目标的个数;q_i 表示选取目标 A_i 中的子目标个数;a''_{rt} 表示应用模型中,由理论模型的优化目标转化的约束条件。

4.3.2　绿色制造系统过程优化的变量分解方法

在上述已建立的绿色制造系统过程优化模型中,优化变量主要是指多加工方案构成的 n 维向量。实际生产过程加工方案的确定可从加工要素、加工过程、加工方法等方面考虑,并且对这三个方面都可根据实际案例细分下去,绿色制造系统过程优化变量分解方法如图 4.5。因此,优化变量可进一步表示为:

上述这些决策变量是从绿色制造系统过程优化的关键环节上考虑,对绿色制造系统过程中每一个具体问题进行决策,也都可看作是多目标优化问题,可用相应的优化子模型来表示,该子模型也包括优化目标函数、优化变量和约束条件三部分。优化目标和优化目标函数数目及其含义不变,形式与优化的总模型一致,即生产效率 $P(m)$、加工质量 $Q(m)$、加工成本 $C(m)$、资源消耗 $R(m)$ 和环境影响 $E(m)$,其中,m 为优化子变量。优化子变量 m 是由总决策变量分解出来的各决策变量,这里也是考虑加工过程中的关键环节,即加工要素、加工过程、加工方法和进一步分解。约束条件因具体问题而异,但在数学理论上可统一为等式约束 $g_u(m)=0$ 和不等式约束 $h_v(m)\leqslant 0$ 两大类。

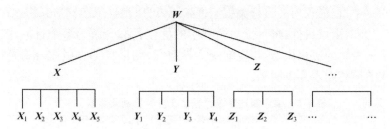

图 4.5　绿色制造系统过程优化变量分解方法

W. 加工方案 *e* 维向量;*X*. 加工要素 *f* 维向量;*Y*. 加工过程 *g* 维向量;*Z*. 加工方法评价 *h* 维向量;*X*₁. 加工设备 *i* 维向量;*X*₂. 辅助加工器具 *j* 维向量;*X*₃. 辅助加工原料 *k* 维向量;*X*₄. 工艺种类 *l* 维向量;*X*₅. 加工参数 *m* 维向量;*Y*₁. 加工路线 *n* 维向量;*Y*₂. 工艺过程目标树 *p* 维向量;*Y*₃. 设备动态调度 *q* 维向量;*Y*₄. 原材料利用 *r* 维向量;*Z*₁. 加工方法物料资源的消耗状况 *s* 维向量;*Z*₂. 加工方法能源的消耗状况 *t* 维向量;*Z*₃. 加工方法废物流对环境的影响状况 *u* 维向量

因此,绿色制造系统过程优化的子模型可描述如下:

对于某具体绿色制造系统过程优化问题 $\boldsymbol{m} = (m_1, m_2, \cdots, m_n)^{\mathrm{T}}$,求

$$\boldsymbol{m}^* = (m_1^*, m_2^*, \cdots, m_n^*)^{\mathrm{T}} \tag{4.7}$$

满足约束条件

$$g_u(\boldsymbol{m}) \leqslant 0 \quad (u = 1, 2, \cdots, k) \tag{4.8}$$

$$h_v(\boldsymbol{m}) = 0 (v = 1, 2, \cdots, p < n) \tag{4.9}$$

使得

$$\mathrm{optimum}\big[P(\boldsymbol{m}), Q(\boldsymbol{m}), C(\boldsymbol{m}), R(\boldsymbol{m}), E(\boldsymbol{m})\big]$$
$$= \big[P(\boldsymbol{m}^*), Q(\boldsymbol{m}^*), C(\boldsymbol{m}^*), R(\boldsymbol{m}^*), E(\boldsymbol{m}^*)\big]$$
$$\boldsymbol{m} \in \mathbf{R}^n \tag{4.10}$$

式中,$\boldsymbol{m}^*$ 为最优加工方案;$g_u(\boldsymbol{m})$ 为不等式约束;$h_v(\boldsymbol{m})$ 为等式约束。

4.3.3　绿色制造系统过程优化的模型求解方法

绿色制造系统过程优化问题是一个多目标的、定性与定量相结合的复杂问题,因而其优化模型的求解问题十分复杂,一般情况下很难用常规的数学优化方法来求解。目前,在有限方案多目标评价与决策问题方面,国内外使用的方法主要有层次分析法、模糊综合评判法、灰色关联分析法、TOPSIS 方法以及效用函数等。

1) 层次分析法[66]

层次分析法(AHP)是美国匹兹堡大学著名运筹学家 Saaty 于 20 世纪 70 年代初提出的一种定性分析和定量分析相结合的用于多准则、多目标决策的一种系统分析方法。原理上,它是将复杂的决策问题按决策过程将各种因素进行分解,形成层次化分析模型,包括目标层、准则层和方案层等,通过两两因素的相对比较,经过一致性判断,确定各决策因素的重要性权值或相对优劣的排序值,从而为多目标决策过程提供决策支持。

层次分析法通过明确问题、建立层次分析模型、构造判断矩阵、层次单排序和层次总排序五个步骤计算各层次结构要素对于总目标的组合权重,从而得出不同可行方案的综合评价值。是一种实用的多准则方法,具有系统、灵活、简洁的优点,但通过长期的使用和分析,发现其存在一些缺点:

(1) 使用层次分析法在构造比较矩阵时,硬性指定 $1\sim9$ 及其倒数作为比较标度的数值,而忽视了这种标度的模糊性和不确定性。

(2) 构造矩阵时,由一个专家来给出比较矩阵往往带有很大的片面性,从而导致对由此计算出来的排序向量的可信度产生质疑。

(3) 检验判断矩阵是否具有一致性非常困难。检验判断矩阵是否具有一致性,需要求矩阵的最大特征根是否同判断矩阵的阶数相等,若相等,则具有一致性。当阶数较大时,精确计算的工作量非常大。

(4) 当判断矩阵不具有一致性时需要调整判断矩阵的元素,使其具有一致性,这不排除要经过若干次调整、检验、再调整、再检验的过程才能使判断矩阵具有一致性。

(5) 检验判断矩阵是否具有一致性的判断标准缺乏科学依据。

(6) 判断矩阵的一致性与人类思维的一致性有显著差异。

2) 模糊综合评判法

模糊综合评判法是运用模糊集理论对系统进行综合评价和决策的一种方法,可以获得各候选方案优先顺序的有关信息[67,68]。

模糊综合评判法的一般步骤:

(1) 邀请有关方面的专家组成评价小组。

(2) 通过讨论确定系统评价指标集 $F,F=\{f_1,f_2,\cdots,f_n\}$,其中,$f_1,f_2,\cdots,f_n$ 为各评价指标或准则,n 为评价指标的个数;确定每一评价指标的评价尺度集 $E,E=\{e_1,e_2,\cdots,e_m\}$,$m$ 为评价尺度集中评价尺度的个数。

(3) 通过层次分析法之类的方法,或根据专家们的经验,确定各评价指标的权重 $W,W=(w_1,w_2,\cdots,w_n)$,n 为权重的个数。

(4) 对每一候选方案构造隶属度矩阵 $\underset{\sim}{R}_k$。

(5) 根据模糊理论的综合评价概念,计算每一候选方案的综合评定向量 $\underset{\sim}{S}_k$。对候选方案 A_k 而言

$$\underset{\sim}{S}_k = W O \underset{\sim}{R}_k \tag{4.11}$$

即 $\underset{\sim}{S}_k$ 为将向量 W 进行 $\underset{\sim}{R}_k$ 的模糊变换

$$\underset{\sim}{S}_k = (s_1^k, s_2^k, \cdots, s_m^k) \tag{4.12}$$

在实际问题中,可把模糊变换"O"转化为模糊线性加权变换,即

$$\underset{\sim}{\boldsymbol{S}}_k = \boldsymbol{W} \cdot \underset{\sim}{\boldsymbol{R}}_k \tag{4.13}$$

(6) 最后根据 $\underset{\sim}{\boldsymbol{S}}_k$ 对各候选方案进行评价。根据评价尺度的不同表达方式通常采取以下两种评价方法。

① 对于采用等级方式评价尺度的情况,按照最大接近度的原则来综合判定各候选方案的等级;设 $s_l = \max s_i, 1 \leqslant i \leqslant m$,计算出 $\sum_{i=1}^{l-1} s_i$、$\sum_{i=l+1}^{m} s_i$ 和 $\frac{1}{2}\sum_{i=1}^{m} s_i$。若 $\sum_{i=1}^{l-1} s_i \leqslant \frac{1}{2}\sum_{i=1}^{m} s_i$,或 $\sum_{i=l+1}^{m} s_i \leqslant \frac{1}{2}\sum_{i=1}^{m} s_i$,则按 s_i 所属的评价等级评价,即等级为 E 的第 l 级;若 $\sum_{i=1}^{l-1} s_i \geqslant \frac{1}{2}\sum_{i=1}^{m} s_i$,则按 s_{l-1} 所属的评价等级评价,即等级为 E 的第 $l-1$ 级。若 $\sum_{i=l+1}^{m} s_i \geqslant \frac{1}{2}\sum_{i=1}^{m} s_i$,则按 s_{l+1} 所属的评价等级评价,即等级为 E 的第 $l+1$ 级。

② 对于采用分数方式评价尺度的情况,则需计算各候选方案的优先度,即

$$\boldsymbol{N}_k = \underset{\sim}{\boldsymbol{S}}_k \cdot \boldsymbol{E}^{\mathrm{T}} \tag{4.14}$$

根据各候选方案优先度 $\boldsymbol{N}_k$ 的大小,即可按照优先度的大小顺序对各方案进行优先顺序的排列。

模糊评价常常与层次分析方法综合应用,采用层次分析法确定模糊评价的权重,可使复杂系统得到比较好的评价结果。模糊评价的优势在于认识到事物的中间过渡模糊形态,利用的信息较多,评价结果不再主要受控于个别参数,结果较为精细。

但是,由于模糊评价是一种间接评价,为了求出各指标的隶属函数,必须把各项指标进行特征化处理,这样,会使得有些白化的指标值不同程度地丢失信息,使原来的白化值反而变成一个区间的模糊值,同时无论用主因素突出法还是用加权平均法选取模型算子,都各有不足,可能会给评价造成误差。有时甚至反常失真而导致评判错误。

3) 灰色关联系数法[69]

灰色系统理论是华中科技大学邓聚龙教授于1982年创立的,该理论用来处理普遍存在于现实世界中信息不完全确定的系统,即灰色系统。灰色系统是研究已知量和未知量系统的理论,从系统内部去发掘信息并充分利用其信息,建模方法则着重于系统内部行为数据间的内在联系上去挖掘其量化的方法。目前,该理论用于灰色关联分析、灰色系统决策等方面都取得了令人满意的结果。灰色关联分析法是灰色系统的重要组成部分;它是分析灰色系统中各因素间关联程度的一种量化方法,其基本思路是:根据各比较数列集构成的曲线族与参数列构成的曲线间的几何相似程度,确定比较数列集与参考数列集之间的关联度。比较数列构成的曲

线间的几何形状越相似,其关联度越大,则该比较数列所代表的系统就越优。

灰色关联系数法的数学模型为

$$R = G \times W \tag{4.15}$$

式中,$R = (r_i, i = 1, 2, \cdots, m)$ 为 m 个被评对象的综合评判结果向量;$W = (w_j, j = 1, 2, \cdots, n)$ 为 n 个评价指标的权重分配向量,$\sum\limits_{j=1}^{n} w_j = 1$

E 为各指标的评判矩阵:

$$E = \begin{bmatrix} \xi_1(1) & \xi_1(2) & \cdots & \xi_1(n) \\ \xi_2(1) & \xi_2(2) & \cdots & \xi_2(n) \\ \vdots & \vdots & & \vdots \\ \xi_m(1) & \xi_m(2) & \cdots & \xi_m(n) \end{bmatrix} \tag{4.16}$$

式中,$\xi_i(k)$ 为第 i 种方案的第 k 个指标与第 k 个最优指标的关联系数。

根据 R 的数值,进行排序。

(1) 确定最优指标集(F^*)。

设

$$F^* = \{j_1^*, j_2^*, \cdots, j_n^*\} \tag{4.17}$$

式中,j_k^*($k = 1, 2, \cdots, n$)为第 k 个指标的最优值。此最优值可是诸方案中最优值(若某一指标取大值为好,则取该指标在各个方案中的最大值;若取小值为好,则取各个方案中的最小值),也可以是评估者公认的最优值。不过在定最优值时,既要考虑到先进性,又要考虑到可行性。若最优指标选的过高,则不现实,不能实现,评价的结果也就不可能正确。

选定最优指标值后,可构造矩阵 D:

$$D = \begin{bmatrix} j_1^* & j_2^* & \cdots & j_n^* \\ j_1^1 & j_2^1 & \cdots & j_n^1 \\ \vdots & \vdots & & \vdots \\ j_1^m & j_2^m & \cdots & j_n^m \end{bmatrix} \tag{4.18}$$

式中,j_k^i 为第 i 个方案中第 k 个指标的原始数值。

(2) 指标值的规范化处理。

由于评判指标间通常是有不同的量纲和数量级,故不能直接进行比较,为了保证结果的可靠性,因此需要对原始指标值进行规范处理。

设第 k 个指标的变化区间为 $[j_{k1}, j_{k2}]$,j_{k1} 为第 k 个指标在所有方案中的最小值,j_{k2} 为第 k 个指标在所有方案中的最大值,则可用下式将上式中原始数值变换为无量纲值 $C_k^i \in (0, 1)$。

$$C_k^i = \frac{j_k^i - j_{k1}}{j_{k2} - j_k^i}(i = 1,2,\cdots,m;k = 1,2,\cdots,n)$$

这样 $\boldsymbol{D} \rightarrow \boldsymbol{C}$ 矩阵

$$\boldsymbol{C} = \begin{bmatrix} C_1^* & C_2^* & \cdots & C_n^* \\ C_1^1 & C_2^1 & \cdots & C_n^1 \\ \vdots & \vdots & & \vdots \\ C_1^m & C_2^m & \cdots & C_n^m \end{bmatrix} \tag{4.19}$$

(3) 计算综合评判结果。

根据灰色系统理论,将 $\{C^*\} = (C_1^*, C_2^*, \cdots, C_n^*)$ 作为参考数列,将 $\{\boldsymbol{C}\} = (C_1^i, C_2^i, \cdots, C_n^i)$ 作为被比较数列,则用关联分析法分别求得第 i 个方案第 k 个指标与第 k 个最优指标的关联系数 $\xi_i(k)$,即

$$\xi_i(k) = \frac{\min\limits_i \min\limits_k |C_k^* - C_k^i| + \rho \max\limits_i \max\limits_k |C_k^* - C_k^i|}{|C_k^* - C_k^i| + \rho \max\limits_i \max\limits_k |C_k^* - C_k^i|} \tag{4.20}$$

式中, $\rho \in [0,1]$,一般取 $\rho = 0.5$。

由 $\xi_i(k)$,即得 $\boldsymbol{E}$,这样综合评判结果为: $\boldsymbol{R} = \boldsymbol{E} \times \boldsymbol{W}$,即

$$r_i = \sum_{k=1}^n \boldsymbol{W}(k) \times \xi_i(k) \tag{4.21}$$

若关联度 r_i 最大,则说明 $\{C^i\}$ 与最优指标 $\{C^*\}$ 最接近,亦即第 i 个方案优于其他方案,据此可以排出各方案的优劣次序。

4) TOPSIS 方法[70]

多属性决策法是进行多目标集成决策的一种有效方法,不仅能处理定量指标,还能处理定性指标,尤其是能方便地加入人的偏好信息。该方法和模型具有易实现、可操作、适应性强等特点,通过修改相关参数,可用于其他相关问题的分析与评价。由于生产过程绿色规划目标量纲不同,构造决策函数困难,因此,采用多属性效用函数不仅可以对不同量纲的目标函数进行无量纲处理,而且在决策过程中更容易理解决策函数的现实意义。

TOPSIS 法是一种从几何观点出发的多属性决策方法,在 n 个属性下评估 m 个方案,类似于 n 维空间里的 m 个点,这是借助于多目标决策问题中理想解和负理想解的思想。所谓理想方案就是设想的最期望的方案,它的各个属性值都达到所有候选方案在各个属性下的最好值,负理想方案就是设想的最不期望的方案,它的各个属性值都是所有候选方案在各个属性下的最差值。通过比较方案离理想方案和负理想方案的距离来对方案排序。因此最佳方案满足的条件是离理想方案最近、离负理想方案最远的方案。然而,在进行决策分析时,常常遇到这种情况:某个方案离理想方案是最近的,但离负理想方案并不是最远的。

使用 TOPSIS 方法确定各方案的融合值步骤如下:

① 使用适当的方法确定各属性的权重,设权向量 $\boldsymbol{\omega} = (\omega_1, \omega_2, \cdots, \omega_n)^{\mathrm{T}}$,满足 $\omega_i \in [0,1], \sum\limits_{i=1}^{n} \omega_i = 1$。

② 将决策矩阵进行归一化处理,设归一化处理后的决策矩阵为 $\boldsymbol{D}' = (f'_{ij})_{m \times n}$,其中 f'_{ij} 是第 i 个对象的第 j 个指标归一化后的属性值。

③ 将属性的权重乘以相应的属性值,$\nu_{ij} = \omega_j f'_{ij}, i \in I, j \in J$。

④ 确定理想方案和负理想方案,理想方案 A^* 和负理想方案 A^- 定义如下:

$$A^* = \{(\max_j \nu_{ij} \mid i \in D), (\max_j \nu_{ij} \mid i \in J') \mid j = 1, 2, \cdots, m\} = \{\nu_1^*, \nu_2^*, \cdots, \nu_i^*, \cdots, \nu_n^*\} \tag{4.22}$$

$$A^- = \{(\min_j \nu_{ij} \mid i \in D), (\max_j \nu_{ij} \mid i \in J') \mid j = 1, 2, \cdots, m\} = \{\nu_1^-, \nu_2^-, \cdots, \nu_i^-, \cdots, \nu_n^-\} \tag{4.23}$$

式中,I 表示效益型属性集,J 表示成本型属性集。

⑤ 计算每一个方案离理想方案和负理想方案的距离,以及相对贴近度,再根据方案的相对贴近度大小对方案排序。对某一方案 A_j,采用欧几里得范数求解距离测度,并计算相对贴近度如式(4.24)~式(4.26)

$$S_i^* = \sqrt{\sum_{j=1}^{n} (\nu_{ij} - \nu_j^*)^2} \qquad i = 1, 2, \cdots, m \tag{4.24}$$

$$S_i^- = \sqrt{\sum_{j=1}^{n} (\nu_{ij} - \nu_j^-)^2} \qquad i = 1, 2, \cdots, m \tag{4.25}$$

$$U_i = \frac{S_i^-}{S_i^* + S_i^-} \qquad i = 1, 2, \cdots, m \tag{4.26}$$

式中,ν_j^* 是按式(4.22)求出的方案 A_j 的理想解;ν_j^- 是按式(4.23)求出的方案 A_j 的负理想解,S_i^* 是方案 A_j 与理想方案 A_j^* 间的距离;S_i^- 是方案 A_j 与负理想方案 A_j^- 间的距离;U_i 为方案 A_j 的相对贴近度。

5) 效用函数法[71]

对于多指标综合评价,一种非常简明的评价思想是:将每一个评价指标按照一定的方法量化,变成对评价问题测量的一个"量化值",即效用函数值,然后再按一定的合成模型加权合成求得总评价值。将这种评价方法称为"效用函数平均法"或"效用函数综合评价法"。写成一般化的公式为:$F = \xi(y_i \cdot w_i), i = 1, 2, \cdots, m$。其中,$w_i$ 为单项评价指标 x_i 的重要权数;$y_i = f_i(x_i)$ 为 x_i 的效用函数评价值,也称"无量纲化值"或"同度量化值";f_i 为 x_i 的效用函数,也称"无量纲化函数"或"同度量化函数";ξ 为合成模型参数。

效用函数综合评价法的方法体系实际上就是 f_i、w_i 与 ξ 的方法体系。图 4.6 给出了其基本结构。关于同度量化方法也可以采用函数形式进行划分。如划分为直线型(包括广义指数法、广义线性功效系数法、离差法)、单调曲线型(可分为递增型上凸曲线、递增型下凸曲线、递增型 S 曲线、递减型上凸曲线、递减型下凸曲线、递增型 S 曲线)、适度曲线型等多种形式。

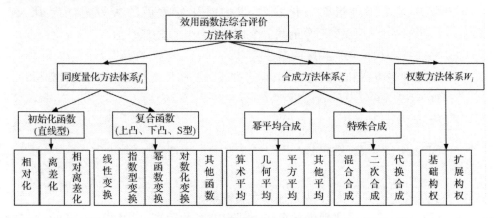

图 4.6　效用函数综合评价方法体系

6) 多属性效用函数在绿色制造系统过程优化中的应用

上述方法在解决绿色制造系统过程优化问题上各有优缺点,通常会进行多种方法的结合使用。如层次分析法对于方案多于 3 个的决策问题,需要通过一致性检验,以保证合理性。一致性检验不通过,则需要重新进行比较,否则会影响评价结果有效性。因此对于方案较多(如 5 个以上)的情况,其决策过程是低效率的。但层次分析法在确定评价指标权重时具有优势:一方面,评价指标权重通常就是决策者对各指标的定性评价,采用层次分析法能体现决策者的意图;另一方面,评价指标权重分配一旦确定下来后是相对稳定的,因此对准确性要求较高,对决策效率要求不高。

本章中将层次分析法和多属性效用函数相结合,利用层次分析法确定各目标属性的权重,重点介绍多属性效用函数在绿色制造系统过程优化中的应用。

在绿色制造系统过程优化中,选择生产率 (P)、质量(Q)、成本(C)、资源消耗(R)、环境影响(E)和职业健康与安全(H)作为一级多属性变量,而构成这些变量的因素则作为二级多属性变量。如设影响生产率的二级多属性变量为 $P_i, i = 1, 2, \cdots, p$,生产率函数为 P,则有

$$P(P_1, P_2, \cdots, P_p) \in D_p \tag{4.27}$$

同理,其他一级多属性变量函数可表示为

$$Q(Q_1, Q_2, \cdots, Q_q) \in D_q \tag{4.28}$$

$$C(C_1, C_2, \cdots, C_c) \in D_c \tag{4.29}$$

$$R(R_1, R_2, \cdots, R_r) \in D_r \tag{4.30}$$

$$E(E_1, E_2, \cdots, E_e) \in D_e \tag{4.31}$$

$$H(H_1, H_2, \cdots, H_h) \in D_h \tag{4.32}$$

多属性函数的多属性变量的定义域为

$$D = D_P \times D_Q \times D_C \times D_R \times D_E \times D_H \tag{4.33}$$

于是,绿色制造系统过程优化的多属性效用函数就由这六个具有不同属性(量纲或单位)的变量构成,其表达形式为

$$u: (P, Q, C, R, E, H) \Rightarrow u(P, Q, C, R, E, H) \in U \subset R (R \text{ 表示实数集}) \tag{4.34}$$

函数 $u(P, Q, C, R, E, H)$ 可以看作是在绿色制造系统运行过程决策中,通过对这六个目标进行优化和控制来提高效益,对这六者共同作用产生的效益应该是越大越好,因此在进行分析的时候,决策函数应该是多属性效用函数 $u(P, Q, C, R, E, H)$ 取最大。

依据多属性效用函数的分解定理,$u(P, Q, C, R, E, H)$ 可以采用以下的分解形式

$$u(P, Q, C, R, E, H) = K_P u(P) + K_C u(C) + K_Q u(Q) + K_R u(R) + K_E u(E)$$
$$+ K_H u(H) \text{ 或 } 1 + Ku(P, Q, C, R, E) = [1 + KK_P u(P)][1 + KK_Q u(Q)]$$
$$[1 + KK_C u(C)][1 + KK_R u(R)][1 + KK_E u(E)][1 + KK_H u(H)]$$

$$K_P, K_Q, K_C, K_R, K_E, K_H \geqslant 0, K_P + K_C + K_Q + K_R + K_E + K_H = 1$$

式中,$u(P), u(Q), u(C), u(R), u(E)$ 和 $u(H)$ 分别为生产率、成本、质量、资源消耗、环境影响和职业健康与安全的单变量效用函数;$K_P, K_Q, K_C, K_R, K_E, K_H$ 分别为所对应的权重系数;K 为待定常数。

4.4　绿色制造系统的过程规划技术

在绿色制造系统过程优化理论模型的基础上,对面向绿色制造的材料选择、面向绿色制造的工艺方法选择、面向绿色制造的工艺设备选择以及面向绿色制造的工艺路线选择等问题进行了研究。

4.4.1　面向绿色制造的材料选择技术

产品全生命周期过程实际上是一个以工件材料物流为主线的过程,伴随着产品材料的性能、结构和形状的改变。在原材料制备、产品制造加工、使用、回收处理的每一个过程中,材料都在直接地影响着环境排放。为了提高产品的环境友好性,需要在产品材料选择的时候就考虑到环境因素。由于产品材料选择的时候需要考虑技术、经济和环境因素,非常复杂,所以材料选择就变成了一个决策问题。需要考虑包含技术因素、经济因素和环境因素等多个产品材料综合选择指标。其中,技术因素包括力学性能(强度、塑性、硬度、冲击韧性、多次冲击抗击力及疲劳强度)、

工艺性能(毛坯工艺性能、切削加工工艺性能、热处理工艺性能);经济因素包括材料成本、工艺成本。如果考虑环境因素对经济因素的体现,经济因素还应该包括回收处理成本和环境成本。

产品材料选择问题是一个多目标多方案的评价与决策问题。根据以上分析,可以建立其多目标优化决策模型[72]:

对于可供选择的材料集

$$\boldsymbol{X} = (x_1, x_2, \cdots, x_n)^{\mathrm{T}}$$

求

$$\boldsymbol{X}^* = (x_1^*, x_2^*, \cdots, x_n^*)^{\mathrm{T}} \tag{4.35}$$

满足约束条件

$$x_i(x_i - 1) = 0 \tag{4.36}$$

$$\sum_{i=1}^{n} x_i = 1 \tag{4.37}$$

$$g_u(\boldsymbol{X}) \leqslant 0 (u = 1, 2, \cdots, k) \tag{4.38}$$

$$h_v(\boldsymbol{X}) = 0 (v = 1, 2, \cdots, p < n) \tag{4.39}$$

使得

$$\text{optimum}[T(x), C(x), E(x)] = [T(x^*), C(x^*), E(x^*)] \tag{4.40}$$

式中, $\boldsymbol{X} \in R^n$; $\boldsymbol{X}^*$ 为最优材料选择方案; $g_u(\boldsymbol{X})$ 为不等式约束; $h_v(\boldsymbol{X})$ 为等式约束

根据灰色系统理论,将考虑环境因素的产品材料综合选择看成一个灰色系统。在系统中既有可量化的白色信息(即可量化的指标,如力学性能指标),又有只能定性了解的灰色信息(即定性指标,如材料的可回收性),而且在各指标之间又不是相互独立的,具有一定的关联性,存在一种灰色关系。另外考虑到不同的指标对材料选择的影响程度不同,需要确定指标的权重。因此本节将灰色关联分析法和层次分析法结合起来用于该问题的求解,灰色关联分析法用于数据处理,数据处理过程可以参考文献[73]和文献[74],层次分析法用于确定各目标和指标之间的权重。

以一个电子产品外壳的材料选择为例来论证该方法。由于电子工业快速发展和电子产品的快速更新,使得废弃的电子产品成为一种很重要的固体废弃物。我们假设一个外壳需要满足设计者规定的强度和硬度。设计参数:负荷=50kg,扰度=1mm,长度=400mm,宽度=350mm,高度=135mm。外壳还要求具有电磁屏蔽功能。在上述这些工程需求和通用常识的基础上,通常所选用的材料是钢、铝合金,或者聚合物(如具有液面线的 ABS-聚碳酸酯)。在这次分析中将考虑这三种材料的选择问题。表4.2为各种材料的评价指标体系及量化数据。

可回收性、可重用性、材料清洁性等的评价不便于量化,可采用定性的方法进行处理。其评语集可设为{很好,较好,一般,较差,很差},以上评语集所对应的评分集为{0.9,0.7,0.5,0.3,0.1}。

表 4.2　各种材料的评价指标体系及量化数据

	指标	钢	铝合金	ABS-聚碳酸酯
T	强度/MPa，t_1	355	280	58
	密度/(g/cm³)，t_2	7.8	2.7	1.04
C	材料和工艺成本/元，c_1	38	28	20
	回收和环境成本/元，c_2	0.64	1.45	1.02
E	可回收性和可重用性，e_1	0.7	0.6	0.5
	能容量/(MJ/kg)，e_2	55	295	110
	材料清洁性，e_3	0.3	0.3	0.5

对表 4.2 中数据规范化处理后，可以求出灰色关联系数矩阵。运用层次分析法对各层指标进行分析，得出权重分配：

$$W(w_T, w_C, w_E) = (0.385, 0.302, 0.313);$$
$$W_T(w_T^1, w_T^2) = (0.618, 0.382);$$
$$W_C(w_C^1, w_C^2) = (0.466, 0.534);$$
$$W_E(w_E^1, w_E^2, w_E^3) = (0.358, 0.325, 0.317)。$$

于是可以求出各材料选择方案的关联度：

$$R_0 = (r_1, r_2, r_3) = (0.415, 0.437, 0.550)$$

根据方案层关联度矢量 R_0，得到采用钢、铝合金、ABS-聚碳酸酯的三种方案对于参考指标集（理想方案）的关联度分别为 0.415、0.437、0.550。根据关联度的值确定 ABS-聚碳酸酯为最优方案。

4.4.2　面向绿色制造的工艺方法选择技术

绿色制造系统应满足时间、质量、成本、资源和环境五个方面即 TQCRE 的制造决策属性要求。由此针对特定的加工对象，面向绿色制造工艺种类选择的总体要求是：所选择的制造工艺种类应与加工对象所需的各种特征属性要求相匹配，并力求做到优质、高效、清洁、低耗。

面向绿色制造的工艺种类选择数学模型一般性的描述如下[75]：

$$\left. \begin{aligned} p^* \Rightarrow \mathrm{Optimum} & \left[f_{g_1}(p_i, x_j), f_{g_2}(p_i, x_j), \cdots, f_{g_q}(p_i, x_j) \right]^{\mathrm{T}} \\ p_i \in \boldsymbol{P} & = [p_1, p_2, \cdots, p_q]^{\mathrm{T}} \\ x_j \in \boldsymbol{X} & = [x_1, x_2, \cdots, x_s]^{\mathrm{T}} \\ \mathrm{s.\,t.} \quad & \mu_{g_u}(p_i, x_j) > 0 \end{aligned} \right\} \quad (4.41)$$

式中，$\boldsymbol{P}$ 为备选工艺种类集；g_u 为评价指标，$u = 1, 2, \cdots, q$；$\boldsymbol{X}$ 为加工对象特征集；$f_{g_u}(p_i, x_j)$ 为针对评价指标和加工对象特征的工艺种类选择目标函数；$\mu_{g_u}(p_i, x_i)$

为工艺种类在评价指标下对于加工对象特征的适应性约束；p^* 为最优工艺种类；Optimum 为所选的工艺种类应是在满足适应性约束条件下的各目标函数综合最优。

以法兰盘零件工艺方法选择为例进行说明。法兰盘零件是使两个机械相互连接的器件，如图 4.7 所示。根据工艺方法选择的基本原则和绿色性要求，结合加工对象的加工特征，建立工艺方法选择的评价指标体系和备选的工艺种类。毛坯成形工艺包括胎膜锻、压力机模锻、精密模锻、自由锻和棒材下料(锯)。

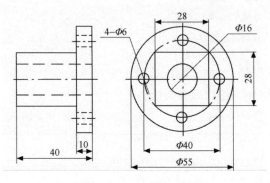

图 4.7　法兰盘零件图

例如表 4.3 中的评价指标即为图 4.7 所示法兰盘零件毛坯成形工艺种类选择时的评价指标体系，纵坐标为可供选择的工艺种类集。

表 4.3　毛坯成形可行工艺种类的评价矩阵 $A_{(P',G)}(X)$

可行工艺种类集 P	评价指标															
	零件材料适应性 g_1	零件形状适应性 g_2	零件尺寸适应性 g_3	生产类型适应性 g_4	生产效率适应性 g_5	设备投资比较特性 g_6	制造成本比较特性 g_7	几何精度比较特性 g_8	表面状况比较特性 g_9	组织性能比较特性 g_{10}	废弃物的生态降解性 g_{11}	环境影响比较特性 g_{12}	劳动条件比较特性 g_{13}	物料利用率比较特性 g_{14}	制造资源适应性 g_{15}	废弃物可回收性 g_{16}
自由锻 P'_1	1	0.4	0.6	0.2	0.3	0.7	0.6	0.4	0.2	0.4	0.2	0.2	0.2	0.1	0.6	0.3
胎膜锻 P'_2	1	0.6	1	0.8	0.6	0.4	0.6	0.6	0.4	0.6	0.4	0.5	0.6	0.6	0.6	0.4
压力机模锻 P'_3	1	0.5	1	0.8	0.6	0.3	0.2	0.8	0.6	0.6	0.4	0.2	0.5	0.6	0.4	0.4
精密模锻 P'_4	1	0.4	1	0.4	0.5	0.1	0.1	1	0.8	0.6	0.4	0.4	0.8	0.8	0.1	0.4
棒材下料(锯) P'_5	1	0.2	0.4	0.2	0.8	0.7	0.8	0.2	0.2	0.4	0.8	0.8	0.1	0.8	0.1	

由于工艺种类、加工对象特征与有的评价指标或目标函数之间不确定的因素

较多,难以被精确描述,具有模糊性,为此采用针对工艺种类选择的模糊综合评价系统方法。输入包括零件尺寸、形状、加工要求、材料、生产类型等特征参数,并且按照各评价指标值均应大于 0 小于等于 1 的要求,得到该零件毛坯成形的可行工艺种类方案集,以及相应的评价矩阵,通过计算得到各可行工艺种类的综合评价值。最后可得出该零件毛坯成形工艺种类的选择顺序为:胎膜锻、压力机模锻、精密模锻、自由锻、棒材下料(锯)。

4.4.3　面向绿色制造的工艺设备选择技术

工艺设备是绿色制造系统的关键制造资源要素,工艺设备的选择对绿色制造系统的运行过程有着重要的影响。工艺设备选择一般主要考虑设备的加工类型、加工尺寸范围、精度要求、设备状态及经济性等因素。面向绿色制造的工艺设备选择除了要考虑上述因素外还应当考虑制造过程中产生的资源消耗(能源消耗、物料消耗等),以及对环境产生的负面影响。通过优化合理的工艺设备选择来达到最佳的加工工艺及生产计划要求,有效地减少加工过程中的环境负面影响及资源消耗。在同一种制造环境中,加工同一种零件产品,存在着多种工艺设备选择方案,因此需要建立科学的综合评价模型对各种方案进行评价并做出决策。用矢量投影法对工艺设备选择方案进行综合评价[76,77]。

首先建立评价指标集 $Z = \{T, Q, C, R, E\}$,待评价的工艺设备选择方案集为 $P = \{P_1, P_2 \cdots, P_n\}$;方案集对指标集的映射记为 $b_{ij}(i = 1, 2, \cdots, n; j = 1, 2, 3, 4, 5)$,由此可以得到方案集对指标集的映射矩阵为 $\boldsymbol{B} = [b_{ij}]_{n \times 5}$。

1) 无量纲化处理

评价指标集中包含定量的成分和定性的成分,在进行评价计算中,由于各种指标类型,使用的量纲及单位的差异,给综合评价带来问题,因此在评价之前有必要对各指标做无量纲化处理。在工艺设备选方法中,加工时间、加工成本、资源消耗量和环境影响均属于成本型指标,希望越小越好;加工质量属于效益型指标,则希望越高越好。对前四种,可以处理如下:令无量纲后的指标值为

$$f_{ij} = \frac{b_j^{\max} - b_{ij}}{b_j^{\max} - b_j^{\min}} \quad i = 1, 2, \cdots, n \tag{4.42}$$

式中, $b_j^{\max}$ 为对应同一属性指标值中的最大值; $b_j^{\min}$ 为相应的最小值。对于加工质量这类效益型指标,无量纲处理如下:

$$f_{ij} = \frac{b_{ij} - b_j^{\min}}{b_j^{\max} - b_j^{\min}} \quad i = 1, 2, \cdots, n \tag{4.43}$$

将全部指标无量纲化后得到新的映射矩阵为: $\boldsymbol{F} = \begin{bmatrix} f_{11} & \cdots & f_{1j} \\ \vdots & & \vdots \\ f_{i1} & \cdots & f_{ij} \end{bmatrix} (i = 1, 2, \cdots,$

$n;j = 1,2,3,4,5)$，显然，无量纲后的值总有 $f_{ij} \leqslant 1$，且总是希望尽可能大，定义无量纲后的矩阵理想属性值为 $f^* = \max\{f_{ij}, i = 1,2,\cdots,n\} = 1, j = 1,2,3,4,5$，理想属性值构成的方案为理想方案，记作 $\boldsymbol{F}^*$。

2) 加权处理及构造增广规范化属性矩阵

本节采用的评价方法中，用主观赋权法对建立的评价指标属性矩阵作加权处理。给定加权向量 $\boldsymbol{\omega} = (\omega_1, \omega_2, \cdots, \omega_5)^T$，并使 $\boldsymbol{\omega}$ 满足条件 $\sum_{j=1}^{5} \omega_j^2 = 1$，如果给定的加权向量不满足此条件，则作下面处理，令 $\omega_j = \omega_j^* / \sqrt{\sum_{j=1}^{5} \omega_j^{*2}}$，使其满足约束条件。经加权处理后，可以构造增广规范化矩阵：

$$\boldsymbol{H} = \begin{bmatrix} \omega_1 f_{11} & \cdots & \omega_j f_{1j} \\ \vdots & & \vdots \\ \omega_1 f_{i1} & \cdots & \omega_j f_{ij} \\ \omega_1 & \cdots & \omega_j \end{bmatrix} \quad i = 1,2,\cdots,n; j = 1,2,3,4,5 \quad (4.44)$$

3) 利用矢量投影法计算评价结果

上述得到的最终规范化矩阵，行向量 $(\omega_1 f_{i1}, \omega_2 f_{i2}, \cdots, \omega_j f_{ij})$ 是每一个工艺设备选择方案对应的指标向量，理想方案向量 $(\omega_1, \omega_2, \cdots, \omega_j)$ 也对应理想方案指标值。

定义任意一个行向量向理想方案向量投影，则得到其夹角余弦为

$$\delta_i = \frac{\sum_{j=1}^{5} \omega_j f_{ij} \cdot \omega_j}{\sqrt{\sum_{j=1}^{5} (\omega_j f_{ij})^2} \sqrt{\sum_{j=1}^{5} \omega_j^2}} \quad i = 1,2,\cdots,n; j = 1,2,3,4,5 \quad (4.45)$$

计算各行向量的模为 $Z = \sqrt{\sum_{j=1}^{5} (\omega_j f_{ij})^2} \quad i = 1,2,\cdots,n; j = 1,2,3,4,5$，由此可以得出任意一个方案在理想方案上的投影为 $R_i = Z_i \cdot \delta_i$，该投影的大小表示了任意方案向量与理想方案向量的接近程度，也即反映了该机床设备选择方案的优劣程度，因此投影值 R_i 越大表示该方案越优化合理。

基于以上工艺设备选择方法，以某车间机床设备的选择为例进行验证。某车间需要加工一批实心轴零件，有三种型号的机床设备可供选择，分别是：CA6140、VDF180C、C630。整理零件在三种机床上加工的原始数据，依据本文建立的综合评价指标集，按照加工时间、加工质量、加工成本、资源消耗、环境影响五个大指标进行分类，定量化或定性化，无量纲处理，列出三种方案对应的评价值，如表 4.4 所示。

表 4.4 无量纲后的指标值

型号	加工时间	加工成本	加工质量	资源消耗	环境影响
VDF180C	4.8	0.9	0.8	0.8	0.7
C630	4.6	0.8	0.9	1.5	0.9
CA6140	5.2	0.8	0.8	1.6	0.8

依照上表可得到初始指标属性矩阵 $\boldsymbol{F} = \begin{bmatrix} 4.8 & 0.9 & 0.8 & 0.8 & 0.7 \\ 4.6 & 0.8 & 0.9 & 1.5 & 0.9 \\ 5.2 & 0.8 & 0.8 & 1.6 & 0.5 \end{bmatrix}$，经过

无量纲处理得到无量纲矩阵 $\begin{bmatrix} 0.67 & 1 & 1 & 1 & 1 \\ 0 & 0 & 0 & 0.125 & 0 \\ 0 & 0 & 1 & 0 & 0.5 \end{bmatrix}$，再按照各个指标值的重

要程度，用主观加权法给定加权向量 $\boldsymbol{\omega} = (0.15, 0.18, 0.45, 0.10, 0.12)$，单位化
得 $\boldsymbol{\omega}^{\circ} = (0.28, 0.34, 0.85, 0.19, 0.22)$，则增广加权规范化矩阵为 $\boldsymbol{H} =$
$\begin{bmatrix} 0.187 & 0.34 & 0.85 & 0.19 & 0.22 \\ 0.28 & 0 & 0 & 0.023 & 0 \\ 0 & 0 & 0.85 & 0 & 0.11 \\ 0.28 & 0.34 & 0.85 & 0.19 & 0.22 \end{bmatrix}$。

于是，可以计算得到如下结果，如表 4.5 所示。

表 4.5 评价结果

机床设备方案	夹角 δ	模 Z	投影大小 R
VDF180C	0.997	0.978	0.975
C630	0.294	0.281	0.083
CA6140	0.871	0.857	0.746

可见，投影大小 VDF180C＞CA6140 ＞C630，因此采用 VDF180C 机床为最
佳方案。

4.4.4 面向绿色制造的工艺路线选择技术

面向绿色制造的工艺路线安排可以看成是在满足一系列约束条件下求解可行
工艺路线。工艺实践表明，理论上的约束条件很难完全满足，最终工艺路线如果能
满足必要的约束条件和其他一些附加约束条件，则认为其基本可行[78]。

对于某一工艺路线决策问题：$\boldsymbol{X} = (x_1, x_2, \cdots, x_n)^{\mathrm{T}}$ 求：

$$\boldsymbol{X}^* = (x_1^*, x_2^*, \cdots, x_n^*)^{\mathrm{T}} \tag{4.46}$$

满足约束条件

$$g_u(\pmb{X}) \leqslant 0 (u = 1, 2, \cdots, k) \tag{4.47}$$
$$h_v(\pmb{X}) = 0 (v = 1, 2, \cdots, p < n) \tag{4.48}$$

使得

$$\text{optimum}[E_e(\pmb{X}), R(\pmb{X}), E_i(\pmb{X})] = [E_e(\pmb{X}^*), R(\pmb{X}^*), E_i(\pmb{X}^*)] \tag{4.49}$$
$$\pmb{X} \in R^n$$

式中，$\pmb{X}^*$ 为最优工艺路线 $g_u(\pmb{X})$ 为不等式约束；$h_v(\pmb{X})$ 为等式约束。

现以常规机械加工零件为例进行说明。某厂生产如图 4.8 所示零件(材料45♯，厚 15mm)。

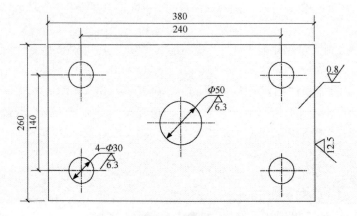

图 4.8　零件(材料 45♯,厚 15mm)

根据零件的加工特征及其技术要求,结合工艺学原理以及实践经验,确定各特征的加工方法并排序,可拟定工艺路线方案如下：

工艺路线 1：剪切—刨周边—磨平面—冲孔 Φ50—冲孔 4-Φ30；

工艺路线 2：剪切—铣周边—精密刨平面—钻孔 Φ50—精冲孔 4-Φ30；

工艺路线 3：锻压—刨周边—磨平面—钻孔 Φ50—钻孔 4-Φ30。

1. 变量描述

$$\pmb{X} = (x_1, x_2, x_3) \quad \text{其中 } x_i(i = 1, 2, 3) = \begin{cases} 0, \text{不采用第 } i \text{ 个方案} \\ 1, \text{采用第 } i \text{ 个方案} \end{cases} \tag{4.50}$$

$$\pmb{X} = \begin{cases} (1, 0, 0) = \text{方案 } a, \text{即采用工艺路线 } 1(x_1 = 1, x_2 = 0, x_3 = 0) \\ (0, 1, 0) = \text{方案 } b, \text{即采用工艺路线 } 2(x_1 = 0, x_2 = 1, x_3 = 0) \\ (0, 0, 1) = \text{方案 } c, \text{即采用工艺路线 } 3(x_1 = 0, x_2 = 0, x_3 = 1) \end{cases}$$

$$\tag{4.51}$$

2. 目标函数及初步分析

依据面向绿色制造的工艺路线决策目标体系的分解内容建立三条工艺路线综合评价体系,如表 4.6 所示,评价值是根据专业测试方法结合专家调查法以及模糊分析法而得出的。采用模糊积分评判法对此目标函数进行综合评价,得到可以量化的结果,以此来反映出三者的最后优化结果。

表 4.6 工艺路线两级模糊综合评判表

序号	评价方面	序号 i		1	2	3	4	初级评判	权重	结果
		单方面模糊综合评判							综合评判	
1	经济性方面	评价因素 x_i		制造成本	生产效率	加工质量	物流管理	$H_i^0 M_i$	0.9	
		重要程度 M_i		0.9	0.8	1.0	0.5			
		评价值 H_i	方案 a	0.7	0.7	0.9	0.8	0.9		
			方案 b	0.7	0.6	0.7	0.7	0.7		
			方案 c	0.8	0.5	0.8	0.8	0.8		
2	资源方面	评价因素 x_j		原材料消耗	设备消耗	能源消耗	辅助材料消耗	$H_j^0 M_j$	0.8	0.9
		重要程度 M_j		0.9	0.7	0.9	0.6			
		评价值 H_j	方案 a	0.7	0.6	0.7	0.5	0.7		0.7
			方案 b	0.5	0.7	0.6	0.6	0.7		
			方案 c	0.5	0.8	0.5	0.3	0.7		
3	环境方面	评价因素 x_k		固体废弃物污染	噪声污染	废液污染	废气粉尘污染	$H_k^0 M_k$	0.9	0.8
		重要程度 M_k		0.7	0.6	0.9	0.9			
		评价值 H_k	方案 a	0.6	0.2	0.6	0.6	0.6		
			方案 b	0.5	0.5	0.6	0.7	0.7		
			方案 c	0.4	0.3	0.3	0.5	0.5		

3. 决策模型的建立

决策选择模型可描述如下:

对于

$$\boldsymbol{X} = (x_1, x_2, x_3), (x_1, x_2, x_3 = 0 \text{ 或 } 1) \tag{4.52}$$

求

$$\boldsymbol{X}^* = (x_1^*, x_2^*, x_3^*) \tag{4.53}$$

$$\text{s.t.} \quad x_1^* + x_2^* + x_3^* = 1 \tag{4.54}$$

使得：

$$\text{optimum}[E_e(\boldsymbol{X}), R(\boldsymbol{X}), E_i(\boldsymbol{X})] = [E_e(\boldsymbol{X}^*), R(\boldsymbol{X}^*), E_i(\boldsymbol{X}^*)] \tag{4.55}$$

4. 三种方案的综合评判结果，如表 4.7 所示。

表 4.7　三种方案的综合评判结果

方案	单方面模糊评判结果	综合评判结果
方案 a	$(0.9, 0.7, 0.6)$	0.9
方案 b	$(0.7, 0.7, 0.7)$	0.7
方案 c	$(0.8, 0.7, 0.5)$	0.8

由此可知，工艺方案 a 也就是工艺路线：剪切—刨周边—磨平面—冲孔 Φ50—冲孔 4-Φ30 加工该零件在资源消耗和环境影响方面相对最优。该厂在实际生产中采用了根据该模型所选的方案，并因此而取得了较显著的综合效益（经济效益和社会效益），实践证明这种工艺路线的评价模型是有效的。

4.5　绿色制造系统的过程调度技术

绿色制造系统过程调度是对传统调度问题的一种补充和拓展，因而与传统的生产调度问题存在密切的联系。但由于面向绿色制造的生产调度，考虑了资源消耗和环境影响等因素，因而与传统的生产调度又存在明显的区别。

借鉴传统生产调度问题的相关研究，绿色制造系统过程优化调度问题的基本要素分析如下：传统的生产调度主要以时间、质量、成本等为调度的优化目标，在满足各种生产约束条件下，对生产任务进行合理的调度安排。绿色制造系统任务优化调度是将生产过程中的资源消耗和环境影响因素纳入到生产调度问题的研究中，在满足各种生产约束的条件下，从生产调度层面，尽可能地减少绿色制造系统中产生的资源消耗和环境影响。

绿色制造系统过程调度模型是由理想模型和应用模型组成的一个分层结构的多模型框架，如图 4.9 所示[79]。

理想模型是以时间、质量、成本、资源消耗和环境影响等五个因素为优化目标，从理论上分析调度方法的基本建模思路。因此，理想模型也是各种调度应用模型的建模基础，是调度模型的一般形式。但对于理想模型来说，很难进行实际应用。一方面是由于理想模型中的五个优化目标是由多个子目标组成，各个子目标除了具有自身的特性外，子目标间也存在复杂的直接或间接的联系，因而使得理想模型很难进行应用。另一方面，在调度的通常情况下，往往不需要考虑所有的目标，而

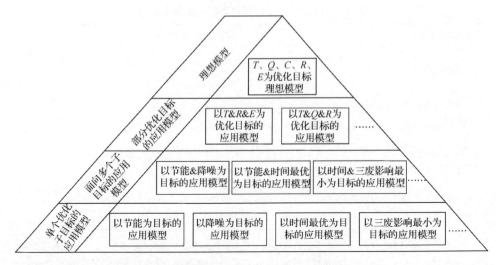

图 4.9　绿色制造系统过程调度的多模型框架

是集中在其最为关注的目标上。因此,根据不同的目标层次以及对目标需求的不同,对理想模型中的优化目标体系进行不同程度的简化,可建立起不同层次的应用模型。

图 4.9 中,理想模型位于最顶层,以下三层是对理想模型简化后的各层应用模型。在三层应用模型中,最上层的应用模型是最接近理想模型的目标体系,而依次往下的两层的应用模型则是面向子目标的优化模型。最底层的应用模型是以单个子目标为优化目标,虽然该层的应用模型是调度方法中最简单的优化模型,但其优化的结果可为上层应用模型各子目标的优化提供理想参考值。图 4.9 中的理想模型和各个层面的应用模型的基本要素描述如表 4.8 所示。

4.5.1　面向绿色制造的一类模糊作业车间调度技术

绿色制造的调度决策不但要考虑企业自身的经济利益,还要考虑对生态环境的影响。压缩生产成本、降低资源消耗、减小环境影响、提高产品质量和缩短生产周期是生产调度的基本要求。这 5 个目标之间存在着密切联系,它们共同构成了绿色调度的决策目标系统。

作业调度是在一定生产条件和技术背景下进行的,涉及较多的约束因素,主要包括零件加工质量约束、各工序间先后关系约束、生产技术约束、生产要求约束、工人技术熟练程度约束、物料和能源约束等。这些约束可抽象为等式约束 $g(W) = 0$ 和不等式约束 $h(W) \leqslant 0$ 两大类,其中,W 表示调度方案。

表 4.8　理想模型及应用模型的基本要素描述

模型类型	基本要素描述
顶层的理想模型	目标函数集：$O=\{\overrightarrow{O_i}\mid i=1,2,\cdots,n\}=\{o_{ij}\mid i=1,2,\cdots,n;j=1,2,\cdots,p_i\}$ 约束集：$S=\{S_w\mid w=1,2,\cdots,m\}$
第三层应用模型 （部分优化目标）	目标函数集：$O_F=\{\overrightarrow{O_k'}\mid k=1,2,\cdots,l;l<n\}$ 约束集：$S_F=\{\{S_w\mid w=1,2,\cdots,m\},\overrightarrow{O_k'}\mid\overrightarrow{O_k'}\in(O\backslash O_F)\}\}$
第二层应用模 （多个优化子目标）	目标函数集：$O_f=\{o_n'\mid r=1,2,\cdots,k,k<n;t=1,2,\cdots,q_i,q_i\leqslant p_i\}$ 约束集：$S_f=\{\{S_w\mid w=1,2,\cdots,m\},\{o_n''\mid o_n''\in(O\backslash O_f)\}\}$
第一层应用模型 （单个优化子目标）	目标函数集：$O_s=\{o_n'\},r\in\{1,2,\cdots,n\},t\in\{1,2,\cdots,p_i\}$ 约束集：$S_s=\{\{S_w\mid w=1,2,\cdots,m\},\{o_n''\mid o_n''\in(A\backslash A_s)\}\}$

注：O 表示模型的优化目标集合；S 表示理想模型约束条件集合；$\overrightarrow{O_i}$ 表示理想模型中的第 i 个优化目标；n 表示理想模型中优化目标的个数，在调度模型中，$n=5$；o_{ij} 表示理想模型优化目标中的子目标；p_i 表示优化目标 $\overrightarrow{O_i}$ 的子目标个数；S_w 表示理想模型中的第 w 个约束条件；m 表示理想模型中的约束条件的个数。O_F 表示部分优化目标的应用模型的优化目标集合；S_F 表示部分优化目标的应用模型的约束条件集合；$\overrightarrow{O_k'}$ 表示应用模型中选取的部分优化目标；l 表示选取部分优化目标的应用模型中，优化目标的个数；$\overrightarrow{O_k'}$ 表示由理想模型的优化目标转化为的约束条件；O_f 表示面向多个优化子目标的应用模型的优化目标集合；S_f 表示面向多个优化子目标的应用模型的约束条件集合；o_n' 表示应用模型中选取的优化子目标；k 表示选取部分优化目标的个数；q_i 表示选取目标 $\overrightarrow{O_i}$ 中的子目标个数；o_n'' 表示应用模型中，由理想模型的优化目标转化为的约束条件；O_s 表示单个优化子目标的应用模型的优化目标集合；S_s 表示单个优化子目标的应用模型的约束条件集合。

　　由于生产系统中存在大量不确定因素，工序等数据难以用确定的数量来描述，用模糊数表示这些数据更加符合生产实际。设有模糊数 x，记作 $\tilde{x}=(\alpha,m,\beta)$，其隶属度函数为

$$\mu(x)=\begin{cases}0 & x\leqslant\alpha\\ f(x) & \alpha<x\leqslant m\\ g(x) & m<x<\beta\\ 0 & x\geqslant\beta\end{cases}\tag{4.56}$$

　　其中，$f(x)$ 和 $g(x)$ 均为严格单调函数，故存在反函数 $f^{-1}(x)$ 和 $g^{-1}(x)$。容易证明多个 $f^{-1}(x)$ 或 $g^{-1}(x)$ 之和仍存在反函数。

　　面向绿色制造的作业车间调度问题可描述如下[80]：在 m 台工艺设备的加工系统中，有 n 个待加工工件，每个工件有一道或多道工序，其中每道工序有多个可选择的工艺设备，工序的加工时间、生产成本、环境污染、能源消耗随工艺设备的不同而不同，但每台工艺设备都能保证工序的加工质量，问题是如何为工序安排加工设备和加工时间，使生产周期最短、生产成本最低、能源消耗最少及环境污染最轻。

　　这是一个典型的多目标调度问题，调度算法可分两步进行，首先利用多目标的

遗传算法得到一个 Pareto 解集,然后根据具体问题和解的信息,利用模糊优选法求得最优解。

现以一个 6 台机床的加工系统为例,需加工 A、B、C、D 共 4 个工件。每个工件均有 3 道工序,各工序可使用的机床及加工时间、生产成本等信息见表 4.9,其中,加工时间、生产成本、能源消耗和污染损失均为三角模糊数。

表 4.9　调度信息表

工件	工序	机床	加工时间/min	生产成本/元	能源消耗/kJ	污染损失/元
A	0	0	1,2,3,5	9,10,11	18,20,21	1.0,2.0,2.5
		1	2,3,4	7,8,9	17,18,19	0.8,1.0,1.3
		2	3,4,5	5,6,8	25,26,27	1.5,2.0,2.5
	1	1	2,3,4	7,8,9	17,18,19	0.8,1.0,1.2
		3	1,2,3	9,10,11	19,20,21	1.0,2.0,3.0
		4	3,4,5	5,6,7	15,16,17	0.7,1.0,1.1
	2	0	0.5,1,2	9,10,11	9,10,11	0.9,1.0,1.1
		1	3,4,5	7,8,9	7,8,9	0.9,1.0,1.2
		2	4,5,6	6,7,8	6,7,8	1.5,2.0,2.4
B	0	0	2,3,4	9,10,11	19,20,21	1.5,2.0,2.5
		2	4,5,6	5,6,7	25,26,27	1.5,2.0,2.5
		4	1,2,3	11,12,13	20,22,23	2.5,3.0,3.5
	1	0	3,4,5	9,10,11	19,20,21	1.5,2.0,2.5
		1	2,3,4	11,12,13	11,12,13	0.9,1.0,1.1
		4	5,6,7	7,8,9	17,18,19	0.9,1.0,1.2
	2	2	3,4,5	14,16,17	15,16,17	0.9,1.0,1.1
		4	6,7,8	9,10,11	18,20,21	1.5,2.0,2.5
		5	9,11,12	5,6,7	15,16,17	0.9,1.0,1.1
C	0	0	4,5,6	9,10,11	14,15,16	0.9,1.0,1.1
		1	5,6,7	7,8,9	17,18,19	1.5,2.0,2.5
	1	1	3,4,6	7,8,9	17,18,19	0.9,1.0,1.1
		3	2,3,5	11,12,13	11,12,13	1.5,2.0,2.5
		4	4,5,6	5,6,7	15,16,17	0.9,1.0,1.1
	2	2	9,13,14	10,11,12	20,21,22	1.5,2.0,2.5
		4	8,9,10	16,18,19	17,18,19	0.9,1.0,1.1
		5	9,12,13	13,14,15	15,16,17	0.9,1.0,1.1

工件	工序	机床	加工时间/min	生产成本/元	能源消耗/kJ	污染损失/元
D	0	0	8,9,10	12,14,15	23,24,25	1.5,2.0,2.5
		2	6,7,8	17,18,19	17,18,19	0.9,1.0,1.1
		3	8,9,10	13,14,15	23,24,25	1.5,2.0,2.5
	1	1	5,6,7	7,8,9	17,18,19	0.9,1.0,1.1
		3	3,4,5	11,12,13	11,12,13	0.9,1.0,1.1
		5	4,5,6	9,10,11	19,20,21	1.5,2.0,2.5
	2	0	0.5,1,1.4	9,10,11	9,10,11	0.9,1.0,1.1
		2	2,3,4	7,8,9	17,18,19	0.9,1.0,1.1
		5	2,3,4	7,8,9	17,18,19	1.5,2.0,2.5

决策人员根据实际生产情况,认为加工时间、生产成本、能源消耗和环境污染的权重分别为 0.3、0.2、0.3 和 0.2。运行模糊优选法算法,得到满意解的 4 个指标仍为三角模糊数,其中生产周期为 $(14,17,21)$ min、工件总成本为 $(129,143,155)$ 元、能源消耗为 $(174,178,190)$ kJ、污染损失为 $(13.4,16.0,18.6)$ 元。

4.5.2　面向绿色制造的机械加工系统任务优化调度技术

机械加工系统的生产过程中,生产调度方案的不同,不仅会对生产过程中的时间、质量及成本等运行状态产生影响,同时也会对机械加工系统产生的资源消耗和环境排放产生影响。基于此,对面向绿色制造的机械加工系统任务优化调度问题进行研究,将机械加工过程中的资源消耗(如能量消耗)和环境因素(如废弃物排放、噪声等)纳入到优化调度问题的研究中,在保证加工时间等传统优化调度目标的前提下,尽可能地从生产调度层面,减少机械加工系统生产过程中的资源消耗和环境影响。

面向绿色制造的机械加工系统任务优化调度是在一定条件下为了完成各个工件,把 M 中的机床分配给 J 中的工件,使目标函数达到最优。因此,调度问题主要由工艺设备的数量、种类和环境,工件的性质以及目标函数等要素组成[81-88]。假设机械加工系统中有 m 台工艺设备可以调度的设备集 $M = \{m_1, m_2, \cdots, m_m\}$,机床的加工性能基本相同;有 n 个加工任务的集合为 $J = \{j_1, j_2, \cdots, j_n\}$,每个工件仅需在某台工艺设备上加工一次,且各个加工任务之间是独立的,没有工艺条件的约束;加工任务不允许中断,即无抢占式加工;每台工艺设备一次只能加工一个任务;并假设所有加工任务的准备时间为"0"。综合考虑机械加工过程中各种资源环境因素,寻求一种合理的任务分配方案,使得保证加工时间的同时,优化其加工过程中产生的资源消耗和环境影响。

给定一个由 m 个工艺设备组成的机械加工系统,对 n 个加工任务进行调度,则调度方案可表示为:$X = \{x_{ij} \mid i = 1,2,\cdots,m; j = 1,2,\cdots,n\}$,各个任务的加工时间可表示为 t_j。

1) 环境影响 EI 的约束:

环境影响 EI 包括了固体废弃物、废气、废液、噪声以及加工安全性等因素。调度问题中的环境影响约束,主要是由于受某些环境法规、工厂自行的一些环境条例或工人的加工经验等因素的约束,如某一加工任务在某一工艺设备上加工时,产生的环境影响会违反这些法规、条例,或依据经验判断该加工将产生较严重的环境影响,则不能安排该加工任务在此工艺设备上加工。参考各种环境影响系数矩阵,可建立各种相关的约束。

在固体废弃物排放影响 W、废气 G、废液 O、噪声 L 以及加工安全性 H 等环境影响的约束下,记能加工任务 j 的工艺设备集合分别为:W_j、G_j、O_j、L_j、H_j,则能加工任务 j 的工艺设备集合为:$A_j = \{W_j \bigcap G_j \bigcap O_j \bigcap L_j \bigcap H_j\}$。引入一个 $0 \sim 1$ 变量对环境影响进行约束,则环境影响的约束 EI_{ij} 可表示为

$$\mathrm{EI}_{ij} = \begin{cases} 0, & i \notin A_j \\ 1, & i \in A_j \end{cases}, \quad A_j = \{W_j \bigcap G_j \bigcap O_j \bigcap L_j \bigcap H_j\} \tag{4.57}$$

2) 模型的建立

考虑该环境影响的约束,建立以最小化最大完成时间(makespan)为优化目标的第一步优化子模型如下:

子模型 1:

$$T = \min \left(\max_m \sum_{j=1}^n x_{ij} \cdot t_j \cdot \mathrm{EI}_{ij} \right) \tag{4.58}$$

$$\mathrm{s.\,t.} \quad x_{ij} = 0,1 \quad (i = 1,2,\cdots,m; j = 1,2,\cdots,n) \tag{4.59}$$

$$\sum_{i=1}^m x_{ij} = 1, \ (j = 1,2,\cdots,n) \tag{4.60}$$

$$\mathrm{EI}_{ij} = \begin{cases} 0, & i \notin A_j \\ 1, & i \in A_j \end{cases}, \quad A_j = \{W_j \bigcap G_j \bigcap O_j \bigcap L_j \bigcap H_j\} \tag{4.61}$$

子模型 1 的最优解保证了调度方案的时间最小化,以及环境影响的约束,在该约束下,以能量消耗的最小化为目标,建立子模型 2 如下:

子模型 2:

$$\min \left(\sum_{i=1}^m \sum_{j=1}^n x'_{ij} \cdot e_{ij} \cdot \mathrm{EI}_{ij} \right) \tag{4.62}$$

$$\mathrm{s.\,t.} \quad \min \left(\max \sum_{j=1}^n x'_{ij} \cdot t_j \cdot \mathrm{EI}_{ij} \right) \leqslant T \tag{4.63}$$

$$x'_{ij} = 0,1 \ (i = 1,2,\cdots,m; j = 1,2,\cdots,n) \tag{4.64}$$

$$\sum_{i=1}^{m} x'_{ij} = 1, \ (j = 1,2,\cdots,n) \tag{4.65}$$

$$EI_{ij} = \begin{cases} 0, \ i \notin A_j \\ 1, \ i \in A_j \end{cases}, \quad A_j = \{W_j \cap G_j \cap O_j \cap L_j \cap H_j\} \tag{4.66}$$

某机械加工厂的齿轮加工车间需要对一批齿轮零件进行滚齿加工,包括 7 种不同的加工任务,该车间有 5 台滚齿机可用于调度,分别是:Y3180H、YB3120、YKB3120A、YKX3132、YKS3120。根据相关数据,采用基本的遗传算法对上述案例进行求解,所得最优解见表 4.10。在环境影响约束下,子模型 1 解得调度问题的 makespan 的最优解为 28.25m;在该时间最优解的约束下,由子模型 2 求得调度问题中的能量最小化的解为 6.65kW·h。与表 4.10 中产生最大能量消耗值的方案相比,从整个机械加工系统的能量消耗总和来看,在相同的加工完成时间内,前者调度方案中的能量消耗总量比后者调度方案的能量消耗总量减少 1.88 kW·h。

表 4.10　调度方案的对比分析

	调度方案		makespan/min	能量消耗/(kW·h)
最小能量消耗方案	加工任务 1	YKX3132	28.25	6.65
	加工任务 2	Y3180H		
	加工任务 3	YB3120		
	加工任务 4	YKB3120A		
	加工任务 5	YKX3132		
	加工任务 6	YKB3120A		
	加工任务 7	YKS3120		
最大能量消耗方案	加工任务 1	YB3120	28.25	8.53
	加工任务 2	Y3180H		
	加工任务 3	YKS3120		
	加工任务 4	Y3180H		
	加工任务 5	YB3120		
	加工任务 6	YKX3132		
	加工任务 7	YKX3132		

在两种方案下,对每台机床产生能量消耗的值进行比较,尽管最小能量消耗方案在机床 YB3120 和机床 YKB3120A 上产生的能量消耗比最大调度方案在此机床上产生的能量消耗大,但其余机床的能量消耗的值,前者调度方案均明显小于后者调度方案。这仅仅是在加工 7 个零件下产生的能量消耗差异,如果考虑长期批量的生产,采用该模型进行调度方案的安排,节约的能量消耗量则是一个不可忽视

的数值。

4.6　绿色制造系统的过程优化支持系统

由于绿色制造是一个新的领域,绿色制造的理论方法需通过信息化技术得以实施运行,需开发一大批绿色制造方面的软件工具,这些信息化软件工具的开发还可能形成一个新的软件产业。这些软件工具的开发也必将推动绿色制造在企业中的实施。

制造数字化和绿色化是制造系统在不同层面、不同角度的创新,二者互为补充。一方面制造的数字化可以为制造绿色化提供一系列的支撑工具,推动其进一步的研究和应用;另一方面制造绿色化进一步拓宽了制造数字化的内涵和数字化技术的应用领域。二者之间的关系可以用图 4.10 描述。

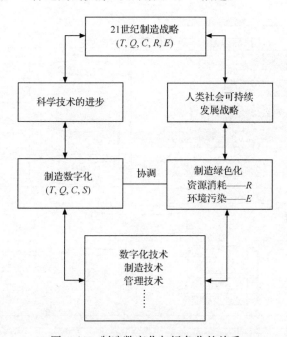

图 4.10　制造数字化与绿色化的关系

本章对绿色制造系统的过程优化支持原型系统进行研究,利用信息技术,以知识库和数据库为支撑,实现本地或远程的绿色制造系统优化。

4.6.1　绿色制造系统的过程优化支持系统的体系结构

在信息化技术的支持下,基于将绿色制造管理和技术的功能特征数字化、信息化的思想,构建绿色制造系统的过程优化支持系统的一种体系结构。该结构应具有以下特性：

（1）能将各种数据集成于一个可靠的、有意义的数据库中。数据库结构应能从分布的数据库中收集、存储和检索数据，其结构应是开放的。

（2）数据库、知识库和模型库应能支持将数据转换为知识以用于决策制定，在决策过程中，通过人机交互作用，发挥决策者的经验和判断，把定量研究和定性分析紧密结合在一起。

（3）能对生产过程物料的消耗状况、生产过程能源消耗状况和环境污染状况等进行评估，其结果也可通过网络来访问。

绿色制造系统过程优化支持系统的体系结构由支撑层、数据层、应用层和用户层组成，如图 4.11 所示。

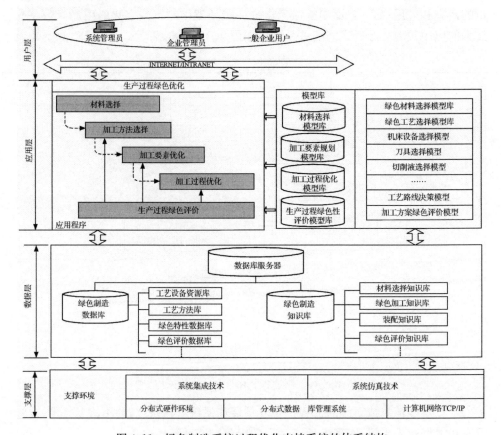

图 4.11　绿色制造系统过程优化支持系统的体系结构

（1）用户层中的用户分为三种类型：系统管理员、企业管理员、一般企业用户。系统管理员有系统的最高权限，主要包括授权新企业管理用户，删除或修改已授权企业管理用户的基本信息和模块使用权限。企业管理员在注册并经过系统管理员授权后,可以添加新的一般企业用户以及对企业基本信息进行修改。一般企业用户在经企业管理员授权后,可以对授权模块或功能进行操作。

（2）应用层主要由模型库和应用程序组成。模型库包括材料选择模型库、加工方法选择模型库、加工要素优化模型库、加工过程优化模型库以及生产过程绿色性评价模型库,各个模型库由完成不同功能的子模型组成。应用程序根据不同的决策需求,调用相应的子模型进行绿色性分析和评价。

① 材料选择模块:就是要在产品设计中尽可能选用对生态环境影响小的材料,即选用绿色材料。

② 加工方法选择:针对特定的加工对象,综合考虑加工成本、加工质量和生产时间以及资源消耗和环境影响,选择出与加工对象所需的各种特征属性要求相匹配的加工方法,并力求达到优质、高效、清洁、低耗。

③ 加工过程优化:包括加工要素的绿色优化选择技术、工艺路线绿色规划技术、生产过程绿色优化调度技术等,通过对生产过程加工要素、加工过程和加工方案等进行决策和优化,改善生产过程中的资源消耗和环境影响。

④ 生产过程绿色性评价:根据规范化的评价流程和评价标准,对制造企业生产过程资源环境特性进行综合评价,获得科学和实用的评价结果,生成最终评价报告,提高评价效率,减少评价成本。

（3）数据层由绿色制造数据库和知识库构成。绿色制造数据库主要包括工艺设备资源库、工艺方法数据库、绿色特性数据库、绿色评价数据库等等。绿色制造知识库主要包括产品设计知识库、绿色加工知识库、装配知识库和评价知识库等。数据层给应用层提供各种必要的绿色特性数据和知识。

（4）支撑环境层:生产过程绿色化运行需要大量数据库如材料选择、工艺规程、绿色特性数据库以及相关的知识库和评价方法库。为此,系统采用分布式数据库管理系统。此外,模式的运行还需要集成技术、仿真技术以及网络协议。

4.6.2　绿色制造系统的过程优化支持系统数据库构建

数据库管理模块主要是对整个系统中所涉及的数据库进行管理。管理员能够根据不同的权限进行相应的操作。从程序开发的角度来看,数据库管理系统具备查询、修改、删除、添加等功能。

绿色制造系统的过程优化数据库是生产过程优化应用支持系统的基础。该数据库的特点是根据生产过程中绿色优化的目标,在考虑了加工时间、加工质量和加工成本的基础上,还加入了生产过程规划中资源消耗和环境影响的相关数据。该系统的生产过程绿色规划数据库主要包括工艺方法数据库,工艺设备、工艺装备、工艺辅助物料绿色特性数据库和绿色工艺方案 4 个主要的数据库。

1) 工艺方法绿色特性数据库

工艺方法数据库又分为工艺特性数据库和工艺清单数据库。工艺特性数据库主要提供工艺方法的资源环境特性分析报告,工艺清单数据库则提供工艺清单分析表格,表格中包括了评价工艺方法绿色特性的各类指标及相关的量化方法。由于工艺方法的种类很多,对所有的工艺方法都进行研究是不切实际的。因此工艺方法数据库的建立是根据现行的行业标准(JB/T5992—92),将制造工艺分为铸造、压力加工、焊接、切削加工、特种加工、热处理、覆盖层、装配与包装以及其他 9 大类,分别从每个大类工艺中,选取典型的工艺方法进行研究。例如,从切削加工工艺中选择滚齿加工工艺,从资源消耗、环境污染和职业健康与安全方面进行分析,建立起该工艺的资源环境特性分析报告。同时,针对滚齿加工中的各种资源环境影响,主要包括加工齿轮原材料的消耗,滚刀、切削液、工装等辅助原材料消耗,电能等能量消耗,油雾、刺激性气味、粉尘等大气污染,切削废液、机床漏油等水污染,铁屑等废弃物污染,以及噪声、操作安全性等职业健康危害七个方面,建立滚齿加工工艺的工艺清单分析表。

2) 工艺设备绿色特性数据库

工艺设备是指能够完成加工过程的设备,如切削加工中的机床设备。由于同一个加工方法可以由多种不同型号甚至不同原理的加工设备执行,而且由于加工设备是实施加工过程的主体,对加工过程的资源消耗、环境污染和职业健康与安全等有着重要影响。工艺设备的绿色特性包括两个方面:一方面是指工艺设备作为一种产品首先应该符合绿色要求,即其自身的原材料、设计、制造、运输、报废处理等过程应该符合绿色要求;另一方面则是工艺设备在工件加工过程中应该符合绿色要求。以机床数据库为例,参照我国机械工程手册的标准,根据机床加工方式、加工对象或主要用途对机床进行分类,并同时考虑工艺方法数据库中的工艺方法,从分类的机床中选出具有典型性的机床进行研究。机床数据库提供了机床的尺寸参数、动力参数等基本参数,以及机床的辅助加工时间、机床的精度等级、切屑回收情况、切削烟雾的处理、操作的安全性等绿色特性参数。例如:加工机床的数据库字段中除了提供机床的型号、最大加工模数、最大加工转速、最大装刀直径和长度、功率等数据外,还增加了切屑回收情况,烟雾处理情况,操作安全性等绿色特性方面的数据字段。

3) 工艺装备绿色特性数据库

工艺装备也是影响加工过程的一个主要因素,在某种程度上会限制或者提升工艺设备的绿色特性。不同的工艺设备所需要的工艺装备有所不同。以切削加工为例主要是刀具、夹具和量具。类似于工艺设备,工艺装备的绿色特性也包括两个方面,即产品全生命周期的绿色特性和工艺装备在工艺过程的绿色特性。刀具数据库包括不同用途、不同材料的刀具基本参数以及绿色特性分析的相关数据。根据刀具的用途和加工方法可以将刀具分为八大类,然后根据每类刀具常用材料的不同进行研究。刀具数据库提供的绿色特性分析指标包括刀具的主要几何参数、加工精度、刀具的成本、刀具的磨损量等。以滚刀为例,刀具数据库中包括了滚刀的名称、模数、加工精度、压力角、刀具头数、可回收处理性、能否干切、刀具材料的毒性等方面的数据。

　　4) 工艺辅助物料绿色特性数据库

　　工艺辅助物料通常是指加工过程中所采用的催化剂等化学物质,这些物质往往具有多方面的环境危害性,如易燃、有毒、挥发、环境污染等。如切削加工过程中的切削液是加工过程中造成环境污染和职业健康与安全危害的主要源头之一。切削液在使用过程中对环境产生的影响较大,根据加工方法和加工材料的不同,将切削液分为:润滑性不强的化学合成液,润滑性较好的化学合成液,普通乳化液,极压乳化液,普通切削油,煤油,含硫、含氯的极压切削油(或植物油和矿物油的复合油),含硫氯、氯磷或硫氯磷的极压切削油等七类。切削液数据库的建立,是从各类切削液中选取具有代表性的切削液进行研究,并按照油基切削液和水基切削液分别进行构建。根据两种类型切削液的性能参数的不同,油基切削液表中包括了切削液名称、黏度、闪点、腐蚀性、适用材质、适用工艺、性能、毒性等方面的数据,水基切削液表中则提供切削液名称、稀释液类型、pH(10%)、防锈性能、适用材质、适用工艺、性能、毒性等方面的数据。

　　5) 典型绿色工艺方案数据库

　　典型绿色工艺方案数据库是进行制造系统过程优化的重要参考样本,具有重要的参考价值。

4.6.3　绿色制造系统的过程优化支持系统模型库构建

　　绿色制造系统的过程优化实际上是一个很复杂的问题,涉及多个方面的因素,且各个方面的因素又会产生相互影响。模型库的设计是基于生产过程优化中的加工要素、加工过程和加工方案三个层次,将生产过程绿色优化分解为局部的加工要素优化,以及全局的加工过程优化和加工方案绿色性评价,建立起相应的评价模型,从而达到对整个生产过程优化进行评价的目的。

1. 加工要素优化模型库

　　加工要素优化是指机械加工工艺过程中所涉及的机床设备、刀具、切削液、夹具和量具等的优化选择。由于在各个加工要素中,相比较而言,夹具和量具的选择对加工过程中的绿色特性的影响较小,因此,加工要素优化模型库的构建主要包括机床设备、刀具和切削液模型。

　　该模块包括铸造、压力加工、焊接、切削加工、特种加工、热处理、覆盖层等工艺类别,各个工艺类别又包括若干工艺小类,构成了一个丰富的工艺集合。每种工艺都包含若干加工要素,如切削加工包括机床、刀具、切削液等加工要素。绿色制造系统的过程优化中加工要素选择模块的主页面如图 4.12 所示。

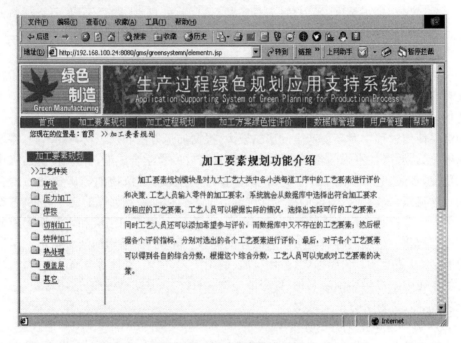

图 4.12　加工要素模块页面

以齿轮加工中的机床设备选择为例对该模块的应用进行说明。机床设备选择模块包括两个子模块:备选机床方案查询模块、方案选择模块。工艺人员输入零件图号、基本参数,系统就会从机床数据库中选出符合加工要求的机床。工艺人员可以根据实际情况,选择出切实可行的机床(如工厂现有的,或可以进行购买的机床),同时工艺人员还可以添加希望参与评价而数据库中又不存在的机床。该模块的 IPO 图如图 4.13 所示。

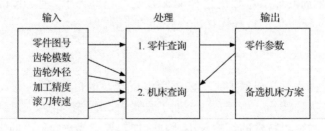

图 4.13　备选机床查询模块的 IPO 图

在选出若干可行的备选机床方案后,工艺人员通过输入各个评价指标值(如加工时间、资源消耗等),分别对选出的各个机床进行评价,最后,对于各个机床可以得到各自的综合分数。根据这个综合分数,工艺人员可以完成对机床的决策(如根据各个机床的综合分数,选择出相对最满意的机床)。

例如某工厂需要加工一批齿轮零件,齿轮的基本参数:齿形为圆柱直齿轮;材料为 45;模数为 4;齿数为 38;外径为 Φ160;切齿宽度为 24;精度等级为 6-6-7(GB10095—88)。可以从工厂机床设备数据库中得出滚齿机方案有:YB3120、YKX3132M、YKB3120A、Y3180H、Y3150E 等 5 种。

2. 加工过程优化模型库

加工过程优化就是对零件加工过程的绿色特性进行优化决策。在机械加工过程中,通常会产生大量的能量消耗,以及对整个加工车间的环境产生影响,特别是噪声的污染。加工过程优化模型库的构建主要从两个方面进行考虑,一方面是对工艺路线进行优化的模型,另一方面是以减少加工中的能耗和噪声污染为目标,进行车间作业的优化调度的模型。生产过程绿色规划中加工过程优化模块的主页面如图 4.14 所示。

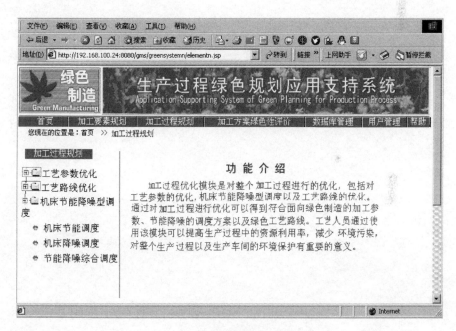

图 4.14 加工过程优化模块页面

结合某齿轮加工过程对零件工艺路线优化模块进行介绍。该模块主要是通过输入零件的基本信息,诸如零件类型、零件加工精度等级、零件材料、毛坯类型、热处理方式,从实例库中搜索与新零件匹配的实例,并对实例工艺信息进行筛选,保留对新零件有用的信息,去掉无用的信息,对实例工艺信息筛选的结果进行检查和修正,使筛选结果更适合新零件加工,然后对所获得的新零件的加工方案进行绿色性评价,遴选出最优方案,最后得到新零件完整的工艺路线信息、绿色综合评价值以及加工该新零件对应的工装。如果新零件的工艺路线可能用于以后与之相似的问题的求解,则可将该零件的有关信息作为一个实例存入实例库中,辅助工艺人员为新零件找出符合工艺要求并且资源消耗少和环境影响小的工艺路线。

4.7　本章小结

绿色制造系统过程优化技术是绿色制造实施的关键技术之一,它对于减少生产过程中的资源消耗和废弃物的排放具有重要意义。本章阐述了绿色制造系统过程优化技术的内涵、理论模型和技术体系,构建了理论模型向应用模型转化的方法。并在此基础上建立了面向绿色制造的材料选择方法、面向绿色制造的工艺方法选择模型、面向绿色制造的工艺设备选择模型和面向制造系统的工艺路线选择模型,并分别给出了案例进行验证。最后介绍了绿色制造系统的过程优化支持系统。

第 5 章　机械制造企业绿色制造系统工程实践

机械制造企业作为实现产品集成的前端,在实现产品周期上起着决定作用。机械制造企业具有设备多、零件加工流程复杂、制造过程资源消耗和环境影响复杂等特点,绿色制造技术的实施与应用是一个复杂的系统工程。

本书是对国家"十一五"科技支撑计划项目"制造企业生产过程绿色规划与优化运行技术"部分研究成果的总结,并在阀门制造系统进行了初步应用。本章以阀门绿色制造系统为研究对象,提出了阀门绿色制造系统工程实施的总体方案与技术框架,对降低生产过程资源消耗、减少环境污染、实现清洁化生产的关键支持技术和初步解决方案进行了研究和实践。

5.1　机械制造企业绿色制造系统工程研究概述

机械制造业是国民经济的基础性产业,消耗大量有限资源并造成严重的环境污染。促进绿色制造技术的发展和绿色制造模式的实施,降低机械制造生产过程中的资源能源消耗,减少环境污染和排放,保护生产人员的身体健康和安全,是机械制造行业应对国内外资源环境形势的严峻挑战、实现行业稳定可持续发展的根本要求。

机械加工系统是机械制造企业实现物能资源转换功能的主要执行系统,是一种以机床为主体构成的将原材料或半成品进行机械加工制造,将其改变形状或性能,使其形成产品或半成品(包括由半成品加工制造后的进一步半成品)的输入输出系统。它包括由若干机床和辅助装备组成的制造单元、制造车间和生产线等。机械加工系统将加工资源转变为产品或半成品的加工制造过程是一个资源的增值过程。但是,机械加工系统在将加工资源转变为产品或半成品的加工制造过程中,也同时产生了两大附加问题,一是资源消耗问题,一是环境影响问题。

随着环境法律、法规的日趋严格以及公众环境意识的增强,国内外学术界和工业界对机械加工系统的单方面的绿色制造技术,如绿色设计、绿色制造工艺与装备等进行了研究,并取得了一定的研究成果,但缺乏从系统的角度来研究机械加工系统的资源环境属性问题[89]。

本章从系统科学与系统工程的角度,对机械制造企业实施绿色制造问题进行了研究,提出了一种四层结构的机械加工车间绿色制造系统工程运行模型[90],如图 5.1 所示。

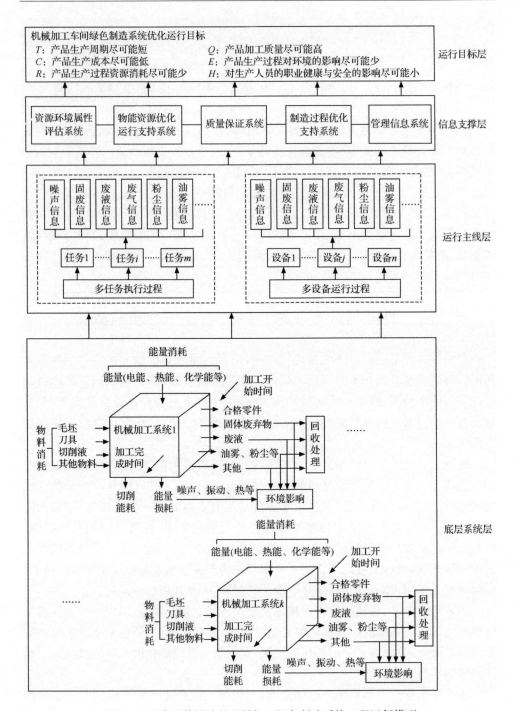

图 5.1　面向环境影响的机械加工绿色制造系统工程运行模型

第一层运行目标层包括"T、Q、C、R、E、H"六大运行目标。即期望机械加工车间在运行过程中实现进度快、质量好、成本低、资源消耗低、环境影响小以及安全性好,最终达到经济效益和社会效益协调优化。第二层信息支撑层包括支持机械加工车间目标决策的各种信息系统以及相关支撑技术,信息系统包括资源环境属性评估系统、物能资源优化运行支持系统、质量保证系统、制造过程优化支持系统、管理信息系统等。第三层运行主线层包括两条运行主线,即多任务执行过程和多设备运行过程两大主线。第四层底层系统层包含若干机械加工系统的资源环境过程。

四层结构之间的关系非常紧密,形成一个有机的整体。机械加工车间优化运行首先需要解决的问题就是确定运行目标以及动力所在,否则就会失去方向性,因此第一层是机械加工车间优化运行目标,是可持续发展战略在机械加工行业的车间层的直接体现。第二层是第一层战略目标的信息支撑层,为考虑了绿色性优化运行目标的机械加工车间运行提供技术支撑。第三层运行主线层是机械加工车间优化运行在资源环境方面的体现。第四层底层系统层是模型基础,是整个模型的运行主体。

下面以阀门绿色制造系统工程的实施为例,对机械制造企业车间绿色制造系统工程运行模型的应用进行详细的论述。

5.2　阀门绿色制造系统工程实施的总体方案及技术框架

5.2.1　阀门绿色制造系统工程实施的背景

某集团阀门制造企业始建于1954年,是新中国成立初期重点投资兴建的大型机械制造企业之一,是集设计开发、制造安装、维修服务于一体的专业阀门生产企业,生产规模已达年产各类阀门近万只,成品总重近千吨,销售收入近亿元。该阀门制造企业的生产车间主要承担阀门主要零部件,如阀体、阀瓣、阀座、阀杆、填料室、填料压盖、压板等零件的机械加工、焊接热处理以及阀门的总装、试验等工作。该企业生产的主要产品有:闸阀、堵阀、弹簧安全阀、截止阀、料浆阀、止回阀、调节阀、排污阀、蝶阀、球阀、减温减压装置等1000余个品种和规格。公司车间面积约4807m²,布置有铣床、磨床、车床、钻床、镗床、刨床、插床等各式切削加工机床;清洗、装配、水压密封性测试、水压强度测试、安全阀的冷态、热态测试以及调节阀的性能测试装备;焊接设备主要是各式手工电弧焊机、氩弧焊机与堆焊机床;热处理设备包括3套台车电炉及除尘设备;另外还有桥式起重机与手工喷漆设备。制造车间的工艺装备布局是以满足中等批量订单生产需要为主要特点,按照机床类型进行分区布置的机床集群布局。

由于建厂时间较早,该企业的工艺过程、物流过程、生产管理过程等生产过程的各个环节在设计建设初期较少考虑绿色制造原则。因此,在阀门产品的生产过程中产生了一系列的资源消耗和环境排放问题[91]。

该车间制造系统的资源消耗问题主要表现在以下几方面:

(1) 能源消耗。机床、刀具等加工装备老化,精度低而能耗高;机床在车间中的布局不合理,物流强度大使得物料运输消耗的电能增加;热处理设备保温结构不合理,导致天然气消耗量大。

(2) 物料资源消耗。毛坯准备阶段,使用锻造和铸造毛坯的材料利用率较低,尤其锻件毛坯敷料金属材料损耗大,产生大量金属切屑;装配试验作业区布局设计不合理,无水循环系统,产品总成后水压试验的水资源消耗严重。

车间制造系统环境排放问题主要表现在以下几个方面:

(1) 固体排放物影响车间工作环境。由于没有采用精密毛坯,机械加工过程中产生大量金属切屑,没有自动收集和分选处理措施,手工转运过程中金属碎屑及沾染其上的油污将污染车间环境。铸锻件毛坯表面打磨抛光、阀瓣阀座密封面焊接面研磨、刃磨刀具等工艺中产生的金属颗粒和粉尘弥散于车间的作业空间中,对生产环境造成恶劣影响。

(2) 液体排放物缺乏有效的管理和控制。主要是机械加工过程中使用的大量切削液缺乏有效的领用监管措施和回收处置方法,造成废弃切削液在生产过程中泄露大、损耗大,泄露损耗的切削废液对车间及周边环境产生不良影响。

(3) 气体排放物污染严重。焊接作业区由于没有安装通风排气或除尘设备,焊接作业产生的大量电焊烟尘,严重污染车间生产环境。油漆涂装作业区由于采用敞开式作业,油漆挥发气体如苯、甲苯、二甲苯等有毒有害气体直接排放于车间工作环境中,对人体职业健康产生危害。机械切削加工过程中使用的切削液,主要是皂化液和硫化油等,在切削区的高温作用下也会产生一定量的油雾污染。

(4) 其他物理排放对车间环境的污染。主要是车间机械加工作业区大量机床同时工作时产生的噪音,以及部分阀门产品在高压试水作业时产生的巨大噪音。其他物理排放还包括焊接作业产生的强烈电弧光等。

此外,机械制造车间在车间结构、工艺装备和生产过程管理方面同样存在一些问题,主要表现在以下几个方面:

(1) 生产场地面积不足,严重制约了生产规模的发展。现有生产面积不足,且无发展余地,造成工艺流程过长,物料及能源消耗较大,生产成本增加。目前现有生产厂房和设备的生产能力最大能满足年产 1000t 阀门的生产需求,其生产工艺布局和车间布局也因生产规模的逐年扩展而显的不够合理,难以有序地开展生产,影响了产品质量和生产效率的提高。随着公司生产规模的进一步扩大,工艺装备的增加,生产场地面积不足的矛盾更为突出。

(2) 工艺装备能力不足,制约了生产能力的发展。现有的工艺设备在技术规格上只能满足常规亚临界参数电站阀门的生产制造,缺乏核电和超临界(超超临界)参数阀门的加工工艺手段和试验手段。核电和超(超)临界阀门对零件的尺寸精度和形位公差有更高的要求,现有加工设备和检测设备不能满足需求,成为企业发展的瓶颈。

(3) 设备老化,数控加工设备过少,影响了产品质量和生产效率的提高。公司现有设备大多为常规设备,部分设备已服役数十年,已进入事故多发期。数控加工设备仅有两台数控车床,在加工装备中所占比例过小。机制车间装备的生产能力无法满足核电和超临界阀门的制造需求。

(4) 车间结构和工艺装备布局不符合绿色生产的要求。制造核电阀门需设立封闭的清洁车间和产品存放区,对生产工艺中各道工序的加工环境要求较高。而现有厂房已没有用来建造清洁车间的场地,机制车间在过去的技术改造中也都未能考虑核电阀门的生产制造需求,因此在现有基础上进行改造使之符合核电产品绿色生产要求是不可能的。随着生产规模的不断发展,特别是产品的规格不断增大,产品的重量也随之变大,车间内的运输道路和运输设备无法满足重型零件的生产要求。装配和涂装工作区以及原材料、成品堆放区的布局规划没有完全按照产品的工艺流程顺次布置,造成加工制造、装配试水、研磨修配等工艺环节的物料重复运输,物流运行能耗及成本增加。

(5) 车间绿色工艺装备应用少,制约了清洁生产能力的提高。机械加工作业区很少应用封闭工作台的数控机床,也没有配套使用少无切削液的工艺装备。加工机床产生的油气烟雾没有相应的处理措施,研磨机床没有配套粉尘收集和处理设备。焊接和热处理作业区没有安装除尘设备,焊接热处理操作中产生的烟尘基本没有采取处理措施。由于加工机床只有极少数数控设备,车间信息化水平较低,无法实现机床和车间的综合节能降噪。试压设备的水资源消耗巨大,在装配试水工作区没有相应的节水设备,水循环系统设计相对简单,造成试压过程中水资源浪费严重。对于一些特定阀门产品的试压操作,还存在噪音过大的环境问题。部分泵水台设备老化,达不到使用要求。缺少调节阀的试验设备,无法进行出厂试验工作。涂装作业区没有封闭空间,油漆工艺采用敞开式作业,作业过程中产生大量的苯等有害挥发气体。车间既没有合理的通风条件,也没有相应的有害气体处理设备,对车间的空间环境产生极大的负面影响。

(6) 生产过程管理不到位导致大量切屑和废弃切削液无法得到及时有效的处理。由于材料利用率不高,机加工过程中产生大量切屑。车间没有设计安装中央切屑处理系统,无法分拣和有效处理金属切屑。生产过程中使用大量切削液,而车间对切削液的领用、使用、回收等环节监管措施不到位,废弃的切削液无法完全回收,对车间周边环境造成污染。产品装配前的零件清洗采用手工清洗,工人劳动强度高,生产效率低,产品质量难以保证,清洗后的废液处理措施不完善,监管不到位。

　　随着国家推进实施多元化能源供应战略,该阀门企业面临核级亚临界、超(超)临界核电阀门制造及石油化工等行业高端阀门市场的挑战。同时,由于国家在"十一五"期间实施产业结构调整战略,对机械制造企业生产过程的资源消耗和环境影响提出了更高的限制性要求。作为专业设计制造电站阀门系列产品和成套设备的国有重点企业,阀门企业与我国大多数同期建设的国有大中型机械制造企业一样,迫切需要在现有生产条件的基础上,应用绿色制造系统工程的理论和方法,研究车间制造系统的资源能源消耗特性、环境影响因素和生产运行方式,全面开展绿色制造系统工程建设,以期解决那些长期制约企业可持续发展的资源环境问题。

　　为了实现企业的可持续发展,该集团公司做出了异地搬迁、新建厂房的战略规划。以此为契机,该阀门企业参与了国家"十一五"科技支撑计划项目"制造企业生产过程绿色规划与优化运行技术"的研究。本书的研究成果在该阀门企业异地搬迁新建中进行了应用,本书对该企业实施绿色制造系统工程的具体过程进行说明。

5.2.2　阀门绿色制造系统工程实施的总体方案

　　根据阀门企业的调研分析,造成阀门制造系统资源环境问题的根本原因可以归结为以下两点:

　　(1)产品生产工艺过程的规划设计较少考虑资源环境因素,工序工步内容的绿色评价水平普遍不高,从而造成后续制造加工环节的资源消耗较大,环境污染问题突出。制造车间中的加工装备以传统机床为主,信息化程度不高,在这些装备上进行的制造过程不便于监控管理。制造车间中节能降耗的新型生产装备应用少,对生产工艺过程中产生的大量排放物,没有形成有效的管理和控制。

　　(2)与产品工艺流程相适应的车间厂房布局、物流能流运行方式,以及车间中为生产过程服务的加工装备、制造资源等生产要素,都不符合车间绿色规划要求。在现有的生产工艺过程中,产品的工艺路线、机床设备的安装布局、物流运行方式等都是按照五六十年代的老厂房老设备制定的。当初的设计规划未能考虑到现代制造企业的发展需求和实际变化,根本不可能过多考虑节能降耗、减污降噪等资源环境问题。

　　阀门绿色制造系统工程的实施主要围绕这两方面的问题展开研究。从典型产品制造过程的绿色规划入手,对典型产品制造过程中绿色性指标不佳的工艺环节和生产资源要素进行优化重组。通过不同产品加工工艺与制造资源之间在车间层面的关联关系,对车间制造系统进行分析,获取能够优化配置资源和抑制物能消耗的车间规划方案及工艺装备布局[92]。阀门绿色制造系统工程实施的总体方案如图5.2所示。

　　阀门绿色制造系统工程的实施首先围绕制造车间典型产品制造工艺中涉及的资源环境属性,进行广泛的调研和数据采集,并详细分类和量化,构建车间的常用

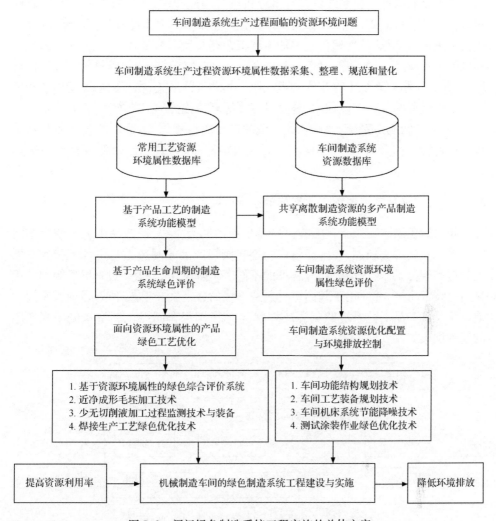

图 5.2　阀门绿色制造系统工程实施的总体方案

工艺资源环境属性数据库；对机械制造车间的机床、刀具、夹具等机械加工装备、车间各工位的产品加工物料，以及电、天然气等能源介质和切削液等生产辅料的日常使用情况进行报表统计，建立车间系统的制造资源数据库；在此基础上建立阀门制造工艺功能模型，对典型阀门制造工艺的资源环境属性进行分析和评价，对各工艺要素及制造资源进行优化配置；将车间范围内的所有装备和工作时间等制造资源视作各产品制造系统间发生联系的环境边界，建立车间制造系统的资源配置与环境排放模型，对生产车间的能量及物质运行方式进行分析和模拟，对整个车间制造系统内的制造资源进行分析、量化、配置和优化，对其产生的环境影响和排放进行控制、约束和循环使用。

基于以上绿色制造系统资源环境分析模型,开发基于环境资源属性的生产过程综合评价支持系统,辅助完成对生产工艺方案及生产要素配置的资源环境评估、优化和决策;针对绿色性评价较差的生产工艺环节和工艺要素,开发新的工艺方法和原型装备,在实际的生产制造过程中充分实现节材节能、降耗减排的系统优化目标;采取绿色制造系统工程实践和理论研究相结合的思想,在车间层面运用生产任务和制造资源的优化调度技术,整合具有资源环境优势的工艺方法、工艺装备和车间布局,对车间制造系统的物质、能量资源进行重组规划,对系统能量耗散和物质排放进行管控和重用,实现车间制造系统节能降噪、高效物流及低碳排放的优化目标。

5.2.3　阀门绿色制造系统工程实施的技术框架

阀门绿色制造系统工程实施以产品生命周期为主线,对产品工艺系统和车间制造系统实施源头控制,在生产过程初期对阀门产品的制造工艺设计进行生命周期分析和管控,针对产品生产过程中的不同工艺阶段,开展生产过程绿色规划及优化运行技术研究,并应用于阀门绿色制造系统的各个生产工艺环节,以改善车间制造系统及其产品工艺系统的资源环境状况[93]。阀门车间绿色制造系统工程实施的技术框架如图 5.3 所示。

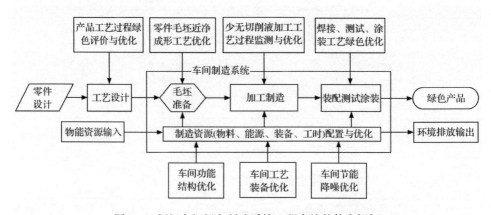

图 5.3　阀门车间绿色制造系统工程实施的技术框架

在产品工艺设计阶段,根据已建立的车间生产过程资源环境分析模型,应用车间生产过程资源环境属性分析评价模型和方法,对机制车间各类产品的工序内容及相应的环境影响因子进行多层次绿色分析与评估,通过对工艺要素、工艺路线、工艺设备等的优化选择和决策,改善产品工艺设计,简化产品制造工艺流程,从工艺设计的角度避免环境友好性较差工艺的使用,对车间的生产过程进行优化。该方法在产品设计之初已将绿色设计信息反映到制造工艺中,通过绿色评价支持系统的信息转换和综合评估,将产品的设计转化为各零件的制造工艺信息,并实现对工艺信息绿色指标的评价和决策。通过对工艺资源环境属性库和制造过程资源数据库的检索,用资源环境属性评价更优的工艺方法替换绿色度不高的工艺流程、工艺方法、机床设备、刀具装备以及切削液使用方法,以实现典型产品制造工艺优化。

在产品的实物制造阶段,通过研究毛坯准备阶段、切削加工阶段和装配测试阶段不同的生产过程及其资源环境属性,重点以减少车间生产过程中产生的固体、液体、气体排放为目的,具有针对性地开发加工材料优化利用方法、少无切削液加工技术、焊接工艺以及测试涂装作业的绿色改造方法。通过整合具有资源环境优势的工艺方法、工艺装备和生产管理方式,研究生产车间的能量、物料流动的运行方式,综合分析车间机床系统的能量消耗过程和振动噪音,利用车间生产任务和工艺装备的系统优化技术,采取工程实践和理论研究相结合的思想,实现加工车间的节能降噪和低碳排放目标,建立生产过程符合绿色规划原则的绿色制造车间。

产品制造系统进一步分解得到零件制造系统,零件制造系统分解得到工序或工位制造系统。在这个层面的制造系统分析中,通过资源环境清单分析,对工序制造系统的资源输入和环境输出进行详细的记录和科学的量化。通过分析各产品各零件的工序制造系统之间所形成的工艺关系,建立车间系统层面的物流和能流结构及其数量关系。基于多产品制造资源配置的绿色制造系统工程架构从车间产品及零件各工序的资源环境清单分析入手,按照工艺、零件、产品、车间形成的递阶组织结构,用绿色制造系统工程的理论和方法,将车间生产活动中涉及的人员、技术、装备、时间、成本、质量、资源、生态和环境等诸多生产要素有机集成,对产品工艺系统和车间制造系统的制造资源实施源头控制,对机械产品的制造工艺过程进行生命周期分析和管控,实现机械制造系统与生态环境的整体优化,达到生产与生态和谐共进的企业目标。阀门企业绿色制造系统功能建模的技术框架如图5.4所示。

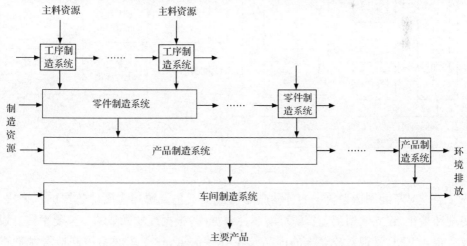

图 5.4　阀门企业绿色制造系统功能建模的技术框架

5.3　阀门绿色制造系统评价方法及应用

阀门是比较典型的订单驱动的用离散制造方式进行加工的机械产品,其生产过程涉及多种物料、能量、信息以及环境排放等,资源消耗种类多且不确定,环境排放分散,生产过程中各种信息之间的关系复杂。为了明确生产过程中的资源消耗和环境影响的状况,需要对阀门车间制造系统的产品工艺过程的物料流、能量流和环境排放流进行分析,为有效改善制造系统资源消耗和环境影响因素提供优化与决策的依据[94]。阀门绿色制造系统评价过程框架如图 5.5 所示。

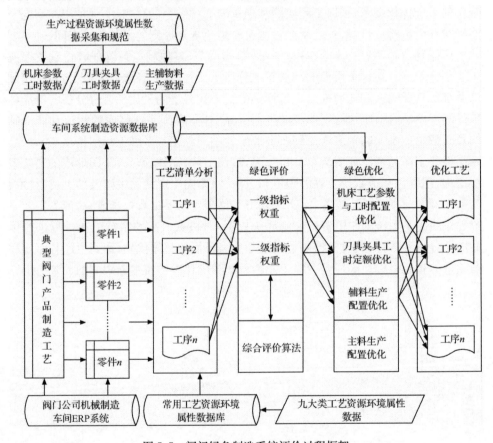

图 5.5　阀门绿色制造系统评价过程框架

通过对车间制造系统中的各种产品的加工工艺资源环境属性数据进行采集、整理和量化,建立常用工艺资源环境属性数据库;根据现场采集的工艺要素信息以及从企业 ERP 管理系统导出的产品及零部件信息,建立车间系统制造资源数据库。加工工艺数据是与工艺要素数据和产品零部件数据紧密相关的重要关系数据库,是构成车间制造系统制造资源数据库的重要组成部分;对每个典型产品加工工艺中的每一条工序内容进行绿色评价,评价依据和评价规则由常用工艺资源环境属性数据库提供;对于资源环境友好性较差的工艺环节,对工艺记录中的加工设备、刀具、夹具和切削液等主辅料工艺要素进行优化选择,改善机械加工工艺对环境资源的负面影响;通过绿色评价和优化决策后的绿色工艺方案再反馈至车间加工工艺数据库,更新加工车间的生产过程资源数据库;通过该系统在企业级层面的应用,有效协调企业设计、工艺和制造部门,及时发现产品工艺开发和生产过程中面临的各种资源环境问题,并能针对这些问题提供优化的解决方案,辅助工艺设计部门提高产品制造工艺的绿色性,有效实现生产过程节能减排的目标。

下面以阀门公司机械制造车间的典型产品 J61Y-20 DN40 型截止阀作为研究对象,具体阐述产品绿色制造系统评价与优化技术的实施。

5.3.1　典型阀门产品结构工艺分析

截止阀是该阀门企业的典型产品,由阀体、阀座、阀瓣等重要零件组成,图 5.6 所示为典型产品 J61Y-20 DN40 型截止阀及其结构简图,其零件明细如表 5.1 所示。该产品主要零部件生产工艺过程包括阀体、阀座、阀瓣等重要零件的毛坯准备、机械加工工艺、装配测试、涂装生产等环节。

主要部件 TA103B 阀体的结构模型如图 5.7 所示,其加工工艺路线如表 5.2 所示。

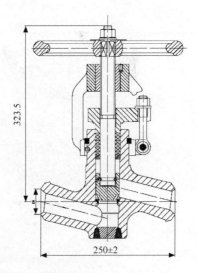

图 5.6　J61Y-20 DN40 型截止阀成品及其结构简图

表 5.1　J61Y-20 DN40 型截止阀零件明细表

序号	图号	名称	数量	材料	重量		备注
					单重/kg	总重/kg	
1	TA103B	阀体	1	装配件	8.195	8.195	自制件
2	GB/T71-1985	螺钉 M6×5	1	14H	0.001	0.001	标准件
3	TL011	填料座圈 No.3	1	2Cr13	0.08	0.08	自制件
4	TO071	半圆环 No.3	1	3Cr13	0.15	0.15	自制件
5	BSP-600	波型填料 28×48×8	6	橡胶	0.001	0.006	外购
6	TJ025	填料压盖 No.3	1	ZG230-450	1.96	1.96	自制件
7	TB025	支架	1	ZG230-450	3	3	自制件
8	TG016	阀杆螺母	1	QA19-4	1.3	1.3	自制件
9	WGF2406-1990	手轮 Φ280	1	HT20	6.8	6.8	标准件
10	WGF6919	标牌	1	L6	0.001	0.001	标准件
11	GB/T71-1985	螺钉 M6×12	1	14H	0.002	0.002	标准件
12	WGF2205-2003	螺母 M16	2	35	0.039	0.078	标准件
13	GB/T97.1-2002	垫圈 16	2	140HV	0.011	0.022	标准件
14	GB/T798-1988	螺栓 M16×90	2	5.6	0.184	0.368	标准件
15	TS002	销 B12×50	2	30CrMoA	0.04	0.08	自制件
16	TC073	阀杆	1	38CrMoAlA	1.78	1.78	自制件
17	GB/T308-2002	钢球 Φ4	20	3Cr13	0.0002	0.004	标准件
18	TD067	阀瓣	1	1Cr13	0.315	0.315	自制件
19	TE029	阀座	1	12Cr1MoV	0.457	0.457	自制件
20	TP096	闷盖	1	12Cr1MoV	0.15	0.15	自制件

图 5.7　TA103B 阀体零件结构模型

表 5.2　TA103B 截止阀阀体制造工艺规程

工序	工序内容	设备型号或工种	工具或装备	
			名称	规格编号
0	按 JB/T9626—1999《锅炉锻件技术条件》Ⅱ级锻件进行验收	铸件毛坯	无	无
1	划十字中心线,中法兰及两端面加工线	划线工	无	无
2	夹上部钻通孔 $\Phi36$,车下部外圆 $\Phi72$ 长 5mm(工艺尺寸)	C365L	无	无
3	调头校正粗精车端面、外圆 $\Phi80d11$,切槽、车内孔 $\Phi40D9$、$\Phi45_{+0.20}^{+0.20}$、$\Phi48H11$,倒角	C360	车夹具	7123-948
4	车下部内孔 $\Phi40_{-0.125}^{+0.125}$,$\Phi43$,$\Phi41_0^{+0.25}$ 及焊接坡口至尺寸	C360	无	无
5	钻两端斜孔(角度取正公差)	钻床	钻夹具	7321-910
6	车两端面、内斜孔及焊接坡口	C360	车夹具	7123-9101
7	划 $\Phi8_0^{+0.1}$ 孔位置线	划线工	无	无
8	钻 $\Phi8_0^{+0.1}$ 孔	钻工	无	无
9	去毛	钳工	无	无

5.3.2　典型阀门制造工艺的资源环境属性清单分析

　　阀门的生产过程主要包括锻、车、钻等工艺单元,将每个工艺单元作为一个制造子系统加以考虑,分析其产品、物料、能源、装备、时间、耗散及排放等系统组成,定量记录这些系统组成的输入输出量,建立工艺系统的功能模型。具体分析各工艺单元的输入和输出,其输入一般包括能量输入、原材料输入、辅助材料输入、其他物理输入等;输出是指固体、液体等废弃物的排放。在工艺单元功能模型分析的基础上,建立工艺过程清单表,并根据输入输出变量的量化数值,按照一定的评价目标计算规则进行量化打分,为生产过程资源环境影响评价提供量化分析的基础。以下以 J61Y-20 DN40 截止阀 TA103B 阀体的第三道工序,粗车外圆 $\Phi80d11$ 工序的车削工艺的资源环境属性清单分析为例,简要介绍阀门制造工艺清单分析模型的建立过程。

　　车削主要用于阀门端面和外圆加工,其中产品原材料主要以切屑和废品的形式消耗,因此其消耗量由产品零件工艺规划中所设定的车削余量及加工合格率决定。辅助物料的资源消耗主要包括机床和工装夹具的资源消耗、工具消耗、切削液消耗、润滑液消耗、冷却液消耗等,如图 5.8 所示。

　　车削加工中辅助资源消耗主要包括机床和工装夹具的资源消耗、工具消耗、切

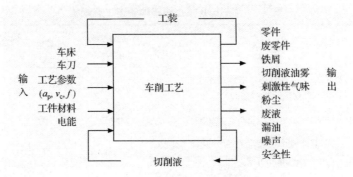

图 5.8　车削工艺的功能模型

削液消耗、润滑液消耗、冷却液消耗等[95]。从生产实践上来看,在某加工工序中,
机床和工装夹具的资源消耗正常情况下可以忽略不计,但是工装的复杂程度直接
影响生产效率和生产成本。故从工装的复杂程度来看,可将工装夹具的属性分为
使用复杂的专用夹具、使用简单的专用夹具和使用通用的夹具等。车削加工中工
具消耗主要是车刀、量具和砂轮的消耗。量具和砂轮的消耗非常少,可以忽略不
计。切削液是车削加工中消耗量较大的资源,有多种消耗形式。切削液的使用主
要是根据生产实际统计出实际用量。

　　环境影响主要包括废气影响、废液影响、固体废弃物、噪声、安全性和宜人性以
及其他如辐射、光照、震动等。由于车削加工中辐射、光照、震动等环境影响问题非
常微弱,可以忽略不计。

　　通过收集和计算现场的数据,得到车削工艺清单分析表,如表 5.3 所示。

表 5.3　车削工艺清单分析表

基本信息				
工序号	3	工序内容	粗车	
工艺条件		机床	C360	
		工艺参数	切削速度 v_c/(n·min^{-1})	160
			进给量 f/(mm·r^{-1})	2
			切深 a_p/mm	2
资源消耗与环境排放				
因子层 I		因子层 II	影响状况描述	
原材料消耗		45 钢量/(mm/kg)	0.273	
辅助材料消耗		车刀	4 把/月	
		切削液	没有使用	
		工装	通用夹具	

资源消耗与环境排放		
因子层 I	因子层 II	影响状况描述
能耗	电能/(E/kW·h)	5.5
空气污染排放	粉尘	较少
水污染排放	切削废液	没有使用
	漏油	一般严重
固体废弃物	铁屑量/(ms/kg)	0.234
其他污染	噪声/(L/dB)	91.5
职业健康与安全危害	操作安全性	有较多铁屑产生,无防护措施
备注		

依照类似的方法,利用各工艺清单模型,可以将零件各道工序的资源消耗和环境排放进行定量的描述,然后按照主料资源运行的工艺顺序,建立零件制造系统的功能模型。如图 5.9 所示,是 J61Y-20 DN40 型截止阀的主要阀体零件 TA103B 的零件制造系统功能模型。

将每道工序的输入变量叠加,可以得到完成该零件加工所需要的最低制造资源需求。由此可以建立 J61Y-20 DN40 型截止阀中每一个自制零件的功能模型。这些零件和外协、外购件通过装配工艺系统,形成部件或产品制造系统。通过对每一个零件及每一道装配工艺系统进行资源环境属性分析,可以明确了解一种产品在某一具体制造系统中的物能消耗及环境排放情况。这里需要指出的是,外协外购件仅是一种输入,并非构成产品制造系统的子系统。这些外协外购件在制造过程中产生的资源环境影响不计入本制造系统之内。在这里 J61Y-20 DN40 型截止阀的功能模型将其产品制造系统与外协外购件的零件制造系统完全区分开来,起到了界定不同制造系统资源环境数据统计范围的作用。J61Y-20 DN40 型截止阀的产品制造系统功能模型如图 5.10 所示。

将图 5.10 中所有子系统的输入变量叠加,得到整个 J61Y-20 DN40 型截止阀在该机制车间生产的制造资源总量。用同样的方法为阀门公司机制车间中生产的每一种产品建立其功能模型,然后将这些产品系统与输入车间系统的所有制造资源关联起来。这些制造资源包括车间的工艺装备及其使用工时、主辅物料、能源及其介质等。正是由于制造资源在产品、零件和工序制造系统中的流动、配置方式及由此形成的车间制造系统结构,才使得产品制造系统可以成为构成车间制造系统的子系统。基于上述思想,建立基于多产品制造资源配置的车间制造系统模型,为机械制造车间的整体优化提供系统工程学的原理和方法。车间制造系统功能模型如图 5.11 所示。

图 5.9　TA103B 阀体零件制造系统功能模型

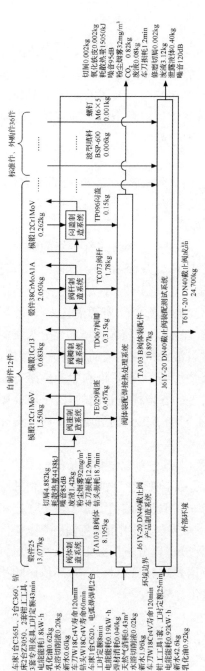

图 5.10　J61Y-20 DN40 型截止阀的产品制造系统功能模型

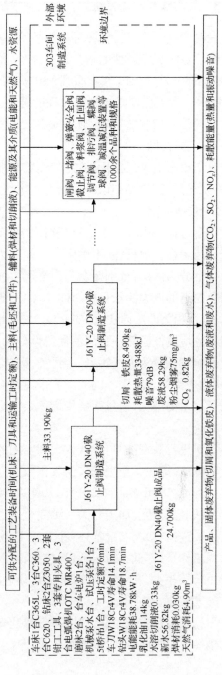

图 5.11　车间制造系统功能模型

5.3.3 阀门绿色制造系统评价模型及求解

在对产品工艺进行资源环境属性清单分析的基础上,通过模糊综合评价的方法对影响资源环境属性的指标进行评价,得到该产品及零件工艺过程的绿色度指标。以 J61Y-20 DN40 截止阀 TA103B 阀体为例,TA103B 阀体的加工工艺如表5.2 所示。为了得到阀体制造过程的绿色度,首先需要对单个工艺的资源环境属性进行评价,以阀体粗车外圆 Φ80d11 工序为例进行阐述[96]。

1) 数据收集

收集该车削工艺指标层数据,建立车削工艺清单分析表,如表 5.3 所示。其中"影响状况描述"栏详细记录现场事实定性描述或采集的定量数据。

2) 数据量化

制造过程是由许多工艺过程组成的,工艺过程的资源环境属性指标的数据难以采集或者存在模糊性、不确定性。量化指标的不同,会给评价带来难度。本节将量化指标分为两层,分别命名为因子层Ⅰ和因子层Ⅱ。因子层Ⅰ为通性指标层,依据绿色制造的五大决策目标时间 T、加工质量 Q、加工成本 C、资源消耗 R、环境影响 E,以及相关的法律法规,如 ISO14000 环境管理体系,将资源环境属性分为资源属性和环境属性。其中资源消耗特性分为原材料消耗特性和辅助材料消耗特性。环境影响特性分为大气污染、水污染、固体废弃物污染、其他污染和职业健康与安全,共七个指标。对于不同的工艺来说,因子层Ⅰ的各指标是相同的,因子层Ⅱ则是因子层Ⅰ的细化,通过两层指标体系实现了不同加工工艺的资源环境属性量化指标的统一。

为了进行数据的量化,从效率和实用的角度,对某些难以量化的指标采用了半定量的方法,即在生产现场广泛收集数据,将所有数据按统一原则计算平均值并结合相关标准(ISO14000,OHSAS18000 等)确定一个参考平均值。为了避免半定量评价方法脱离实际,而退化为一种完全定性的主观方法,采用由绿色制造专家协同工艺人员进行"影响状况描述"和采用 10 分制评分以区分不同等级的方法。对资源消耗指标采用"低、较低、一般、较高、高"的评语集进行量化打分,对环境影响指标采用"无、较少、有、较多、多"的评语集进行量化打分。

3) 建立模糊矩阵

根据指标层数据量化方法,得到量化评分结果 D,将其归一化后,作为底层指标的模糊评价矩阵,可得模糊矩阵 R,即:

$$\boldsymbol{D} = \begin{bmatrix} D_1 \\ D_2 \\ D_3 \\ D_4 \\ D_5 \\ D_6 \\ D_7 \\ D_8 \\ D_9 \\ D_{10} \\ D_{11} \end{bmatrix} = \begin{bmatrix} 0 & 0 & 3 & 6 & 4 \\ 1 & 1 & 3 & 5 & 0 \\ 10 & 0 & 0 & 0 & 0 \\ 0 & 2 & 7 & 1 & 0 \\ 0 & 2 & 2 & 4 & 2 \\ 0 & 8 & 2 & 0 & 0 \\ 10 & 0 & 0 & 0 & 0 \\ 0 & 1 & 4 & 4 & 1 \\ 0 & 1 & 3 & 6 & 0 \\ 0 & 0 & 2 & 6 & 2 \\ 0 & 2 & 6 & 2 & 0 \end{bmatrix}$$

$$\boldsymbol{R} = \begin{bmatrix} R_1 \\ R_2 \\ R_3 \\ R_4 \\ R_5 \\ R_6 \\ R_7 \\ R_8 \\ R_9 \\ R_{10} \\ R_{11} \end{bmatrix} = \begin{bmatrix} 0 & 0 & 0.3 & 0.6 & 0.1 \\ 0.1 & 0.1 & 0.3 & 0.5 & 0 \\ 1 & 0 & 0 & 0 & 0 \\ 0 & 0.2 & 0.7 & 0.1 & 0 \\ 0 & 0.2 & 0.2 & 0.4 & 0.2 \\ 0 & 0.8 & 0.2 & 0 & 0 \\ 1 & 0 & 0 & 0 & 0 \\ 0 & 0.1 & 0.4 & 0.4 & 0.1 \\ 0 & 0.1 & 0.3 & 0.6 & 0 \\ 0 & 0 & 0.2 & 0.6 & 0.2 \\ 0 & 0.2 & 0.6 & 0.2 & 0 \end{bmatrix}$$

4) 确定各指标权重

利用 1～9 比率标度法,构建如下判断矩阵:

$$\boldsymbol{A} = \begin{bmatrix} 1 & 3 \\ 1/3 & 1 \end{bmatrix}, \boldsymbol{B}_1 = \begin{bmatrix} 1 & 3 & 1 \\ 1/3 & 1 & 1/3 \\ 1 & 3 & 1 \end{bmatrix}, \boldsymbol{B}_2 = \begin{bmatrix} 1 & 1 & 1/2 & 1/2 & 1/3 \\ 1 & 1 & 1/2 & 1/5 & 1/3 \\ 2 & 2 & 1 & 1/4 & 1/2 \\ 3 & 3 & 2 & 1 & 1/3 \\ 5 & 5 & 4 & 3 & 1 \end{bmatrix},$$

$$\boldsymbol{C}_2 = \begin{bmatrix} 1 & 3 & 1 \\ 1/3 & 1 & 1/3 \\ 1 & 3 & 1 \end{bmatrix}, \boldsymbol{C}_5 = \begin{bmatrix} 1 & 3 \\ 1/3 & 1 \end{bmatrix}$$

经计算,得权重各为: $\boldsymbol{W}_1 = (0.75, 0.25)$; $\boldsymbol{W}_2 = (0.43, 0.14, 0.43)$,一致性指标为 0,符合要求; $\boldsymbol{W}_3 = (0.079, 0.079, 0.136, 0.222, 0.484)$,一致性指标为

0.0147,一致性比率为 0.0131<0.1,符合要求;$W_4=(0.43,0.14,0.43)$ 一致性指标为 0,一致性比率为 0,符合要求;$W_5=(0.75,0.25)$,其他指标权重为 1。

5) 综合评价

经计算,一级模糊综合评价 $C_i=W_i \cdot R_i$ 分别为:$C_1=(0,0,0.3,0.6,0.1)$,$C_2=(0.183,0.129,0.43,0.258,0)$,$C_3=(0,0.2,0.2,0.4,0.2)$,$C_4=(0,0.8,0.2,0,0)$,$C_5=(0.75,0.025,0.1,0.1,0.025)$,$C_6=(0,0.1,0.3,0.6,0)$,$C_7=(0,0,0.2,0.6,0.2)$,$C_8=(0,0.2,0.6,0.2,0)$,评价结果作为二级模糊评价的模糊评价矩阵。

经计算,二级模糊综合评价 $B_i=W_i \cdot C_i$ 分别为:

$$B_1=(0.026,0.104,0.275,0.466,0.129),B_2=(0.059,0.176,0.399,0.320,0.046)$$

最高模糊综合评价 $A=(0.034,0.122,0.306,0.429,0.108)$,若用总分数表示综合评价结果,可取评价标准的隶属度为 $\eta=\{1(好),0.8(较好),0.6(一般),0.4(较差),0.2(差)\}$,则该工序的综合评价分数为:分数$=A \cdot \eta=0.5088$。

对 TA103B 阀体的工艺链制造过程资源环境属性评价,工艺过程的评价得分矩阵 $R=(0.5088,0.82,0.655,0.71)$,专家打分法的定性推理确立权重:$A=(0.5,0.2,0.2,0.1)$,得出工艺链的最后得分 0.6204,表明该工艺链的加工绿色性程度一般,还有待改善。分析工艺链评价结果,车削工序绿色度较低,通过评价分析可知,工序选用的 C360 机床电能消耗较高,超出标准值,且由于该机床使用年份较长,噪音及漏油情况严重,不满足资源环境属性生产的要求,在生产调度允许的情况下应该更改加工方案。

利用以上方法,可以对车间中各种产品的每一道制造工序及其工艺要素进行模糊综合评价,得到每一步工序的绿色性评价值。进一步地,多道工序构成的产品制造工艺亦可通过模糊矩阵变换形成一个确定的绿色性评价值。通过对量化的评价值进行排序,可以很快地找出产品制造工艺过程中环境影响较为恶劣的工艺及工艺要素。

5.3.4 阀门绿色制造系统的评价支持系统

由于车间生产规模庞大,产品种类繁多,为了对阀门公司所有品种的产品进行全面的制造工艺绿色特性分析和评价,开发了一种实用的基于资源环境属性的制造过程绿色评价支持系统,能够对工艺过程中的资源环境属性种类、特性及相关生产要素信息进行分析,并在此基础上对制造工艺进行资源消耗和环境排放方面的综合评价,从而诊断出产品制造工艺中资源消耗大、环境影响较为恶劣的关键因素和工艺。

基于资源环境属性的制造过程绿色评价支持系统主要设计为五大模块,分别是常用加工工艺资源环境属性库模块、制造过程绿色评价模块、制造过程资源优化选择模块、制造资源数据库模块、用户权限管理模块,下面对各模块作简要介绍[97]。

（1）常用加工工艺资源环境属性库模块，可查询九大工艺种类中具体工艺小类的工艺描述、资源环境属性、工艺评价指标和规则等。

（2）制造过程绿色评价模块是系统的核心模块，能够对零件加工过程的物能资源消耗和环境影响进行分析、量化和评价，包括工艺绿色评价、基于工艺链的制造过程绿色评价两个部分。该模块以常用加工工艺资源环境属性库为知识参考基础。

（3）制造过程资源优化选择模块，提供面向绿色制造的工艺要素选择功能，从减少制造过程环境污染和资源消耗的角度，辅助工艺人员开展绿色工艺规划与决策，包括机床设备优化选择、刀具优化选择和切削液优化选择三个部分。

（4）制造过程资源数据库管理模块，对制造过程的各类数据进行管理，包括零件库、零件工艺库、机床库、刀具库、切削液库。

（5）用户权限管理包括企业管理员授权和查看企业管理员。

评价支持系统的体系结构如图 5.12 所示。

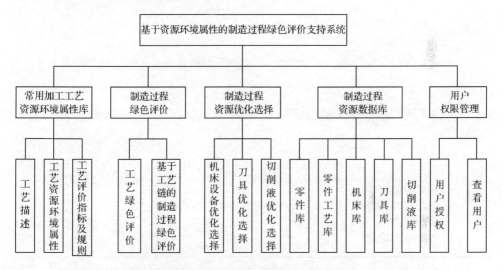

图 5.12　基于资源环境属性的制造过程绿色评价支持系统的体系结构

在常用加工工艺资源环境属性库和制造过程资源数据库的基础上，进行工艺绿色评价、工艺链绿色评价和制造资源要素优化，如图 5.13 所示。

图 5.13　工艺过程绿色评价流程图

针对 303 车间的 J61Y-20 DN40 截止阀建立零部件库,如图 5.14 所示。对每一个零件的加工工艺信息建立工艺数据库,如图 5.15 所示。

图 5.14　J61Y-20 DN40 截止阀产品零件库

图 5.15　TA103 B 阀体零件加工工艺数据库

对该型号截止阀的重要零件 TA103B 型阀体的典型工序实施绿色评价,

图 5.16为对第二道加工工序(钻通孔 Φ36，车下部外圆 Φ72)进行绿色工艺评价的模块界面。对 TA103B 型阀体的所有典型工序逐条进行绿色评价结束之后，系统对 TA103B 型阀体的整个加工工艺方案形成一个绿色性评价分值。对于绿色规划与优化运行技术应用之前的工艺方案，其得分情况如图 5.17 所示。

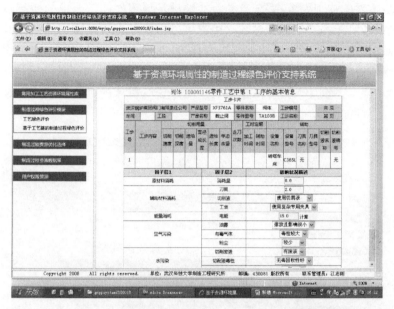

图 5.16　TA103 B 阀体典型工序绿色评价模块

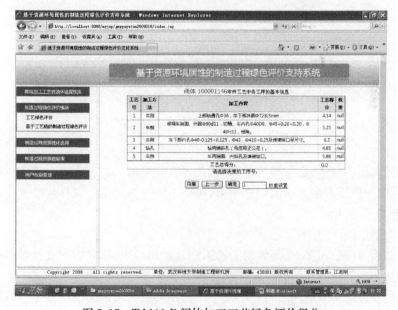

图 5.17　TA103 B 阀体加工工艺绿色评价得分

　　由于工序中产生的资源消耗和环境问题主要是由加工设备、加工刀具、切削液的使用等因素共同导致的,所以该应用系统必须对典型零件的典型工序所涉及的加工设备、加工刀具和切削液等工艺要素进行优化。

　　1)加工机床优化选择

　　根据零件的加工要求,系统自动将能够满足该零件加工要求的所有机床列出来,并显示各机床的基本加工参数。用户可以根据各道工序使用的机床及相关工艺参数对机床的资源环境属性进行综合评价,并且可以同时选取多个可用的机床及工艺参数,从资源环境属性的多个不同方面进行评价,并对评价结果给出一个比较的结果,使工艺设计人员可以根据这个结果进行机床的选择和决策。加工机床绿色选择界面如图 5.18 所示。

图 5.18　加工机床绿色评价模块

　　2)加工刀具绿色选择

　　利用类似的方法,对车间产品各道工序的可用刀具进行切削加工性、刃磨强度、耐用度及使用寿命方面的综合评价,得到不同种类及型号刀具的绿色性评价结果,如图 5.19 所示。

　　3)切削液绿色选择

　　根据该阀门公司 2009 年的切削液采购及领用台账,建立切削液型号参数数据库,如图 5.20 所示。切削液优化评价模块如图 5.21 所示。

　　绿色评价支持系统通过对各道工序的物能资源利用情况及环境影响的清单分析和专家评分,同时对各道工序涉及的各类生产要素,主要包括机床、刀具和切削液,进行了比较全面的绿色性综合评价,形成了整个车间范围内关于产品生命周期的绿色评价体系。系统还可将产品及其零件各道工序的历史评价结果列出,以供工艺设计人员在制定资源环境效益更优的工艺方案时进行对比和参考。

图 5.19　加工刀具绿色评价模块

图 5.20　切削液型号参数数据库

图 5.21　切削液绿色评价模块

5.4　阀门绿色制造系统过程优化技术及应用

　　阀门绿色制造系统的过程优化技术主要是在车间范围内按照生命周期的思想对各类产品的整个制造过程进行评价,并对其工艺设计和生产要素进行优化,形成基于产品工艺评价的绿色优化技术集成系统。在产品工艺绿色评价的基础上,采取试验和理论分析相结合的思想,以集成创新为主,部分技术原始创新的技术路线,研究开发了制造企业生产过程资源环境属性综合评价系统、加工设备生产运行过程的能耗监控、少无切削液喷雾技术及切削过程监测与评价集成等应用支持系统,突破了优化下料、车间规划、节能降噪、工艺规划和少无切削液等绿色规划与优化运行技术。所形成的支持制造企业生产过程绿色制造工具集,对产品工艺设计、毛坯准备、生产制造、焊接热处理、装配测试、成品库存运输等生产制造环节进行绿色技术改造,并在工艺、装备、流程等各方面实现加工车间制造资源的高利用率和环境的负面影响最小化,为加工车间的绿色规划和生产过程的优化运行提供整体关键技术和解决方案[98]。阀门绿色制造系统优化支持技术的实施方案如图 5.22所示。

　　通过绿色评价支持系统的信息转换和综合评估,将产品的设计转化为产品各零件的制造工艺过程信息,并实现对工艺信息绿色指标的评价和决策。对于绿色性较差的工艺流程,通过对工艺资源环境属性库和制造过程资源数据库的调用检

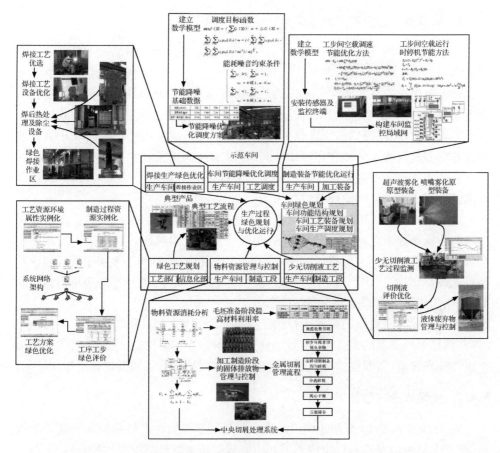

图 5.22　阀门绿色制造系统优化技术的实施方案

索,选择资源环境属性评价更优的工艺方法和制造过程运行模式,实现面向资源环境影响的典型产品制造工艺过程优化。

　　与生产过程绿色规划及优化运行技术在企业的全面应用实施相适应,为了提高加工制造环节的资源利用率,改善整个生产过程对环境的负面影响,对产品的主要加工制造车间进行重新布局和改造。在机械制造车间的规划设计中,兼顾了物流节能、原材料资源利用、成品仓储运输、制造装备布局、环境影响评价、人因工程因素等各方面因素,以实现车间制造系统的高效、清洁、节能、环保等绿色规划原则要求。

　　通过以上两个方面的技术集成创新,建设支持生产过程绿色规划与优化运行的绿色制造系统,提高机械制造企业在资源环境综合治理方面的技术水平,提升企业核心竞争力。

　　本书以 J61Y-20 DN40 截止阀为例来说明绿色制造系统优化技术的应用过程。

5.4.1　典型阀门绿色制造系统工艺过程优化技术

通过绿色评价支持系统进行工艺评价和辅助工艺决策,J61Y-20 DN40 截止阀主要零件的加工工序减少,制造工艺链缩短。比如 TA103B 阀体的加工工艺由 9 道工序减至 7 道。截止阀主要零件的毛坯由无孔锻造毛坯改用近净成形预制孔模锻毛坯,加工机床以数控车床、数控镗床等高精度数控装备为主。刀具以硬质合金高速刀具为主,切削液以极压乳化液为主。在机加工工艺中广泛使用极压乳化液喷雾冷却方式对加工区域实施冷却和润滑,以实现机加工过程中的少无切削液加工方法。焊接工艺由原来使用的手工氩弧焊改进为等离子喷焊工艺,施焊设备以等离子喷焊机床和窄间隙焊接设备为主。

通过对阀瓣加工工艺要素的绿色评价和优化改进,由原来使用的手工电弧焊改进为使用堆焊工艺,相应的焊接设备也改为使用堆焊机床。在阀瓣密封面的研磨加工中也以高精度坐标机床的使用为主,加工环境封闭,切削液集中管理回收并循环处理,及时滤清切削液中的金属颗粒。在车削工序中,对加工环境进行封闭处理,避免固体污染物漂浮到车间环境当中。

装配作业需要对阀门零件进行钳工打磨、研磨等工艺过程。在工艺设备选用时,在满足生产要求的前提下,车间尽量采用低噪声设备,水压测试工艺优先选用水循环处理设备,而喷漆涂装工艺则优先选用密闭涂装设备和气体喷淋净化设备。

5.4.2　毛坯近净成形加工技术

在 J61Y-20 DN40 型截止阀产品进入机械制造车间生产过程的实物制造阶段后,通过大量使用零件的近净成形毛坯可有效提高典型产品生产的物料利用率,从而降低 J61Y-20 DN40 型截止阀生产过程中的物料资源消耗。

在毛坯准备阶段,阀门公司车间产品制造毛坯材料利用率低。特别是公称通孔 DN≤50mm 以下的阀体,一般使用锻造毛坯。由于阀体孔径小,其毛坯锻造成形困难,一般毛坯设计使用敷料较多,锻造成实心阀体毛坯,由机械加工成形,大量金属材料变为铁屑,不但材料利用率差,而且大量消耗能源和切削刀具。小口径阀体如果采用铸钢件,浇注时钢水流动性差,质量难以保证。铸钢铸件内应力较大,可焊性不良,不利于提高焊接结构件的焊接质量。

通过模锻工艺和精密铸造工艺获得尺寸精度和表面质量更高的近净成形毛坯,同时提高毛坯的力学性能,使小口径或中低压阀的阀体采用精密铸件或带有预制孔的模锻锻件作为加工毛坯,在后续的机加工环节做到无切屑或少切屑加工。

由于阀体中部阶梯大孔 $\Phi48$ 和两端斜孔 $\Phi40$ 的毛坯孔都已在毛坯制造工艺中成形,所以在机加工工序中,原有的钻孔工序和划线工序均可取消,切削余量也大为减少,有效提高材料利用率,减少固体废弃物排放,有利于机加工生产过程中实施少无切削液的冷却润滑方式。

图 5.23 所示为原 303 车间使用的 TA103B 阀体钻中心孔 $\Phi40$ 工序的加工现场。机械制造车间优化后，TA103B 阀体加工改用预制孔模锻毛坯，如图 5.24 所示，在毛坯准备阶段大幅提高了物料利用率。

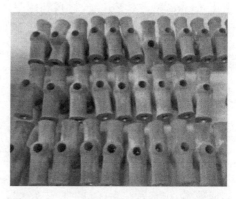

图 5.23　TA103B 阀体钻中心孔 $\Phi40$ 加工　　图 5.24　TA103B 阀体预制孔模锻毛坯

使用传统锻造毛坯，单件 TA103B 阀体加工过程中产生的固体废弃物主要是 4.882kg 的机加工金属切屑，其中以钻孔工序产生的切屑最多，产生 4.633kg 金属切屑，占到切屑总量的 94.9%。

改用预制孔模锻件毛坯后，金属切屑减少到 2.779kg，在精加工所有孔的工序产生的固体金属切屑总量减少到 2.530kg，占总切屑的 91.04%。材料利用率由 62.7% 上升至 74.7%。

单件加工制造阶段典型工序材料利用情况及其产生的固体排放物统计分析情况，见表 5.4～表 5.5。

表 5.4　TA103B 阀体单件加工典型工序材料利用情况统计分析表

项目	成品重量	毛坯重量	车外圆切槽（工序 3）后	车内孔（工序 4）后	钻斜孔（工序 5）后	钻小孔（工序 8）后
无孔锻造毛坯	8.195kg	13.077kg	10.438kg	10.036kg	9.108kg	8.200kg
预制孔模锻毛坯	8.195kg	10.974kg	9.447kg	9.359kg	8.444kg	8.200kg
工序余量对比	/	/	57.86%	21.89%	98.60%	26.87%

表 5.5　TA103B 阀体单件加工制造阶段产生的固体排放物统计分析表

项目	切屑总量	孔加工产生切屑量	孔加工切屑占切屑总量的比例
无孔锻造毛坯	4.882kg	4.633kg	94.90%
预制孔模锻毛坯	2.779kg	2.530kg	91.04%
加工余量对比	56.92%	54.61%	/

　　由于阀座零件的结构特点,金属材料在机加工阶段损耗严重,使用模锻毛坯后,毛坯材料利用率由之前的 22.29% 提高到现在的 38.31%。

　　单件TE029 阀座的单件成品质量为 0.912kg,采用传统工艺其毛坯质量 2.050kg,集成技术实施后采用新的工艺路线,其毛坯重量降至 1.193kg,切削总量由 1.138kg 降至 0.281kg,材料利用率由 44.5% 上升至 76.4%。

　　近净成形毛坯应用前后,TE029 阀座的单件材料利用情况见表 5.6。

表 5.6　　TE029 阀座的单件材料利用情况统计分析表

项目	成品重量	毛坯重量	车端面及外圆后	打内孔后
无孔锻造毛坯	0.457kg	2.050kg	1.250kg	0.457kg
预制孔模锻毛坯	0.457kg	1.193kg	0.642kg	0.457kg
工序余量对比	/	/	68.88%	23.33%

　　TD067 阀瓣的单件成品质量为 0.315kg,采用传统工艺其毛坯质量 0.683kg,集成技术实施后采用新的工艺路线,其毛坯重量降至 0.526kg,切削总量由 0.368kg 降至 0.211kg,材料利用率由 46.1% 上升至 59.9%。

　　近净成形毛坯应用前后,TD067 阀瓣的单件材料利用情况见表 5.7。

表 5.7　　TD067 阀瓣的单件材料利用情况统计分析表

项目	成品重量	毛坯重量	车端面和外圆后重量	中间挖孔后重量	车成锥形后重量	钻螺纹孔及磨削后重量
优化前	0.315kg	0.683kg	0.502kg	0.361kg	0.320kg	0.315kg
优化后	0.315kg	0.526kg	0.376kg	0.326kg	0.320kg	0.315kg
优化率	/	77.01%	74.90%	90.30%	/	/

　　分析 J61Y-20 DN40 型截止阀所有零件的加工工艺,对其整个生产过程中的物料资源消耗进行跟踪统计和计算,得到该型截止阀生产过程中的物料资源总消耗量。对比绿色规划前后的机械制造车间,J61Y-20 DN40 型截止阀生产过程物料资源使用情况如表 5.8 所示。

表 5.8　　J61Y-20 DN40 型截止阀生产过程物料资源使用情况

资源环境属性 应用实施	物料消耗量	物料利用率
车间优化之前	33.19kg	74.42%
车间优化之后	26.66kg	92.65%
绿色性指标	19.67%	24.50%

　　从表 5.8 可以明显看出,机械制造车间优化后 J61Y-20 DN40 型截止阀生产

过程物料消耗降低了 19.67％,资源利用率提高了 24.50％,利用近净成形毛坯提高材料利用率具有明显的节材效果。

在 J61Y-20 DN40 截止阀的加工制造阶段,对加工产生的固体切屑进行集中处理,按照金属材料种类和化学成分进行分拣,然后使用压力设备压制成形以便于运输和保管。固体排放物管理流程的核心是集中处理,规范操作。在阀门公司机械制造车间建设中使用的金属切屑管理流程如下:规范收集切屑;初步分离非切屑夹杂物;压碎切屑,制备均匀碎屑;分选碎屑;离心干燥;压缩储存。在条件允许的情况下,可以在车间布局中设计安装切屑中央处理系统,以降低固体废弃物处理的能耗与成本,提高制造企业对固体废弃物的处理能力。

5.4.3　少无切削液加工工艺过程监测与优化集成技术

阀门公司制造车间在产品的机加工阶段大量使用切削液进行冷却润滑。切削液的采购、存储、使用、管理和回收处理需要建设专门的物流循环系统。切削液循环系统是一个复杂昂贵而又很难实现增值目标的工业系统。在目前条件下,机械制造车间生产过程产生的废弃切削液经由车间回收处理系统过滤处理后,部分切削液循环使用,废液则集中收集在大型存储罐中,定期外运至污水处理厂处理。机械制造车间湿切削生产目前使用的切削液循环系统运行方式如图 5.25 所示。

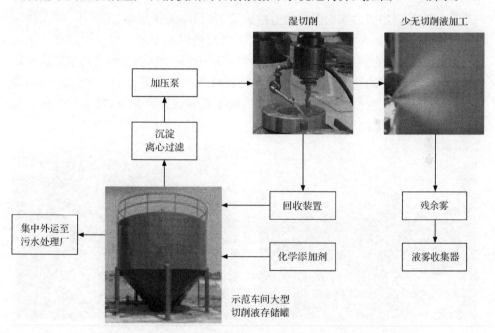

图 5.25　机械制造车间湿切削加工切削液循环系统运行方式

为了在机械制造车间中应用少无切削液加工工艺,对阀门公司加工车间中使用切削液的场合和工艺基础数据进行收集和整理,并对车间机械制造加工中使用的各种材料进行调研和分类,选用合适的材料和工艺环境应用少无切削液加工工艺,以减少切削液的用量或减少切削液对环境的影响。例如在 J61Y-20 DN40 截止阀阀杆、四分环的车—钻—铣—磨工艺中,针对车削工序,采用切削液雾化方式,以实现机加工环节的少无切削液润滑冷却,从而减少机械制造车间切削液使用量,降低车间液体废弃物排放。

目前机械制造车间应用的少无切削液加工工艺方法主要以切削液雾化技术为主,而干切削工艺方法由于受到生产现场实际生产条件及加工设备的限制,目前在机械制造车间的机械加工工艺过程中还没有应用。在 J61Y-20 DN40 截止阀主要零件机加工工艺过程中,使用的切削液雾化方式主要有两种:一种是利用高压气体射流与切削液混合,从结构喷嘴中喷出高速射流,以实现切削液的高度雾化;另一种是利用超声波作用于切削液,使切削液产生雾化,再由导流导管将雾化切削液送入切削区。

根据这两种基本的切削液雾化方法,建立了适用于现有加工设备的少无切削液喷雾和监测系统,应用对象主要集中在阀门加工车间工作任务比较饱满的各型车床和铣床设备。首先为加工机床安装一套切削液喷雾装置;然后对该机床安装一套能同时检测切削力和切削热的监控装置,包括相关传感器、采集卡、放大器和信息监控终端,相关人员可以通过该系统实时监控切削加工过程及切削液的消耗状况;最后将相关的信息采集到相应的数据模块中,并在制造过程资源属性综合评价系统中对该工序的切削液使用状况进行评价及优化。图 5.26、图 5.27 所示为机械制造车间开发应用的两种便携式切削液雾化装置原型系统,加工设备可自由选配,安装测试和使用都非常方便。

图 5.26　切削液超声波雾化装置原型系统　　图 5.27　切削液气体射流雾化装置原型系统

如图 5.28 所示为少无切削液工艺过程监测与优化集成系统,实时监控少无切削液加工过程中的切削力、切削温度与切削液的消耗量,将相关数据采集并反馈至生产过程综合评价支持系统,为工艺要素之一的切削液使用状况提供绿色评价及优化依据。

图 5.28　少无切削液工艺过程监测与优化集成系统

目前的使用情况表明,原型装置能稳定实现切削液的高度雾化,能有效降低常用加工材料在车削加工中的切削力和切削温度。在工件加工精度和表面粗糙度要求基本不变的情况下,可以大幅降低切削液的使用量,效果明显而稳定。如图5.29、图 5.30 所示为切削液超声波雾化和气体射流雾化技术在机械制造车间生产现场的应用效果。

图 5.29　切削液超声波雾化应用效果　　　图 5.30　切削液气体射流雾化应用效果

在应用少无切削液加工工艺方法之前,机加工车间与切削液相关的费用,包括切削液浓缩液本身的费用、操作系统和监测人员费用、水净化系统分离装置的人员和投资费用以及处理费用和其他辅助费用,占总制造成本的 11%～17%。少无切削液加工工艺过程监测与优化集成技术应用后,其应用效果主要体现在以下几个方面。

(1) 通过喷雾技术及设备,能在生产运行中显著降低切削液的实际消耗,能降低切削液使用量的 85% 以上,并基本实现切削液无残留及污染,考虑到切削液使用量的减少及相关处理费用,使得切削液相关的费用降低了 3%～4%。

(2) 生产过程中,在切削力及切削热的现场监控的基础上,通过实施切削过程少无切削液喷雾技术,提高刀具的耐用度 20%以上,并降低工件的表面粗糙度。

(3) 切削过程中,切削力、切削热等与切削液相关数据被采集到切削过程监测与制造企业生产过程资源环境属性综合评价集成系统中,作为该工序的切削液使用状况的评价基础数据,进而为工艺过程规划及工艺技术改进提供可靠的数据基础。

5.4.4　焊接工艺过程绿色优化技术

J61Y-20 DN40 型截止阀阀瓣与阀座在装配工艺中均要使用焊接工艺。车间主要采用手工电弧焊和氩弧焊工艺对阀瓣与阀座进行结构焊接。

焊接工艺过程的资源消耗主要包括工件母材的消耗、填充材料的消耗(焊丝、药皮焊条、钎料等)、耗材的消耗(保护气体、溶剂等)和能量的消耗。焊接加工中的工件母材消耗特性主要探讨工件母材的利用率 U、损耗率 L 和废弃物量 W。在焊接生产中工件母材的利用率 U、损耗率 L 和废弃物 W 主要取决于焊接坡口的选择。影响焊接坡口形状和尺寸的因素主要有:焊接材料、焊接方法和焊接工艺等。

焊接设备是耗能大户,焊接设备的耗能大小首先取决于采用何种焊接热源和方法,在此基础上再选择合适的焊机或设备,焊接设备选型尤为重要。

除了焊接设备的选择,还应考虑一些焊接节能的工艺措施。焊接能源的消耗主要取决于焊接方法和焊接热源,在焊接方法已确定的情况下,电焊机的选择又尤为重要。不同的电焊机,其节能效果尤为不同。为了节约电能消耗,可以加装空载停电装置,这也是当今的一种绿色焊机的工艺之一,即在电焊机运行过程中,空载时,让其自动停止供电,减少功率损耗,可提高功率因数。

实际应用中,由于电弧焊是利用气体导电而将电能转换为热能,产生废气而影响环境。电弧焊时主要的固体废弃物是飞溅和焊渣,这两种废弃物回收处理困难,直接对环境造成影响。而且焊接电弧中强烈的弧光和紫外线对眼睛和皮肤都会造成伤害,所以若采用手工氩弧焊,烟尘相对较大、电弧光强,焊材消耗量大,质量不稳定。

通过对焊接工艺进行组合分析,分别对等离子喷焊、手工氩弧焊、堆焊工艺和手工电弧焊工艺进行对比和优化决策。电弧焊时主要的固体废弃物是飞溅和焊渣这两种废弃物回收处理困难,直接对环境造成影响。而焊接电弧中强烈的弧光和紫外线对眼睛和皮肤都会造成伤害。同样的,若采用手工氩弧焊工艺,烟尘相对较大、电弧光强,焊材消耗量大、质量不稳定。根据评价结果,在焊接工艺绿色改造技术的实施应用中,选用等离子喷焊技术及堆焊工艺,并购置了相应的等离子喷焊设备和堆焊机床。使用等离子堆焊工艺,烟尘小、焊接速度快、生产率高、便于自动化、焊材消耗量小,焊接质量好。

　　如图 5.31 所示是原车间在 J61Y-20 DN40 型截止阀阀瓣阀座装配中使用的手工焊接工艺生产现场。在机械制造车间优化以后采用自动堆焊工艺,使用的工艺设备主要是 LU-F500 阀门堆焊机床,如图 5.32 所示。

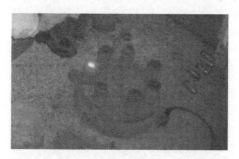

图 5.31　原车间阀瓣阀座手工焊接工艺　　　　图 5.32　机械制造车间 LU-F500
　　　　　　　　　　　　　　　　　　　　　　　　　　　阀门堆焊机床

　　由于生产条件和焊接设备数量的限制,焊接过程中仍不可避免会产生烟尘和有害气体排放。在机械制造车间焊接工位均安装烟尘收集设备及除尘风机,以便有效降低焊接烟尘对车间生产环境产生的影响。焊接工作区烟尘收集设备及除尘风机选型如图 5.33、图 5.34 所示。

图 5.33　机械制造车间焊接作业区　　　　图 5.34　焊接烟尘收集除尘用轴流风机

　　如图 5.35 所示的 J61Y-20 DN40 型截止阀手工氩弧焊工艺,焊接弧光造成强烈光污染,焊接烟尘没有及时收集和处理,焊机能耗大。经过焊接工艺绿色改造,机械制造车间 J61Y-20 DN40 型截止阀焊接作业工况有了明显改观,如图 5.36 所示。

　　阀瓣与阀座焊接装配之前,需要研磨至较高的表面光洁度,在使用经改装的专用研磨机床加工时,会产生大量固体粉尘,影响车间生产环境。制造车间利用风机管道集

图 5.35　原车间手工氩弧焊作业工况

中收集研磨粉尘,以较小的建设成本取得了良好的使用效果。在加工制造过程中涉及的磨刀设备均自带吸尘装置,将磨刀时产生的粉尘吸入除尘器的布袋中,除尘效率在 95% 以上,使空气中的粉尘浓度低于国家规定,符合环保安全规定。仍有少量粉尘逸出的,则采用全室通风措施排到室外。如图 5.37 所示为阀瓣研磨机床上使用的粉尘收集装置。

图 5.36　机械制造车间 J61Y-20　　　　图 5.37　机械制造车间 TD067
截止阀焊接作业工况　　　　　　　　阀瓣研磨粉尘收集装置

5.4.5　测试涂装作业绿色优化技术

装配作业需要对阀门零件进行钳工打磨、研磨等工艺过程,阀座与阀瓣的密封面需要研磨抛光后进行焊接,闷盖焊接检查后配做车外圆,噪音粉尘污染问题比较突出。具体的 J61Y-20 DN40 截止阀装配工艺流程如表 5.9 所示。

表 5.9　J61Y-20 DN40 截止阀装配工艺规程

工序	工序内容	设备型号或工种	工具或装备	
			名称	规格编号
1	钳:清洗零件	钳工		
2	钳:阀座装入阀体,用工艺阀瓣、阀杆、阀盖压紧阀座(用泵密封时的关紧力)	钳工	工艺阀瓣	7887-915
3	焊:焊阀座,详见焊接工艺卡:碳:FJ1-05　合:FW3-03	喷焊机床	等离子喷焊	
4	检:见证堆焊过程、检查是否按堆焊工艺卡操作			
5	阀座着色检查	检查		
6	焊:焊闷盖,详见焊接工艺卡:碳:FJ1-07　合:FR10-01	焊工	氩弧焊	
7	检:见证堆焊过程、检查是否按堆焊工艺卡操作			
8	闷盖磁粉检查	检查		
9	车:车闷盖焊缝至平整	数控车床		
10	钳:将销按图要求装入阀体,上下两点点焊,并去除焊渣	钳工焊工		

　　阀门产品总成装配后均须进行液压试验进行质量检测。其液压测试工艺流程如下:总装—水压强度试验—水压密封性试验—清理水渍、涂防锈油、复装成套—钉标牌—油漆—装箱—成品堆放。其中产品整体涂装工艺流程如下:工件(来自装配工段已除油擦干)—喷漆—流平—干燥。

　　涂装试水工作区,主要生产设备是液压试验台和清洗机,水资源消耗量巨大,清洗工序产生的噪音对这个车间的生产环境造成非常不利的影响。在阀门产品的装配生产工作区,需要大量使用焊接工艺,产生的焊接烟尘和有毒气体严重影响产品的绿色安全评价指标。

　　如图 5.38 所示为 303 机制车间的产品总成装配作业区,生产场地面积狭小,通风条件差,制约了产品装配规模和质量的提升。如图 5.39 所示为阀门产品压力试验作业区,特定产品的试水工艺噪音极大,生产作业水资源消耗较大。

图 5.38　原 303 车间阀门装配总成作业区　　　图 5.39　原 303 车间阀门液压测试作业区

　　在机械制造车间建设过程中,针对装配试水工作区的环境问题,提出了多项整改方案和措施,具体如下:

　　(1)一般零件清洗采用带压缩空气吹干的通过式清洗机,阀体内结构复杂,一般清洗机难以保证清洗质量,绿色规划集成技术实施后拟采用专用阀体超声波清洗机,有效降低清洗作业产生的环境噪音。

　　(2)阀座、阀瓣的研磨采用由摇臂钻、立式钻床改装的专用研磨机。研磨设备配装粉尘收集装置或除尘风机。

　　(3)水压试验集中布置,设置 1 套低位供水装置,每 2 个泵水台设置 1 个高位水箱,每个泵水台配 1 台试压泵,试验后的排水通过地沟排到低位水箱,经过滤后循环使用。本次规划新增 2 台数字自动记录泵水台,使试水作业中的水资源得到充分有效的循环利用,同时对水资源的使用情况进行实时监测与计量。

　　(4)车间布局将涂装部分布置在成品库,涂装阀门整机来自机械制造车间厂房装配试验区,经装配、试验后,泵表面有少量水及油,需在进入喷漆室前手工擦净、擦干。在喷漆室内喷漆后静置约 8min,进入干燥室,表干后可放置在堆放场地及包装场地,面漆采用水溶性快干漆。干燥室内温度约 45℃,设有空气过滤系统及排风系统,冬季送 10℃的暖风。整机的油漆涂装采用水旋式喷漆室,上送风、下抽风结构,即送风系统从喷漆室顶部经过过滤和温度调节,提供喷漆室内所需的新鲜空气,排风系统从喷漆室底部排出被漆雾和有机溶剂蒸汽污染的空气,经过滤系统过滤后,空气高空排放,漆雾净化效率达 99%。喷漆室内设有升降车,以方便操作人员对产品较高部位的喷涂。喷漆用压缩空气经过除油、冷冻干燥,以提高涂装质量,同时大幅降低油漆中苯类挥发性气体对空气环境的负面影响。

(5) 机械制造车间采用封闭式的油漆涂装生产线,对生产环境的二次污染问题进行控制。采用的关键技术是:①对油漆挥发性气体的成分进行研究,对车间空气流动特性进行控制,对密闭环境的气体进行收集,对风机结构进行优化改进;②对挥发气体进行喷淋和液化等技术处理。

(6) 在满足生产要求的前提下,装配测试作业区尽量采用低噪声设备。使用电动工具代替风动工具,使用低噪声空气压缩机组以及低噪声水泵。在水泵安装过程中预置隔振基础,水泵进出水口安装橡胶软管接头和弹性吊架,以减小噪声和振动。

机械制造车间优化后,阀门产品的装配试水工作区的布置情况及所使用的液压测试设备如图 5.40 和图 5.41 所示。

图 5.40　机械制造车间阀门　　　　图 5.41　机械制造车间液压
　　　　总成装配作业区　　　　　　　　　　测试作业区及设备

涂装作业区及其使用的水旋式喷漆室及空气净化设备如图 5.42 和图 5.43 所示。

图 5.42　机械制造车间喷漆涂装作业区　　图 5.43　涂装区水旋式喷漆室及空气净化设备

5.4.6　阀门车间绿色制造系统优化技术

阀门企业机械加工车间属通用机械的机制加工车间,加工装备按生产区域和机群布置,车间布局如图 5.44 所示。该车间大多数机械产品的工艺流程如图 5.45 所示。为了构建在绿色规划原则下运行的车间系统,必须全面考虑影响通用机械一般生产过程的资源环境因素,包括物流强度、材料利用率、储存和运输、机械加工装备布局以及环境影响评估等,在此基础上建立通用机械加工车间及其生产过程的系统模型[99]。

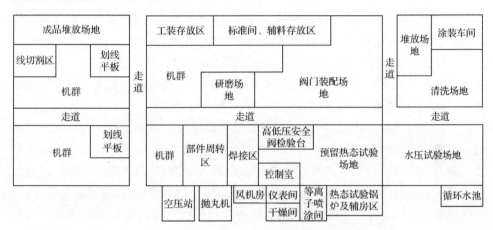

图 5.44　车间生产区域布局

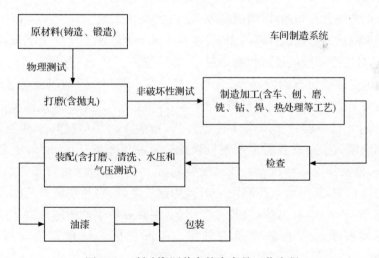

图 5.45　制造资源共享的多产品工艺流程

1) 车间功能结构规划与优化设计

　　与绿色制造系统工程在企业的全面应用实施相适应,需要对产品的主要加工制造车间进行重新布局和改造。兼顾物流节能、原材料资源利用、成品仓储运输、制造装备布局、环境影响及人因工程等各方面因素,以实现绿色制造系统工程的高效、清洁、节能、环保等绿色规划原则要求。车间的功能结构是车间内物流协调、畅通、快速、准确、安全、高效运行的保证,车间功能结构规划与设计是改善车间物流状况最有效最直接的方法。

　　阀门产品的生产是典型的离散生产加工过程。产品或零件按照加工的先后顺序从上一工序进入下一工序,不断发生搬上搬下、向前运动、暂时停止等物流活动。实际上一个生产周期,物流活动所用的时间远多于实际加工的时间,根据车间的统计,机加工生产时间仅占 5%～10%,检验时间约占 3%,而搬运和等待时间高达90%。车间布置决定了车间的物流方向、物耗和环境排放。绿色化的车间设施布置就是在设计过程中,将绿色制造的思想融入进来,使得制造过程对环境负面影响极小,资源利用率极高,而且工人的工作环境大大改善。

　　车间规划建设严格按照《机械工业环境保护设计规范》(JBJ16—2000)、《机械行业节能设计规范》(JBJ14—2004)、《节能技术规定》(JBJ20—90)、《城市区域环境噪声标准》(GB3096—93)、《大气污染物综合排放标准》(GB16297—1996)、《污水综合排放标准》(GB8978—1996)、《一般工业固体废物储存、处置场污染控制标准》(GB18599—2001)等相关规定的要求,坚持"同时设计、同时施工、同时投产"的环境保护"三同时"原则。对所研究系统的位置选择、平面布置、物流分析、物料搬运方式及运输工具的选择等进行具体的规划与设计,使各生产要素和子系统按照要求得到合理的配置和布局,以组成高效率的生产集成系统。

　　考虑车间规划对资源环境的影响,根据企业典型产品的生产工艺流程及场地自然特点,分三个功能区域进行布局规划,即厂前区、生产区(含预留区)、生产辅助区。厂前区主体建筑有研发楼、综合楼。其中综合楼(4 层)与车间为连体建筑。生产现场与工艺设计部门联系紧密,便于实现集成制造。生产区主体建筑有车间和成品库,车间为 3 跨设置,2 跨为生产厂房,南侧 1 跨为原材料库和辅助设施。毗邻车间南墙依次布置各类生产辅助设施。成品库布置厂区北部,主要为厂区成品储存、外发场地,同时,也是成品涂装场所。生产辅助区主要布置油化库,位于厂区边缘地带,与围墙最小间距 7m,且为独立区域,满足消防规范的要求。油化库采用 7.5m×4m 标准库,共设 3 个库位,主要存放生产所需各类化学油脂物品。成品均在成品库存放并及时外运。生产厂区主体建筑物建设情况如表 5.10 所示。

表 5.10　生产厂区主体建筑物一览表

序号	建筑物名称	占地面积/m^2	建筑面积/m^2	备注
1	综合楼	1050	3992	4 层
2	研发楼	1188	7128	6 层
3	车间	16690	15205	单层
4	成品库	2520	2520	单层
5	油化库	90	90	单层

　　规划设计车间总长 270m,总宽 63m,占地面积 16690m^2,建筑面积 15205m^2。由 2 个 24m 跨和 1 个 15m 跨组成。厂房吊车最大起重能力 20t,厂房轨高 8.1m。厂房柱距 9m。15m 跨包括生产车间、露天跨和生产辅房。露天跨长度 90m,生产辅房占用长度 63m,其余 117m 作为核电小件加工车间,中间 24m 跨主要作为大件加工和总装试验车间。另 1 个 24m 跨作为常规火电阀门小件加工车间以及外购外协件存放场地。规划新成品库总长 96m,总跨 24m,面积 2520m^2,单跨厂房,其内主要由涂装部分和库房部分组成。在成品库北面贴建一个 24m×9m 大小的喷漆烘干室。北端 24m 跨最大吊车起重能力 10t,轨高 8.1m;中间 24m 跨最大吊车起重能力 20t,轨高 8.1m;南边 15m 跨最大吊车起重能力 5t,轨高 8.1m。厂房钢柱采用实腹式工字形钢柱,屋面采用轻钢镀锌檩条、压型钢板屋面。外墙 1.2m 以下采用砌体墙,1.2m 以上采用轻钢墙梁,压型钢板墙面。车间辅房及热处理炉子间采用现浇钢筋混凝土框架结构。

　　车间布局结构按照使用功能主要分为两跨,即机械加工作业区和装配测试涂装作业区。车间生产功能分区进一步明确,机械加工作业区主要由大型数控机床、车削机床、磨削机床和钻镗机床组成的机群组成。为缩短物流路程,方便机加工定位和工装取用,车间围绕机加工机群布置有钳工作业区、工装辅料库房和零部件周转区。装配测试涂装作业区主要由装配作业、液压测试和油漆涂装车间等作业区域共同组成,布局形式集中。在部件周转区、机加工作业区与装配作业区之间,布置研磨场地和焊接作业区,便于将机加工好的零部件进行焊接面研磨,便于进行必要的零部件装配前结构焊接。由于焊后热处理消除焊接应力的需要,加热炉等热处理设备布置于焊接作业区内。清洗场地和成品库存区域,则与涂装喷漆作业区集中布置,便于成品在完成喷漆包装之后,直接由成品库存区外运。车间功能结构的绿色规划缩短了产品生产过程中的物流运行距离,大幅降低车间平均产能的物流强度,节约物料运输过程中的能量消耗。

　　车间中的加工机床主要采用机群布置方式,机床主要根据机床类型分区域安装,符合订单驱动的中等批量生产组织形式的需要。对机群布置区域进行编号,车间机械加工作业区的机群布置如图 5.46 所示。

1号机群	3号机群
2号机群	4号机群

图 5.46　车间机械加工作业区的机群布置

　　车间优化后的车间功能分区及物流运输通道情况，如图 5.47 所示。仓储半成品、刀具、工量具等物料的高位货架如图 5.48 所示。

图 5.47　车间功能分区及物流运输通道　　　　图 5.48　物料仓储高位货架

　　机械制造车间优化前后的生产现场对比如图 5.49 所示。

(a) 机械制造车间优化前生产现场　　　　　(b) 机械制造车间优化后生产现场

图 5.49　原 303 车间优化前后生产现场对比

2) 车间工艺装备规划与优化设计

绿色制造系统是一个处于不断运行发展的系统,其整体性能与系统各组成部分密切相关。先进的制造技术(包括绿色制造工艺技术)和绿色制造工艺装备设备将原材料物化并以产品的形式输出的过程中,工艺装备的规划与设计是实现生产过程绿色化的基础。

阀门制造车间的加工设备主要以机床为主。各种机床的加工精度、能耗等影响加工过程中的资源消耗和环境排放。机床、刀具等加工装备的老化,导致精度低而能耗高,同时传统机床不能对制造过程进行监控管理,没有考虑对切削液监管和回收处置设备。

阀门公司的车间优化后增加主要金属切削机床 32 台,包括 2 台($\Phi2000\times2500$)mm 数控双柱立式车床、1 台($\Phi4000\times2500$)mm 数控双柱立式车床、2 台($\Phi2500\times2500$)mm 数控立式车铣加工中心、1 台 $\Phi160$mm 数控落地镗铣床、2 台(950×460)mm 数控立式加工中心、1 台(630×630)mm 数控卧式加工中心、1 台(1000×1000)mm 数控卧式加工中心、12 台($\Phi630\times1500$)mm 数控卧式车床、2 台数控剖口机、1 台(500×1000)mm 数控平面磨床、2 台 $\Phi1250$mm 数控单柱立式车床、1 台 $\Phi80$mm 摇臂钻床、3 台($\Phi400\times1500$)mm 数控卧式车床。新增的机械加工设备采用先进高效的数控机床、加工中心等,提高生产效率,从根本上提高能源利用率。

新增焊接热处理设备 11 台,包括 1 台机械化喷丸设备、6 台 MR-400A OTC 直流电焊机、1 台($4000\times3000\times3000$)mm 天然气退火炉、1 台 RN2-240-6 井式氮化炉、1 台 RJ2-100-9 井式加热炉、1 台窄间隙焊机、1 台 DP-500 等离子弧喷焊机、1 台 MR-315T 氩弧焊机、1 台 WSM-200 逆变直流脉冲氩弧焊机。

车间新增机加设备主要用于阀杆、阀瓣、阀座、套筒、阀体等阀门主关件的加工。新增 15 台卧式数控车床主要用于阀杆、阀瓣、阀座的加工;车铣中心主要用于套筒的加工;立式加工中心、卧式加工中心和数控镗铣床主要用于阀体的加工;数控双柱立式车床主要用于大型堵阀阀体等零件的法兰端面、外圆以及阀体内腔加工。

阀瓣、阀座是阀门中加工精度最高的零件,其表面粗糙度最高要求为 Ra0.1μm(研磨后),形位公差要求也比较高。车间采用卧式数控车床来加工阀杆、阀瓣和阀座,以提高零件加工精度。如图 5.50 所示为车间装备的卧式数控车床和 3.5m 立式数控车床。工件加工精度得以大幅提高,同时由于数控机床的加工制造环境相对封闭,切屑粉尘对车间环境影响相对较小。

车间对于阀体的加工,主要采用立车联合卧式镗床的加工模式,立车主要用于加工法兰端面、外圆、内孔等部位,卧式镗床主要用于加工阀体内腔、通道坡口等部位。目前主要采用 1541、C5112A、C512、T68、T612 等通用设备进行阀体的加工。

车间卧式数控车床

车间立式数控车床

图 5.50　车间机械加工数控装备

车间建设中新增加工中心主要用于阀体的加工,可以减少装夹次数,提高生产率及零件的加工质量。由于核电和超(超)临界阀门焊接坡口的表面粗糙度要求达到Ra6.3 以下,用常规镗床和立车已无法满足要求,因而增加 1 台数控专用坡口机。

核电和超临界大口径阀门阀体采用锻焊结构,这样就要求焊接质量稳定,因而拟新增 1 台窄间隙焊接设备,用于提高焊接质量。窄间隙焊配以焊接辅机从而提高作业的机械化程度和焊接自动化水平,减少手工焊接,提高劳动生产效率,降低能耗。核电阀门大多采用不锈钢材质,这对热处理的升温速度有严格的要求,须增加控制精度更高的热处理炉。热处理炉炉体采用密封全耐火纤维结构,保温性能好,炉内配套高速调温装置自控燃气烧嘴,可节能 25%～30%。新增主要热处理设备均采用节能型产品,台车炉等主要热处理设备采用微机控制,生产过程严格按工艺要求进行。为了提高热处理工艺的绿色性,车间为热处理设备配套排烟除尘设备。车间热处理炉子间及排烟除尘设备如图 5.51 所示。

节能型天然气退火炉

热处理加热炉排烟除尘设备

图 5.51　节能型天然气退火炉及排烟除尘设备

装配试验及涂装作业区的定置设备主要有专用研磨机床、4DY-15/80、DSY-700 及 2D1-SY87/80 电动试压泵、DN150W 150mm 液压泵水台、安全阀泵水台、锻造阀泵水台、HPT-Ⅱ 高低压安全阀校验台、HKD1036S 超声波清洗机、YFC-200A/38 及 YFC-100AD/32 液压阀门测试机、TFC-300F/20PC 安全阀液压试验台、安全阀热态试验台、YFC-200A/63PC 及 YFC-300A/48PC 数字自动记录泵水台。

由于阀体内结构复杂,车间采用专用阀体超声波清洗机。阀座、阀瓣的研磨采用专用研磨机。装配在固定台位上进行,小型阀门一个工装可以同时进行多个阀门装配工作,大型阀门一个工装仅装一个阀门。安全阀的冷态试验主要试验项目是:水压强度试验、水压密封性试验、动作试验、开启压力试验等。车间新增 1 台安全阀液压试验台。装配试水工作区还新增 1 套安全阀热态试验台用于安全阀的热态检验,以提高产品的检测手段,同时也为提高产品市场竞争力提供了有力的保障。

将涂装部分布置在成品库,待涂装阀门整机来自车间装配试验工作区,经装配、试验后,泵表面有少量水及油,需在进入喷漆室前手工擦净、擦干。在喷漆室内喷漆后静置,然后进入干燥室,干燥室设有空气过滤及排风系统。表干后可放置在成品堆放场地,面漆采用水溶性快干漆。

水压试验作业区的液压阀门测试机采取集中布置方式,设置 1 套低位供水装置,每 2 个泵水台设置 1 个高位水箱,每个泵水台配 1 台试压泵,试验后的排水通过地沟排到低位水箱,经过滤后循环使用。车间规划新增 2 台数字自动记录泵水台,自动记录使用水量,强化用水量监管机制。

喷漆室内设有升降车,以方便操作人员对产品较高部位的喷涂。喷漆用压缩空气经过除油、冷冻干燥,以提高涂装质量。整机的油漆采用水旋式喷漆室,采用上送风、下抽风结构。新鲜空气从喷漆室顶部经过过滤和温度调节,由送风系统吹入喷漆室内,排风系统则从喷漆室底部排出被漆雾和有机溶剂蒸汽污染的空气,经过滤系统过滤后,空气经由风机管道高空排放,漆雾净化效率达 99%。

装配作业需要对阀门零件进行钳工打磨、研磨等工艺过程。在工艺设备选用时,在满足生产要求的前提下,车间尽量采用低噪声设备。装配作业区广泛采用电动工具代替风动工具,以减少噪声对环境的影响。空压机室噪声源主要在空气压缩机组吸风口,车间将其噪声控制在 78dB(A) 以下,已达到相关国家标准的技术要求。冷却塔设备亦选用技术领先的低噪冷却塔。压力试验作业区广泛选用低噪声水泵,在水泵安装过程中预置隔振基础,水泵进出水口安装橡胶软管接头和弹性吊架,以减小噪声和振动。

3) 车间节能降噪规划与设计

绿色制造系统研究在覆盖了企业从产品设计到工艺规划等制造过程的各个环

节,在生产运行这个重要制造环节,生产方案的不同,不仅会对生产过程中的时间、质量及成本等运行状态产生影响,同时也会对机械加工系统产生的资源消耗和环境排放产生影响。

车间建设过程中,一方面通过对车间加工装备的监控和生产任务的优化,实现车间总体能耗和噪音水平的降低;另一方面,对车间使用的建筑材料、照明方式、采光设计、资源利用以及低噪设备等各个建设环节,实施系统的节能降噪技术管理措施,以实现车间综合节能降噪的规划目标。

车间综合节能降噪优化技术的应用主要分为两个步骤:首先是建立涉及应用对象的节能降噪基础数据;然后基于这些基础数据进行节能降噪任务的安排。在应用过程中,考虑到实际生产的各种复杂状况,节能降噪任务安排主要是为生产人员提供可参考的优化方案,辅助支持生产人员的任务安排。

阀门车间的生产任务主要是各类阀门零件加工,应用对象主要是部分新增数控加工设备,包括($\Phi2000\times2500$)mm 数控双柱立式车床、($\Phi4000\times2500$)mm 数控双柱立式车床、($\Phi2500\times2500$)mm 数控立式车铣加工中心、(950×460)mm 数控立式加工中心、(630×630)mm 数控卧式加工中心、(1000×1000)mm 数控卧式加工中心、($\Phi630\times1500$)mm 数控卧式车床、$\Phi1250$mm 数控单柱立式车床、($\Phi400\times1500$)mm 数控卧式车床。根据车间生产任务的目标和主要加工装备的能耗和噪音水平,建立车间节能降噪优化技术的数学模型。

1) 建立数控设备的节能降噪基础数据

设备加工过程产生的能耗和噪声数据是节能降噪优化的基础。在应用过程中,采用数控设备的空载能耗和空载噪声替代实际加工过程产生的能耗和噪声,分别测量不同转速下的空载功率和空载噪声,从而建立数控设备节能降噪的基础数据。依据基础数据中各加工设备实际的能量消耗状况和噪音水平,实施相应的生产过程节能降噪优化。可以考虑在车间的建设工作中对该车间的重点数控机床安装能耗噪音监控装置,包括相关传感器和信息监控终端,配置相应的车间服务器,通过构建车间生产过程管理与控制网络,实时监控加工设备的能耗噪音以及相关运行状况,并通过车间综合优化实现车间的节能降噪规划目标。

2) 生产任务及装备的节能降噪优化技术

考虑到实际生产的各种复杂状况,安排在应用过程中的节能降噪优化任务主要是以辅助生产人员调度安排的方式进行。为了使节能降噪优化任务的安排能够灵活应用于生产过程,采用了多种方式辅助生产人员进行调度安排。第一种是直接根据设备的节能降噪基础数据,采用约束方式限制生产人员在大功率重型设备上的任务安排;第二种是采用人机交互方式,以能耗作为优化目标,噪声为约束,生成加工方案;第三种是以能耗和噪声作为双目标,生成参考的加工方案。其中,以前两种方式应用较多。

　　在应用车间节能降噪优化技术前,受人为因素、加工工艺等多种因素的影响,原 303 机制车间的加工设备经常出现空载运行状况,从而消耗了大量的能量,而生产管理人员对加工设备空载运行产生的能量消耗状况无法有效进行管理。车间通过节能降噪规划,其生产管理人员通过数控设备的节能降噪基础数据,掌握主要设备的实际电能消耗,及时采取措施避免加工设备长时间空载运行的能量损耗。还可通过实施切削过程工步间的节能技术,降低加工设备在切削运行过程中的空载能量消耗 20% 以上。

　　车间节能降噪优化技术在车间的应用过程中起到了稳定的节能效果,单批工件加工平均降低能耗约 10% 以上。降噪效果主要体现在明显降低了噪声污染、能耗较大的重型设备使用频率,降噪效果可达到 3% 以上。但实际生产中的各种因素较复杂,如加工任务的质量要求、加工工期、成本以及生产人员主观方案选择等方面对节能降噪的效果产生较大影响。

　　为了更好地实现车间综合节能降噪的规划目标,车间除了应用车间综合节能降噪优化技术之外,还必须采取一切可能的技术管理措施,尽可能地节约能源并合理利用资源。车间在设计和建造过程中,严格按照《机械行业节能设计规范》(JBJ14—2004)和《节能技术规定》(JBJ20—90)的相关规定要求,坚持贯彻国务院颁发的《节约能源管理暂行条例》,在生产能源管理与节约能源方面采取必要的技术管理措施。

　　(1) 产品工艺设计的技术进步是企业节能降耗的根本出路。工艺规划中充分应用基于资源环境属性的生产过程综合评价系统,重视提高制造工艺的绿色化水平,采用成熟的先进工艺,应用高效低耗的加工设备,优化车间生产的运行方式。

　　(2) 车间结构布局规划从物流合理性出发,缩短原材料、生产辅助设施在生产车间中的运行距离,降低能耗。性质相同或联系频繁密切的车间作业区组合布置,缩短物料运距,节省能源。

　　(3) 车间各作业区域之间实现专业化协作生产。所有生产车间内部细化布局,尽量按照工艺流程进行合理安排,减少物料往返运输次数,降低运输能耗。

　　(4) 生产中尽可能地采用循环水工艺,大量节约水资源,降低成本。所有金属切削加工生产过程中的乳化液循环使用。水压测试、零件清洗用水均循环使用;喷漆室等设备用水循环使用。

　　(5) 充分利用市政水压供给生活、生产用水。上区采用加压变频给水系统。合理确定水泵富余水头,选用高效水泵。

　　(6) 凡加热设备均采取保温措施,减少热量损失。空调系统的冷媒管道、送回风管均按相关规范要求设置隔热保温层。

　　(7) 车间变电所布置在负荷中心,缩短低压供电线路,减少线路损耗。选用低损耗的干式变压器,减少变压器自身耗损。设置低压电容器进行无功补偿,减少无功损耗,提高功率因素。照明系统采用高效节能灯具,提高节能效果。

(8) 建筑设计中,考虑屋面设计采光带,尽量提高自然通风和自然采光强度,减少机械能耗和照明能耗。彩钢板屋面、墙面采用离心玻璃保温棉,卷材防水屋面用挤塑聚苯板保温隔热,以保证室内的工作环境。有空调要求的房间门窗增设密闭条。

(9) 设计所选用的空气压缩机为低噪音、低能耗的全自动控制机组。设计所采用的通风设备、空调设备均为高效节能低噪声产品。

(10) 企业、车间成立能源管理机构,专职人员负责节能工作。公司和车间重视能源及耗能工质的计量、使用和核算管理,建立了生产责任制,以促进节能、节水工作的有效实施。各工段均配置水、电、天然气、压缩空气等能源计测装置及动力装置的二级计量管理,实行生产成本核算,以降低能耗。对主要耗能设备(加热炉等)配置单独的能源计量仪表,并指派专人负责能源使用的监督和管理,加强维修,防止"三漏",减少能源浪费。

5.5 阀门绿色制造系统工程实施的效果分析

通过对 J61Y-20 DN40 截止阀所有零件和加工工序的分析和研究,该型截止阀在总装配后,其成品总重为 24.7kg。由于零件加工制造过程中广泛采用精密毛坯和节材技术,其单件成品在整个制造过程中所消耗的金属材料总重量由集成技术应用前的 33.19kg 降至集成技术应用后的 26.66kg。切屑总量由应用前的 8.49kg 降至应用后的 1.96kg。

单件截止阀在加工制造过程中机床和焊机消耗的电能由之前的 38.78kW·h 降至应用后的 29.25kW·h。

项目应用实施前单台截止阀的装配试水工艺平均消耗水资源 56.82 kg,应用实施后平均消耗水资源降至 47.18kg,试水装配现场噪音由原来的 76dB 降至 73dB。

生产单台 J61Y-20 DN40 截止阀的机械加工所用切削液排放量由集成技术应用前的平均 0.33kg 降至应用后的 0.09kg。

生产单台截止阀的天然气消耗总量由集成技术应用前的 4.90m³ 降至应用后的 4.28m³。

生产任务高峰时段加工车间的整体噪音由集成技术应用前的 79dB 降至应用后的 76dB。

综上所述,J61Y-20 DN40 截止阀单件产品生产过程的绿色性技术指标统计见表 5.11 所示。

表 5.11　J61Y-20 DN40 截止阀单件生产过程的绿色性技术指标统计表

应用实施	电能消耗量/(kW·h)	材料消耗量/kg	物料利用率/%	水资源消耗量/kg	切削液消耗量/kg	天然气消耗量/m³	车间整体噪音/dB
绿色规划之前	38.78	33.19	74.42%	56.82	0.33	4.90	79
绿色规划之后	29.25	26.66	92.65%	47.18	0.09	4.28	76
绿色性指标	24.57%	19.67%	24.50%	16.97%	72.73%	12.65%	3.80%

从表 5.11 可以看出,J61Y-20 DN40 型截止阀单件产品的电能消耗降低 24.57%,金属材料消耗降低 19.67%,物料利用率提高 24.50%,水资源消耗降低 16.97%,切削液消耗降低 72.73%,天然气消耗降低 12.65%,车间整体噪音水平降低 3.80%。

截至 2009 年 9 月底的统计数据显示,阀门公司原车间在完成绿色制造系统技术应用部署以前,其稳定生产期内各种阀门产品的生产情况统计见表 5.12 所示。

表 5.12　稳定生产期内各种阀门产品的生产情况统计

名称	2004 年		2005 年		2006 年		2007 年	
	数量/台	重量/t	数量/台	重量/t	数量/台	重量/t	数量/台	重量/t
安全阀	202	38	395	75	395	74	384	79
闸阀	240	166	298	229	182	143	195	147
堵阀	21	36	77	129	24	41	9	16
止回阀	100	51	122	34	36	20	17	5
调节阀	105	18	288	43	88	15	52	8
截止阀	5618	607	2958	311	1200	130	728	57
其他	2959	44	31	2	17	2	21	2
合计	9245	960	4169	823	1942	425	1406	314

阀门公司生产规模最大、生产情况最为稳定的 2004 年,各类阀门产品生产情况统计见表 5.13 所示。

表 5.13　2004 年各类阀门产品生产情况统计

序号	代表产品名称及主要参数	平均单重/kg	平均年产量	
			数量	总重/t
1	安全阀	189.3	202	38
2	闸阀	690.3	240	166
3	堵阀	1726.5	21	36
4	止回阀	508.5	100	51
5	调节阀	172.4	105	18
6	截止阀	108.1	5618	607
7	其他	14.8	2959	44
8	小计	103.8	9245	960

　　绿色制造系统工程优化以后,根据目前的生产情况以及投产两个月来的产量,推算预期年产各类阀门产品生产情况统计见表 5.14 所示。

表 5.14　达年产各类阀门产品预期生产情况统计

序号	代表产品名称及主要参数	平均单重/kg	年产量	
			数量	总重/t
1	安全阀	189.3	1939	367
2	闸阀	690.3	1017	702
3	堵阀	1726.5	117	202
4	止回阀	508.5	177	90
5	调节阀	172.4	435	75
6	截止阀	108.1	5895	637
7	减压阀	130.9	84	11
8	球阀	243.9	820	200
9	核级阀门	100.0	670	67
10	料浆阀	500.0	600	300
11	其他	14.8	25746	349
12	小计	80.0	37500	3000

　　根据年产量计算,达年产原材料预期供应情况统计如表 5.15 所示。

表 5.15　达年产原材料预期供应情况统计

序号	物料名称	单位	年消耗量	备注
	一、原材料			
1	铸件毛坯	t	2400	
2	阀门锻件毛坯	t	600	
3	钢材	t	200	
4	辅料	t	160	
	二、外协配套件、外购件			
1	阀门电动装置	台	6000	外协配套
2	焊材	t	30	外购
3	标准件	t	40	外购

　　机制车间在整个制造过程中平均每年消耗金属材料总量为 1290t,成品重量为 960t,总成产品件数为 9245 件,平均每件产品消耗金属原材料 139.5kg,成品平均单重 103.8kg,每公斤成品消耗金属原材料 1.344kg。集成技术应用之后,由于零件加工制造过程中广泛采用精密毛坯和节材技术,绿色制造系统工程在进入生

产稳定期后平均每年消耗金属材料总量为 3430t,成品重量为 3000t,总成产品件数为 37500 件,平均每件产品消耗金属原材料 91.5kg,成品平均单重 80.0kg,每公斤成品消耗金属原材料 1.144kg。由以上数据可以知道,单件产品单位重量平均消耗金属原材料由绿色规划前的 1.344kg 下降至规划后的 1.144kg,原材料消耗下降了 14.88%。单件产品平均物料利用率由 74.41% 上升至 87.43%,物料利用率提高了 17.50%。

整个企业原平均每年电能消耗总量为 1025812kW·h,单件产品电能平均消耗 121.78kW·h。绿色制造系统工程应用以后,整个企业平均每年电能消耗 3552600kW·h,单件产品电能平均消耗 94.74kW·h。

应用实施前,车间年平均消耗水资源总量为 1840t,平均单台阀门产品在生产制造过程中消耗水资源 199.03kg。应用实施后,绿色制造系统工程年平均消耗水资源总量为 5730t,平均单件产品水资源消耗量降至 152.80kg。

应用实施前,车间年平均消耗切削液总量为 8447kg,平均单台阀门产品在生产制造过程中消耗切削液 0.91kg。应用实施后,年平均消耗切削液总量为 10931kg,平均单台阀门产品消耗切削液 0.29kg。

应用实施前,车间年平均消耗天然气总量为 150534m³,平均单台阀门产品在生产制造过程中消耗天然气资源 16.28m³。应用实施后,年平均消耗天然气总量为 520080m³,平均单台阀门产品消耗天然气资源 13.87m³。

生产任务高峰时段加工车间的整体噪音由集成技术应用前的 79dB 降至应用后的 76dB。

绿色制造系统工程项目实施后,阀门公司绿色制造系统工程在绿色性指标方面达成的主要技术指标见表 5.16 所示。

表 5.16　绿色制造系统工程绿色性技术指标统计表

应用实施	电能消耗量/(kW·h)	金属材料消耗量/kg	物料利用率/%	水资源消耗量/kg	切削液消耗量/kg	天然气消耗量/m³	车间整体噪音/dB
绿色制造系统工程建设前	110.96	1.34	74.41	199.03	0.91	16.28	79
绿色制造系统工程建设后	94.74	1.14	87.43	152.80	0.29	13.87	76
绿色性指标	14.62%	14.88%	17.50	23.23%	68.13%	14.80%	3.80%

表 5.16 中的数据以单件产品平均消耗的资源物料作为统计基准。车间整体噪音则是主要测量机床—车间系统的综合噪音水平。从以上数据可以看到,绿色制造系统工程优化后,单位产能的车间系统电能消耗降低 14.62%,金属材料消耗降低 14.88%,物料利用率提高 17.50%,水资源消耗降低 23.23%,切削液消耗降

低 68.13%,天然气消耗降低 14.80%,车间整体噪音水平降低 3.80%。对照项目任务书中的相关技术指标"车间系统能量消耗降低 10%以上,或噪声降低 2%以上,或物料利用率提高 3%以上,或粉尘、冷却液污染等减少 60%以上",绿色制造系统工程建设项目全面达成规划应用目标。

车间优化后,阀门产品年生产总量达 37500 件,总重达 3000 吨,机械制造车间的能源资源消耗情况如表 5.17 所示。根据车间绿色性技术指标的分析数据,可以估算在同等生产纲领和生产规模下,全面应用生产过程绿色规划和优化运行技术后,机械制造车间的资源能耗下降量。根据 2010 年工业用资源单价可以初步估算机械制造车间优化后所产生的经济效益,如表 5.17 所示。其中材料单价以阀门公司使用量最大的 ZG230-450、ZG20CrMoV、ZG1Cr18Ni9Ti、ZG0Cr18Ni12Mo2Ti、12Cr1MoV 等材料的市场最低售价平均值作为估算依据。

表 5.17　机械制造车间直接经济效益估算

经济效益	电能	材料	水资源	切削液	天然气
绿色性指标	14.62%	14.88%	23.23%	68.13%	14.80%
达产年资源能耗总量	3552600kW·h	3430t	5730t	10931kg	520080m³
资源能耗下降量	608328kW·h	600t	1734t	23368kg	90343m³
工业用资源单价	0.94 元/(kW·h)	6000.00 元/t	3.15 元/t	6.41 元/kg	1.82 元/m³
折算经济效益	571828 元	3600000 元	5462 元	149789 元	164424 元

阀门公司机械制造车间在优化完成后,仅在物能资源利用方面产生的直接经济效益就达 449.15 万元。

环境效益和社会效益是绿色制造技术本身最为重要直观的效益特性。生产过程绿色规划与优化运行机械制造车间建设项目属于《产业结构调整指导目录》(2007 年本)鼓励项目"资源节约和综合利用"类第 12 条"节能、节水、环保及资源综合利用等技术开发、应用及设备制造"的内容,符合国家产业结构调整政策的要求。

阀门公司机制车间的绿色制造系统工程建设完成以后,增强了企业的技术实力,提高了企业生产能力,产品质量得到了保证,在高端市场中的企业竞争力得到进一步提升。机械制造车间生产过程的物能资源利用率明显提高,各类环境排放得到明显控制,废弃物处理成本降低,对环境的负面影响显著下降,企业取得的环境效益显著。

阀门公司建设机械制造车间,运用企业多年来在电站阀门制造业的先进生产经验,加快实现各类电站阀门生产的绿色化进程,大力推动绿色制造技术发展,全面实现机电产品制造企业的清洁生产与节能减排。通过在机械制造车间中应用生产过程绿色规划与优化运行技术,调整企业产品结构、适应市场需求、扩大生产规模、降低环境影响,提高产品和企业竞争力。机械制造车间建设过程中形成的生产过程绿色规划与优化运行技术,适用于以阀门公司为代表的一批国有大中型机械制造企业的生产运行模式,在我国机电产品制造业中具有一定推广价值和应用前景,其社会效益明显。同时通过建设生产过程绿色规划与优化运行机械制造车间,降低物能资源消耗,提高我国机电产品制造工艺及装备的绿色化水平,加快机电制造产业的绿色化进程,缓解国家制造产业规模大幅增长与资源环境保护之间的矛盾,调整国家能源和产业结构,保障社会经济合理有序增长,实现国家可持续发展战略。

5.6　本 章 小 结

本章主要介绍了绿色制造系统工程在典型的机械制造集团某阀门公司中的建设方法与步骤。首先介绍了阀门公司目前的发展现状和存在的问题,然后讨论了绿色制造在企业中应用的总体思路、基于产品生命周期的技术集成架构,并具体应用了绿色制造系统工程评价和集成规划的优化方法,最后给出了绿色制造系统工程在阀门公司具体的应用效果。绿色制造系统是实现生态工业的关键技术,是实现可持续发展战略的重要手段,在机械制造行业中越来越受重视。但是由于绿色制造还是一种新兴的生产理念,可借鉴的成功经验较少,绿色制造要想全面落实还面临较大的困难。在今后的研究中,还需要在绿色制造的方法上加以创新,在绿色制造的理论上加以完善。

第6章 钢铁绿色制造系统工程实践

根据系统状态是否随时间连续变化,可以将系统分为连续系统(continuous system)和离散事件系统(discrete event system)。钢铁制造过程的本质是物质流在能量流的推动下发生物质的转变,并伴随着能量的耗损,是典型的带有间歇的连续性工业生产过程。本章以钢铁绿色制造系统为研究对象,在深入分析钢铁绿色制造系统的体系结构及运行机制的基础上,从系统工程的角度提出钢铁绿色制造系统的实施方案,对钢铁绿色制造系统工程实践进行研究。

6.1 钢铁绿色制造实施的意义及发展趋势

6.1.1 钢铁绿色制造实施的意义

钢铁工业是一个以生产钢材为主的原材料制造业,属国民经济的基础产业。我国钢铁工业经过 50 多年的发展取得了举世瞩目的成就,粗钢产量自 1996 年突破 1 亿吨大关以来一直处于世界首位。然而,我国钢铁工业与国外先进技术的差距不能忽视。数据显示我国钢铁行业综合能源利用率约为 33%,比发达国家低 10 个百分点,单位产值能耗是世界平均水平的 2 倍多,是日本的 11.5 倍,是德国和法国的 7.7 倍[100];2005 年度我国钢铁工业(包括黑色冶炼压延、黑色矿山)主要污染物(包括废气、二氧化硫、烟尘、粉尘、废水)排放量占全国工业污染排放量的比重分别为 21.31%、7.4%、8.3%、15.65% 和 8.53%。所以,粗放式、高污染、高能耗仍然是我国钢铁工业的典型特征[101]。

随着全球化进程的加快,钢铁工业的发展环境发生了深刻变化。炼铁原料质量下降,资源、能源价格上涨,二氧化碳减排等,都对钢铁制造提出更为苛刻的要求。钢铁工业已被列入国家节能减排十大重点行业之一。2011 年 11 月,"十二五"期间我国钢铁工业发展的指导性文件《钢铁工业"十二五"发展规划》(下称《规划》)正式对外发布,《规划》强调要着力解决好钢铁工业节能减排的难题,提出钢铁企业不仅要追求良好的经济效益,也要追求良好的社会效益,全力完成节能减排的各项指标任务,降低钢铁企业能源消耗单位增加值,减少二氧化碳排放总量,促进钢铁与其他产业的融合,发展循环经济,实现低碳绿色发展[102]。

钢铁工业的快速发展带来一系列更加严重的资源和环境问题,影响钢铁工业的可持续发展。"积极发展绿色制造,加快相关技术在材料与产品开发设计、加工制造、销售服务及回收利用等产品全生命周期中的应用,形成高效、节能、环保和可循环的新型制造工艺,制造业资源消耗、环境负荷水平进入国际先进行列"是"国家中长期科学和技术发展规划纲要(2006～2020 年)"制造业领域的"发展思路"。

各国专家通过研究普遍认为,绿色制造是解决制造业资源消耗和环境污染问题的根本方法,是实施环境污染源头控制的关键途径。国内的殷瑞钰、张寿荣、陆钟武等院士在国家"绿色制造与钢铁工业——钢铁工业绿色化问题"的咨询项目中提出钢铁工业绿色化就是绿色制造概念在钢铁工业中的具体体现[103]。宝钢原董事长谢企华指出绿色制造是实现钢铁企业可持续发展的有效途径[104]。

钢铁企业实施绿色制造能够提高钢材品种、质量、性能、无害化和使用效能;从源头削减开始,加强对生产过程的控制,对最终污染物进行无害化处理,从而保护环境;提高含铁固体废弃物回收利用率、二次能源回收利用率和水资源回收利用率。钢铁企业绿色制造的实施能够优化产品结构,发挥能源转化功能、生产排泄物资源化功能,以及社会废弃物无害化处理功能,把企业的经济效益、环境效益、社会效益统一起来,并不断提高。这样不但可以改善企业绩效,还能承担社会责任,实现企业、社会、环境的良性互动。将企业从被动地控制污染转变为主动地采取绿色竞争力战略,利用环境因素,提升企业的持续竞争优势。

6.1.2　钢铁绿色制造的研究现状及发展趋势

钢铁绿色制造以节能减排为重点,是当今世界各国钢铁企业共同追逐的目标与发展方向。殷瑞钰院士早在 2000 年针对钢铁工业目前面临的高能耗高污染的状况,提出钢铁工业面向新世纪的重要命题(也是根本性的命题)之一是走绿色制造的道路,构筑可持续发展的钢铁工业。所谓钢铁绿色制造,是一种综合考虑钢铁系统的生产结构工艺流程、设备技术特性、资源与能源消耗和环境影响的现代钢铁生产制造模式,使产品从设计、制造、包装、运输和使用到报废处理的整个生命周期对环境负面影响最小,资源利用率最高,并使企业的经济、环境和社会效益协调优化,这也体现了生态工业和循环经济的思想,即减量化、再利用、再循环[105]。

20 世纪 90 年代以来,世界钢铁工业出现许多经济、灵活和更具环境特征的全新的工艺流程和技术,并且多数已进行推广运用,如干熄焦、转炉煤气干法除尘、烧结的半干法脱硫技术、高炉干法除尘和 TRT 余压发电技术、负能炼钢、燃煤锅炉改烧煤气、建设燃汽轮机组等的利用也都全面的展开并达到了较高的水平,污染物排放在大幅度降低,节能环保指数明显提高[106]。这些先进的工艺技术极大地提高了钢铁制造的质量,并一定程度实现了钢铁制造的节能减排。但是,实现整个钢铁制造系统的绿色制造,要从钢铁产品生命周期主线的角度出发,不能将各单元过程割裂考虑,也不能简单地从物料、工序、装备等角度出发再简单相加,必须从钢铁制造系统整体优化的角度来考虑,需要将管理方法论、节能减排技术和优化理论有机结合。

因此,从系统科学与系统工程角度探讨绿色钢铁制造系统的体系结构及运行机制是将现代绿色制造模式与具体的钢铁生产流程有机结合,实现钢铁企业可持续发展的必然趋势。

钢铁制造系统的物流由主料资源与辅料资源组成。主料资源主要指构成钢铁产品主成分的原材料,包括铁矿石、回收的废钢等;辅料资源是配合主料资源转化所必需的能源或辅助材料,如油、空气、煤、石灰石、化学品、耐火材料、合金、精炼材料和水等,是产品和生产工艺所必需的。钢铁制造系统是主料资源在辅料资源的配合下,经过一系列单元而形成主副产品的输入输出系统。它的每一单元过程都带有不同的资源消耗,生成主副产品的同时产生各种排放。因此,主料资源和辅料资源是钢铁制造系统资源消耗和环境影响的根源,它们之间的协同配合关系决定了钢铁制造系统主辅资源的资源转化效率、能源消耗及其环境影响的程度。

以铁矿石等主料资源为研究对象,减少钢铁制造系统资源消耗和环境影响的研究受到广泛的关注。陆钟武院士建立了有时间概念的钢铁产品生命周期基准铁流图,并把它作为评价各实际铁流的标准,研究了钢铁产品生命周期源头上天然铁资源的消耗量与其末端铁排放量之间的关系,并在铁资源消耗量和铁排放量两个方面,提出了对钢铁产品生命周期铁流图进行评分的方法[107]。Seiichi 等研究了含不同成分的废钢按不同比例混合在电炉中冶炼对产品品质和环境排放的影响[108]。戴铁军等研究了高炉-转炉流程、电炉流程和混合流程等不同的生产工艺对铁资源效率的影响,得出电炉钢比愈高混合流程铁资源效率愈高的结论[109];建立了废钢、铁资源效率和铁环境效率的关系,指出生产流程中废钢指数的增加能够提高铁资源效率和铁环境效率[110]。以上对钢铁制造系统中铁流的分析,有助于发现钢铁生产过程中的资源消耗和环境问题。

在钢铁制造系统配合主料资源转换过程中,辅料资源不同的运行特性所产生的资源消耗和环境影响不同。Du、Cai 等分析了钢铁制造过程中辅料资源的添加、循环和返工对 CO_2 等气体污染物排放的影响[111]。赵贵清等研究了焦炭的冷热态性能、耐磨强度、抗碎强度、反应性强度以及杂质等对高炉铁资源效率的影响[112]。Dan 等研究了脱硫工艺中脱硫剂添加量、添加时间等对资源消耗和环境排放的影响[113]。加拿大 Canmet 能源技术研究中心通过试验得出在炼铁过程中使用的还原剂冶炼焦在生产过程中增加炭的使用可以减少 CO_2 的排放量[114]。Antrekowitsch 等讨论了钢厂在处理废料的过程中采用不同的还原剂对废料循环利用效率的影响[115]。以上钢铁制造系统中部分单元过程辅料资源添加的时间、添加量等运行特性方面的研究为解决钢铁制造系统中资源消耗和环境影响问题提供了部分参考思路。

在钢铁制造系统运行模式方面,苍大强教授等从循环经济理论的角度构建了钢铁制造系统的资源和能源的厂矿层次、企业层次和企业与社会层次的小、中、大循环,建立了生态钢铁工业产业链和社会功能链模型[116]。陆钟武等提出在钢铁工业经济系统中有企业内部的小循环、企业之间的中循环和产品使用报废后的重新利用等三个层面上的循环,并且认为企业内部的物质循环不仅有利于节约资源,也有利于改善环境[117,118]。孙浩等基于协调学的原理,提出了钢铁工业的导引协调、循环协调、分组协调、全息协调的节能模式[119]。英国剑桥大学 Al-Ansary 将 7R 黄金法则(regulations、reducing、reusing、recycling、recovering、rethinking and renovation)应用到工业生态中,提出了将钢铁工业中的粉煤灰等废弃物在建筑业等行业的资源化再用[120]。日本新日钢铁公司从"降低环境负荷、提供环境友好产品和技术、提高钢铁生产流程的环境友好性"的环境战略出发提出了矿渣的循环使用[121]。在运行模式的支持技术方面,邱剑等从钢铁工业管理、生产等信息的获取、处理和利用等方面阐述了信息流管理是钢铁制造系统实施绿色制造的重要支撑技术[122]。马珊珊、齐二石等建立了钢铁行业绿色制造的评价指标体系,用于对钢铁行业的环保问题的监督、管理和改进[123]。以上研究从生态模式、信息流管理和绿色评价技术等不同方面为钢铁制造系统的资源循环利用提供了有效的途径,但是,相对于再循环和再利用,钢铁制造系统源头上的资源消耗和环境排放的减量化更重要。

综上所述,主料资源和辅料资源的研究是解决钢铁制造系统资源消耗和环境影响问题的基础。因此,本章基于国家自然科学基金项目"基于辅料资源运动特性的绿色钢铁制造系统集成运行模式研究(70971102)"的资助,主要从辅料资源运行特性的角度,以钢铁产品生命周期过程为主线,以绿色制造模式为支撑,从系统工程的角度研究钢铁制造系统辅料资源的复杂运行特性,以及对资源消耗和环境排放的影响特性,在此基础上研究了绿色钢铁制造系统的评价方法及优化技术,建立一种面向多目标、多层次及主线系统和支撑系统集成运行的绿色钢铁制造系统集成运行模式。

6.2 钢铁绿色制造系统的体系结构及运行模型

6.2.1 钢铁绿色制造系统的内涵

钢铁生产属于连续流程制造过程,整个钢铁产品生命周期包括生产、加工使用以及报废后的回收再利用等环节,在这个复杂的过程中,各种物质与能量的输入与输出贯穿其中,整个钢铁产品生命周期的时间持续很长,且内容复杂。钢铁产品的生命周期,涉及资源、能源的开采、输送过程,钢铁产品制造过程,加工组装过程,使用过程,废弃过程,回收利用过程等,绿色钢铁产品生命周期如图 6.1 所示[124]:

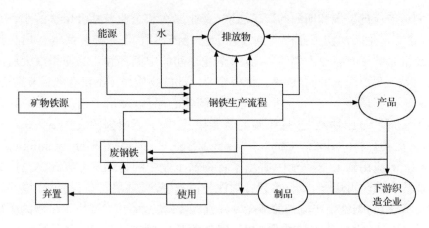

图 6.1　绿色钢铁产品生命周期

由图 6.1 可以看出钢铁制品的生命周期划分为三个阶段,分别为钢铁产品的生产过程、产品的制造加工过程及制品的使用和废弃过程[125],本章主要研究钢铁产品的制造加工过程。

从本质上讲,钢铁工业是典型的流程制造业,其特征是由各种原料组成的物质流在输入能量的支持下,按照特有工艺流程,经过传热、传质、动量传递并发生物理、化学或生化反应等加工处理过程,使物质发生状态、形状、性质方面的变化,改变了原料原有的性质而形成期望的产品,即物质流(如铁)在能量流(如电力、煤炭和各种煤气等)的驱动作用下,按照一定的顺序,在一个由诸多功能不同的工序组成的流程网络框架内,动态有序地运行,最终生产合格的产品。钢铁工业又是一个大规模的能源循环系统,在构成该系统的设备与设备之间、工序与工序之间,进行着复杂的能量消耗、转换、输送和使用。在钢铁制造系统中大量的物质产品流、能量转换过程,多种形式的排放过程和大量的排放废弃物都对环境造成不同层次、不同程度上的影响。

具体而言,钢铁绿色制造系统内涵可分别表述为时空内涵、可持续内涵及社会经济内涵。

1) 时空内涵

钢铁绿色制造系统具有明显的时空特性,钢铁制造技术水平是一个不断发展的过程,在某个特定的时间段内才有研究的意义,随着冶炼技术的进步,钢铁绿色制造系统也发生着变化。同时,不同国家、地区的钢铁制造水平是有差距的,且不同钢铁企业实施绿色制造的具体目标不尽相同,所以不同时间段和区域内,钢铁绿色制造系统的内涵是不同的。

2) 可持续内涵

从钢铁企业应用背景来看,钢铁绿色制造系统是以可持续发展为指导,以维护钢铁企业可持续发展为原则的。这是绿色制造系统工程在钢铁企业实施的前提。

3) 社会经济内涵

钢铁行业是国民经济的基础产业,追求利润率是钢铁企业的根本目的,企业的发展是跟经济水平紧密联系的,社会经济水平的高低影响着钢铁绿色制造系统的应用前景,不同国家、地区的经济水平不同将导致钢铁绿色制造系统实施的程度不同。

现阶段钢铁绿色制造系统应用是认识逐步提高、逐步完善,措施由被动的末端治理到相对主动预防、处理、消纳和循环利用的进程,随着科学技术的进步,将循环经济理论、生态工业理论和资源再生理论紧密结合起来,形成以清洁生产、绿色制造为主要途径的发展模式。

6.2.2　钢铁绿色制造系统的体系结构

钢铁绿色制造系统的体系结构是绿色制造的内容、目标和过程等多方面的融合,为探讨和实施绿色制造提供多方位视图的模型,如图 6.2 所示。这一体系可概括为四条途径、三项内容、两个目标和一个保障[126]。

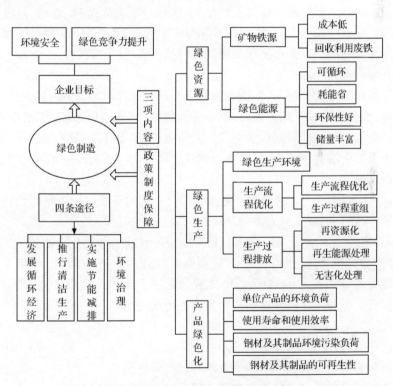

图 6.2　钢铁绿色制造系统的体系结构

1. 四条途径

钢铁绿色制造系统体系结构要求企业按生态学规律,把环境保护、清洁生产、节能降耗、资源综合利用、开发新产品等融为一体,即以环境治理为切入点,以发展循环经济、推行清洁生产、实施节能减排为途径,提升企业绿色竞争力。

(1) 环境治理。20 世纪 60 至 70 年代,许多企业污染物任其自流,从而导致生态环境严重破坏,最后不得不实行先污染后治理的"末端治理",企业为此付出高昂的治理费用。从"末端治理"转向"清洁生产",使生产过程中污染物的产生量尽量减少,再对产生的污染物进行末端治理,即清洁生产和末端治理紧密结合,长期并存。

(2) 发展循环经济。循环经济本质上是一种生态经济,要求运用生态学规律而不是机械论规律来指导人类社会的经济活动。与传统经济相比,循环经济的不同之处在于:传统经济是一种"资源—产品—污染排放"单向流动的线性经济,其特征是高开采、低利用、高排放;而循环经济倡导的是一种与环境和谐的经济发展模式,它要求把经济活动组织成一个"资源—产品—再生资源"的反馈式流程,其特征是低开采、高利用、低排放。即"减量化、再使用、再循环"的 3R 原则,是循环经济最重要的实际操作原则。3R 原则在循环经济中的重要性并不是并列的,循环经济应以避免废弃物的产生为经济活动的优先目标,所以其相应的优先顺序应为:减量化—再利用—再循环。

在经济全球化的前提下,钢铁企业除了面对行业和市场竞争的巨大压力,还要面对资源、能源和环境问题。因此,钢铁企业既要充分地利用现有钢铁生产资源,不断开发新技术,实现零排放、少污染的清洁生产,又要合理、节约地使用钢铁与其他行业中人类生活共用的资源,建立以钢铁生产为中心的循环生态链,实现钢铁生产可持续发展。

(3) 推行清洁生产。清洁生产是指将综合预防的环境保护策略持续应用于生产过程和产品中,以减少对人类和环境的风险。

(4) 实施节能减排。节能减排是指节约能源和减少环境有害物排放。我国的《中国国民经济和社会发展"十一五"规划纲要》提出"十一五"期间,单位国内生产总值能耗降低 20%左右,主要污染物排放总量减少 10%。钢铁企业是能耗大户,节能减排成了企业生存和发展面临的紧迫的历史使命。

2. 三项内容

三项内容包括:绿色资源、绿色生产和产品绿色化。

绿色资源主要是指矿物铁源和绿色能源。矿物铁源不仅包括不可再生的铁矿石,还包括可回收利用的钢铁废弃物等。绿色能源应尽可能使用贮存丰富、可再生的能源,并且应尽可能不污染环境。

　　钢铁企业绿色生产应从厂区环境、物料能源的供应、生产流程优化、生产过程排放等方面,从钢铁产品生产过程的全生命周期过程来减少资源消耗和降低环境污染。其中生产过程排放主要是对排放物质能源进行再能源化循环处理、再资源化循环使用,尽可能小的无害化处理。

　　产品的绿色化是用产品的绿色度来衡量的。所谓产品的绿色度是指制造过程中单位产品环境负荷的标志及其在再加工过程、使用过程、废弃过程、回收过程中对环境友好的程度,具体包括单位产品的环境负荷、产品的使用寿命与使用效率、钢材及其制品对环境的污染负荷、钢材及其制品的可再生性等。因此,以绿色制造打造绿色产品,大力发展高效、节能型钢材将有助于环境安全和提升钢铁企业的竞争力。

3. 两个目标

　　两个目标即提升企业绿色竞争力和环境安全。

　　钢铁企业实施绿色制造是一项系统工程,要求企业走科学发展、创新发展、节约发展、清洁发展、可持续发展的道路,通过大力发展循环经济,推行清洁生产,实施节能减排来达到提升企业绿色竞争力和环境安全的目标。

4. 一个保障

　　一个保障即制度保障,指有关的国家法律法规和政策的保障。如国家已颁布的《中华人民共和国循环经济促进法》、《中华人民共和国节约能源法》、《中华人民共和国环境保护法》等,为钢铁企业依法发展绿色制造指明了方向,提供了保障。

6.2.3　钢铁绿色制造系统的运行机制

　　钢铁制造系统是由相互作用和相互依赖的烧结、炼铁、炼钢等若干单元过程组合而成的具有特定功能的有机整体。在单元过程中,主料资源在辅料资源的配合下,通过评价指标关联、时序过程关联、资源交互关联等影响钢铁绿色制造系统资源消耗和环境影响。主料资源和辅料资源是资源消耗和环境影响的根源。图 6.3 为基于辅料资源运行特性的钢铁绿色制造系统运行模型。

　　钢铁制造系统可看成主料资源在相关辅料资源(各种原料的物化性能、配比等)的配合下,通过一定操作参数作用于设备参数(统称为工艺参数),其中有一定的状态参数和指标参数与之相对应,最后生产出铁产品[127]。用函数关系表示为

$$\begin{matrix} \text{原料参数,设备参数} \\ \text{操作参数} \end{matrix} \xrightarrow{f} \text{状态参数} \xrightarrow{g} \text{指标参数}$$

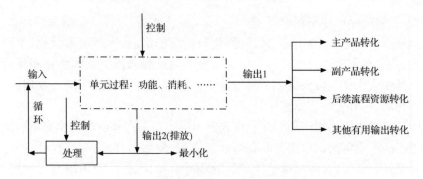

图 6.3　钢铁绿色制造系统运行模型

对应的数学模型为

$$\int_{\tau}^{\tau+T} F_1\left(Y, \frac{\partial Y}{\partial t}, H, \frac{\partial H}{\partial t}, Z, \frac{\partial Z}{\partial t}, X\frac{\partial X}{\partial t}\right)\mathrm{d}t = U_t \tag{6.1}$$

式中，Y 为原料参数；H 为设备参数；Z 为操作参数；X 为状态参数；U_t 为最终的目标参数；各偏导数为参数向量随时间变化的关系；积分区间 $[\tau, \tau+T]$ 为工序的起止时间，即 T 为工序时间。

通过上式得出钢铁绿色制造系统运行机制分析模型，如图 6.4 所示。

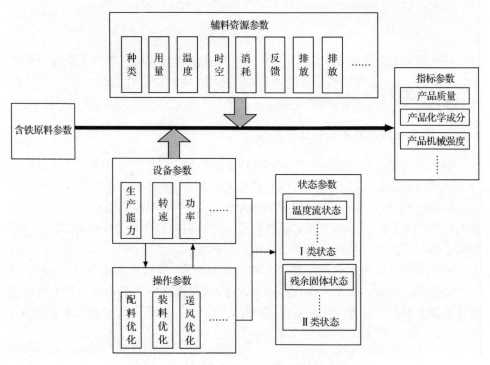

图 6.4　钢铁绿色制造系统运行机制分析模型

　　图 6.4 中Ⅰ类状态参数表示可以实时检测的数据,如温度、压力等,Ⅱ类状态参数指无法直接检测但可以间断检测的数据,如铁水、炉渣的化学成分,只有在出渣、出铁后,通过取样化验才能够得到,状态参数直接决定着产品的质量和产量。

　　为了有效揭示钢铁绿色制造系统的运行机制,本章将从烧结、高炉炼铁、转炉炼钢这三个方面建立其运行机制模型。焦化过程的污染指数大,但整个过程不涉及铁元素转化,产品只是作为高炉炼铁辅料的焦炭;精炼、连铸等环节的污染排放及成本占用相对较小,故在此不作考虑。

　　1) 烧结生产流程运行模型

　　烧结生产过程从混料系统到烧结矿块处理系统是一个从固态到固态的物料转换系统,在此转换过程中输入的物料资源包含铁原料、非含铁原料(熔剂和燃料等),其中含铁原料是烧结生产的主要物料称为主料资源,非含铁原料又称辅料资源,它的加入是为了让含铁原料能更好地转化为所需的烧结矿主产品。

　　烧结矿的含铁原料:主料资源包括含铁矿粉、返矿回收废料(除尘灰、瓦斯灰、轧钢皮、钢渣)等,非含铁原料:辅料资源包括熔剂、燃料、工业用水以及电能等,辅料资源与主料资源的具体情况如表 6.1 所示。

表 6.1　烧结生产的物料资源

分类		物料
主料	矿粉	精矿粉、富矿粉等
	返矿	一次返矿、二次返矿
	回收料	高炉瓦斯灰、氧化转炉炉尘、硫酸渣、轧钢皮、钢渣等
辅料	熔剂	酸性溶剂:蛇纹石、硅石等
		碱性溶剂:石灰石、白云石、生石灰和消石灰等
	燃料	固体燃料:焦粉、无烟煤等
		气体燃料:高炉煤气焦炉煤气等
	其他	工业用水、电能等

　　烧结生产中的主料资源含铁原料主要是为了给烧结矿提供铁元素,其中返矿一般粒度较大,可改善烧结料层透气性作为自然铺垫料,热返矿可以提高混料的料温,有利于形成液相。对辅料资源而言,熔剂的加入可提高烧结料的成球性和改善料层透气性,提高烧结矿产量,改善烧结矿强度、冶金性能和还原性,另外将高炉冶炼时高炉所配加的一部分或大部分熔剂和高炉中的大部分化学反应转移到烧结过程中来进行。燃料主要是为烧结混料的物态转换提供热源,气态燃料主要用于点火,将混料中的固体燃料点燃便于混料烧结完成物态转换。其他的辅料资源如工业用水进行混料制粒与冷却,而电能的消耗主要是为了完成烧结设备的运转。烧结生产过程就是通过主辅料资源的共同作用使烧结生产顺利进行,实现物料资源

的最大化利用以满足钢铁企业的综合生产目标。

影响烧结工艺最终产品烧结矿质量的因素很多,在烧结设备一定的情况下,主要影响因素是烧结工艺中的主料资源、辅料资源以及烧结过程中所进行的相关操作。在烧结工艺进行的过程中,为了使辅料资源运行顺利,需要进行一系列的相关操作,包括配料、混料、布料、点火、抽风、破碎、冷却、整粒等,与这些操作相关的所有指标都会影响烧结矿的质量。基于辅料资源运行特性的烧结过程分析模型如图6.5所示。

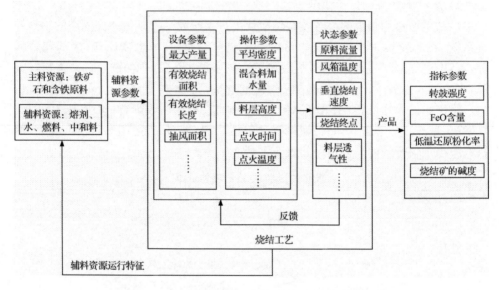

图6.5　基于辅料资源运行特性的烧结过程分析模型

烧结生产通过调整主料资源参数、辅料资源参数、操作参数和设备参数使指标参数和状态参数达到最优以生产符合现代高炉冶炼要求的烧结矿,状态参数反映了烧结过程的状态,指标参数是指烧结矿的质量指标,同时状态参数也注重主料资源和辅料资源之间的转化特性。

2) 高炉炼铁过程运行模型

铁矿石经过烧结过程成为大小粒度合适的烧结矿后,通过目标铁水的计算对烧结料、铁矿石及其他辅料资源进行配比,最后连同燃料、熔剂等由炉顶的装料设备装入炉内,并向下运动;从下部鼓入的空气燃烧燃料,产生大量的高温还原性气体向上运动,炉料经过加热、还原、熔化、造渣、渗碳等一系列物理化学过程,最终形成液态炉渣和生铁。高炉炼铁的主产品是生铁,副产品是高炉煤气、水渣和炉尘。

高炉炼铁工艺中的辅料资源是指除生成铁水过程中的含铁原材料,包括铁矿石、二次含铁资源之外的与工艺相联系的能源或辅助材料,如气液燃料、空气、煤、焦炭、石灰石、耐火材料和水等是产品及生产工艺所必需的。高炉炼铁系统辅料资源在配合主料资源的转换过程中形成了复杂的时空特性,各辅料资源在主线上的加入方式、加入时间;设备的状态、操作参数等都会形成不同的主料资源的转化效率,并影响系统的资源消耗和环境排放。焦比是高炉生产过程中最重要的技术经济指标之一,是高炉生产效率和能耗的集中体现。考察高炉炼铁过程运行规律,核心是关注高炉综合焦比。综合考虑高炉炼铁过程中辅料资源与主料资源协同配合的关系,将辅料资源运行特性与高炉炼铁系统主线结合,用以揭示辅料资源运行特性是如何影响高炉综合焦比的。

(1) 石灰石。石灰石是高炉冶炼中最主要的熔剂,随着高炉精料技术的进步,熔剂一般都是配入烧结料或球团料中,即使有时采取少量熔剂入炉,也仅是作为稳定炉况和调节炉渣碱度的手段。石灰石对高炉焦比的影响主要有:①有效熔剂性。有效熔剂性低,则高炉渣量大,焦比升高。熔剂的主要有效熔剂性是评价碱性熔剂质量的主要指标。②石灰石的粒度和强度。若粒度过大,在高炉内分解缓慢,将增加高温区的热量消耗,致使炉缸温度降低,焦比升高。③有害杂质 S、P 含量。熔剂的加入量通常通过烧结矿、球团矿及炉渣的碱度来衡量,熔剂的理化性质及加入量直接影响着高炉渣量和焦比。

(2) 焦炭。焦炭的各种特性直接影响高炉冶炼的稳定性和各种生产指标。①焦炭中固定碳含量和灰分。固定碳含量高的焦炭,其发热值高,单位质量焦炭提供的还原剂也多,有利于降低焦比;焦炭灰分的大部分组成是 SiO_2 和 Al_2O_3 等酸性氧化物,因此使用高灰分焦炭时必须增加碱性熔剂的用量,导致炉渣量增加,焦比升高。②S、P 等杂质。高炉铁水中,80% 以上的 S 来自焦炭,因此焦炭含 S 量升高,必须相应增加石灰石熔剂用量来提高炉渣碱度和改善炉渣脱硫能力,从而使炉渣量增加、焦比升高、生铁产量降低。③水分含量。焦炭中的水分主要是湿法熄焦时渗入的,水分含量的波动必然引起焦炭量的变化,引起炉况波动。④粒度和机械强度。大小不均匀的散料,孔隙率最小,透气性差;焦炭在高炉下部高温区作为支撑料柱的骨架,若机械强度差,易形成大量碎焦,恶化炉缸的透气性和透液性,破坏高炉顺行。

(3) 喷吹用煤。高炉喷煤意义在于代替价格昂贵的冶金焦,降低焦比,减小成本;煤粉中含氢量比焦炭高,使炉内氢浓度增加,改善炉缸工作状态;为高炉接受高风温和富氧鼓风创造条件。煤粉的含碳量、发热值、粒度、温度、水分含量等特性都影响着煤粉的喷吹量和置换比,进而影响综合焦比。

(4) 高炉富氧送风。合理地选择鼓风参数(风温、风温、风压、湿度、富氧程度等)及风口直径,是获得良好的炉缸工作状态以及合理的煤气流初始分布的保证。风量引起的炉料下降速度和初渣中 FeO 含量的增减,以及煤气流分布的变化,都会影响煤气能的利用程度和炉况顺行情况,进而影响焦比。风压是煤气在高炉内料柱阻力和炉顶压力的综合表现,间接的表示高炉料柱透气性的变化。风温直接影响炉缸的温度,并间接地影响到沿高炉高度方向上温度分布的变化以及炉顶温度水平,直接影响高炉内的热平衡和焦比。鼓风中不可避免的含有一定量的湿度,但由于湿分在风口前的分解需消耗大的热量,会升高焦比。

　　高炉炼铁工艺包含配料、上料、布料、鼓风、富氧、喷煤等众多的子工序,是一个复杂的工业过程,具有复杂性、滞后性、非线性、多变量性、时变性和灰色性等特点。考察各辅料资源的运行特性,建立高炉炼铁综合焦比分析目标优化模型,如图6.6所示。

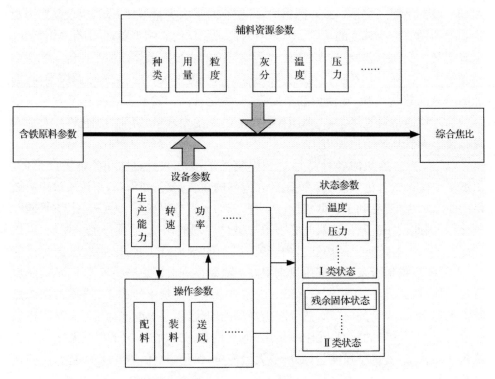

图 6.6　基于辅料资源运行的高炉炼铁综合焦比分析模型

　　从过程控制的角度,可以将高炉炼铁工艺过程描述为这样一个系统:一定的原辅料参数在设备参数与操作参数的共同作用下,生产出符合质量指标要求的铁水,同时在此过程中有一定的状态参数和指标参数与之相对应。其中辅料资源是指除铁矿石、回收的废钢之外的与工艺相联系的能源或辅助材料,如空气、煤、石灰石和水等,是产品及生产工艺所必需的。状态参数反映高炉运行状态,指标参数是指铁水产量和质量指标,同时状态参数也注重主料资源和辅料资源之间的转化特性。

3）炼钢过程运行模型

铁矿石经过高炉炼铁工序后变成液态的高温铁水,其温度、元素含量等由于炉况、原材料的差异等有很大波动,经过铁水预处理后铁水加入到转炉中进行炼钢环节的操作。

转炉炼钢过程输入的物料资源可分为主料资源和辅料资源,主料资源指构成所生产产品主成分的原材料,在转炉炼钢过程中主要包括预处理生产的铁水、废钢等;辅料资源是指配合主料资源转化所必需的能源或辅助材料,在转炉炼钢过程中辅料资源主要包括氧气、生石灰、萤石等,表 6.2 为转炉炼钢过程主要资源输入情况分析表。

表 6.2　转炉炼钢过程主要原料分类表

原料类别			原料名称
主料资源			铁水、废钢
辅料资源	造渣材料(熔剂)		石灰、萤石、白云石、合成造渣剂
	其他物料	脱硫剂	CaC_2、CaO、Mg 等
		脱硅剂	均为氧化剂,轧钢皮、高碱度烧结矿粉、氧气等
		脱磷剂	氧化剂、固定剂(CaO 等)、助熔剂(CaF_2 等)
		氧化剂	氧气、铁矿石、氧化铁皮等
		冷却剂	废钢、铁矿石、氧化铁皮、石灰石
		增碳剂	沥青焦粉、电极粉、焦炭粉、生铁
	耐火材料、保温剂、惰性气体		

将转炉炼钢过程看作一个相对独立的生产系统,对炼钢过程中辅料资源运行特性和设备、操作参数等进行综合考虑,找出炼钢过程主辅料资源、炼钢设备(主要为转炉、氧枪等)、炼钢相关操作参数(配料操作、装料操作、送风操作等)的相互关系,并分析上述关系对产品指标参数(出炉钢水成分、钢液温度等)的影响,如图 6.7 所示。

由图 6.7 可得,转炉炼钢的产品为钢水,其主要指标参数为钢水温度、钢水成分及钢水中杂质含量。输入的主料资源(铁水、废钢)与辅料资源(氧气、石灰、萤石、铁矿石等)相互作用,通过炼钢设备(设备参数)与相关工艺操作(操作参数)的作用,利用炼钢过程中状态参数进行调节,最终达到炼钢目的,完成炼钢过程。图 6.7 中设备参数、操作参数、状态参数的详细指标分别为:设备参数包括转炉炉型、炉容量、出钢周期、炉容比、高径比等;操作参数包括装入量、装料次序、造渣加入量、氧枪操作、冷却剂加入量、终点控制等;状态参数包括氧流量、熔炉池温度、炉口火焰、炉渣密度。

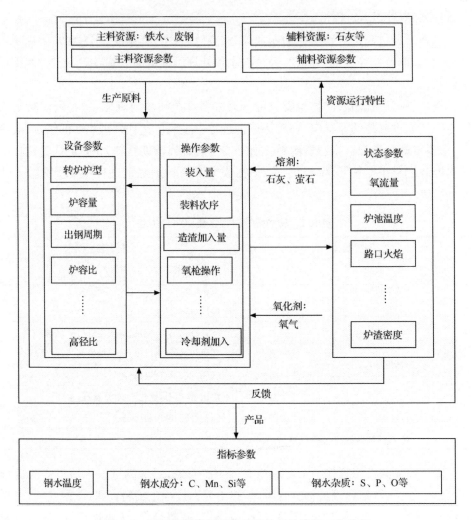

图 6.7　基于辅料资源运行特性的转炉炼钢工艺分析

6.2.4　钢铁绿色制造系统集成运行模式

　　基于对钢铁绿色制造系统各环节辅料资源运行特性的分析,建立钢铁绿色制造系统集成运行模式。该模式通过绿色制造技术的生产组织和技术系统的形态与运作方式研究绿色制造系统在钢铁行业的应用方法,目的在于系统深入地认识和分析其本质特征,进而建立一种以钢铁产品生命周期过程为关联主线(包括评价指标关联、时序过程关联、资源交互关联等),以单元物流模型为基元,物质循环运行为重点,多目标集成决策模型为手段的钢铁绿色制造系统集成运行模式。钢铁绿色制造系统集成运行模式多视图如图 6.8 所示。

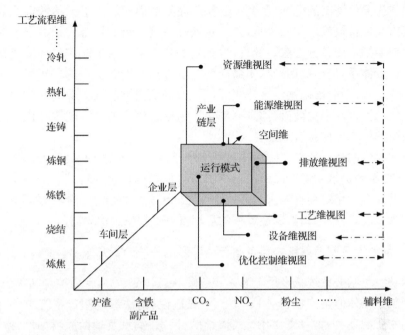

图 6.8　钢铁绿色制造系统集成运行模式的多视图描述

如图 6.8 所示,钢铁绿色制造系统集成运行模式采取四层分类结构,并具有多物流过程集成化、时空维度扩展化、制造目标多维化的特征。第一层为目标层:以资源节约 R、环境影响 E、职业健康与安全 H、生产率 P、质量 Q、成本 C 等为目标,建立新型钢铁企业的多维化目标模型;第二层为主体层:单元物流模型和钢铁产品生命周期过程主线协同配合,通过评价指标关联、时序过程关联、资源交互关联等,对资源消耗和环境影响进行分析和评估;第三层为基元层:该层为由广义模型和数学模型构成的钢铁制造系统运行过程的统一单元物流模型;第四层为决策层:以物质循环和绿色集成制造系统理论为指导思想,建立综合考虑资源消耗和环境影响的多目标集成决策模型。

6.3　钢铁绿色制造系统的评价方法

钢铁绿色制造系统的评价是以生命周期评价的思想和方法为指导,对钢铁制造系统的物料流、能量流以及环境排放流进行分析和评价,诊断钢铁制造系统中的资源消耗和环境影响状况,为采取相关的措施,更有效的改善其资源消耗和环境影响提供依据。

由于我国钢铁行业起步较晚,现阶段钢铁绿色制造系统评价方法的研究还主要在理论层面。陆钟武院士建立了有时间概念的钢铁产品生命周期基准铁流图,

并把它作为评价铁流的标准,研究了钢铁产品生命周期源头上天然铁资源的消耗
量与其末端铁排放量之间的关系,并针对铁资源消耗量和铁排放量提出了钢铁产
品生命周期铁流图评分方法。杜涛、蔡九菊等建立了钢铁生产流程环境负荷分析
的评价指标体系,提出应用产品生命周期评价方法对钢铁生产流程环境负荷进行
分析和评价,并结合国内钢铁企业实际,用已界定范围的生命周期评价法对两类典
型钢铁生产流程环境负荷进行对比分析,得出钢铁生产的合理配置和优化是改善
环境负荷的根本方向和有效途径[128]。

　　钢铁绿色制造系统在实际应用过程中由于生产工艺的多样化和环境影响因素
的复杂化,至今仍缺少对产品制造过程进行环境影响评价的有效方法。本章分别
分析了钢铁制造系统物料输入与环境排放之间的关联性和钢铁生产过程各工序的
污染贡献情况,为改善钢铁制造过程的环境友好性提供解决思路。

6.3.1　钢铁绿色制造系统物料资源与环境影响关联分析方法

　　钢铁绿色制造系统从本质上看是集物质状态转变、物质性质控制和物流有序、
有效管制于一体的生产制造体系[129]。一般地说,钢铁绿色制造系统中存在三种
不同的物质流动:①物料流,即矿石、烧结矿、铁水、钢水及辅助原料如油、空气、化
学品、耐火材料、合金、精炼材料和水等物质的流动。②能量流,即煤炭、蒸汽、煤
气、电、水等能源物质的流动。③环境排放流,即含铁副产品、CO_2、SO_2、NO_x、粉
尘、残渣等排放物的流动[130]。钢铁绿色制造系统是在物料资源和能量流的配合
下,经过一系列工序而形成主副产品的输入输出系统,如图 6.9 所示。

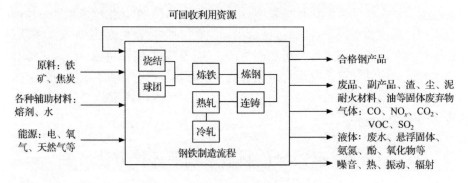

图 6.9　钢铁绿色制造系统输入输出图

　　钢铁制造的每一道工序都带有不同的物料输入,生成主副产品的同时产生各
种环境影响,如表 6.3 所示。这些不同的物料投入是钢铁绿色制造系统资源消耗
和环境影响的根源,它们之间的配合关系决定了资源转化效率、能源消耗和环境影
响的程度。因此,揭示钢铁绿色制造系统物料资源和环境排放之间的关联关系是
优化钢铁制造单元、改善单元过程的功能、结构、效率以及降低单元过程环境负荷

的重要基础支持。

表 6.3　钢铁制造过程物料投入、污染物排放及环境影响

工艺阶段	物料投入	污染物排放	潜在环境影响
原料处理	矿石（粉矿、块矿、球团矿）等	粉尘	局部沉积
烧结	含铁原料及石灰石等熔剂	粉尘（包括 PM_{10}）、CO、CO_2、SO_2、NO_x、VOC_s、甲烷、二噁英、固体废弃物等	空气和土壤污染、地表臭氧、酸雨、全球变暖
炼焦	煤、焦炭	粉尘（包括 PM_{10}）、CO_2、SO_2、苯、NO_x、VOC_s、氰化物、二噁英、固体废弃物	空气和土壤污染、地表臭氧、酸雨、全球变暖
炼铁	矿粉、焦炭、水、电、风等	粉尘（包括 PM_{10}）、H_2S、CO、CO_2、SO_2、NO_x、COD、PAH、氰化物、固体废弃物	空气和土壤污染、地表臭氧、酸雨、全球变暖
炼钢	铁和废钢、各种合金属、水、电、氧等	粉尘（包括 PM_{10}）、SO_2、COD_{Cr}、氟化物、二噁英、金属	空气和土壤污染、噪音
轧钢	钢坯	油、油雾、CO、CO_2、SO_2、NO_x、VOC_s、酸、固体废弃物	空气和土壤污染、地表臭氧

　　为了分析钢铁制造过程物料流和环境排放流之间的关联关系,构造钢铁制造过程输入输出转换关系表,如表 6.4 所示。

表 6.4　钢铁制造过程的输入输出转换关系

输入量	输出量					
	M_1^*	M_2^*	$\cdots$	M_m^*	Y_1	$\cdots$	Y_n
M_1	Z_{11}	Z_{12}	$\cdots$	Z_{1m}	W_{11}	$\cdots$	W_{1n}
M_2	Z_{21}	Z_{22}	$\cdots$	Z_{2m}	W_{21}	$\cdots$	W_{2n}
$\vdots$	$\vdots$	$\vdots$	$\vdots$	$\vdots$	$\vdots$		$\vdots$
M_m	Z_{m1}	Z_{m2}	$\cdots$	Z_{mm}	W_{m1}	$\cdots$	W_{mn}

　　投入产出优化方法是指将最优化理论与投入产出技术相结合的方法[131]。应用投入产出优化方法分析钢铁绿色制造系统物料资源投入和环境排放的关联关系,可为决策者掌握钢铁制造过程物料投入与环境排放关系,绿色化改进钢铁制造过程提供参考[132]。

　　炼钢是钢铁制造系统的一个重要子系统,以炼钢工艺过程为例进行分析。炼钢工艺过程主要是把来自高炉的铁水配以适当的废钢,在炼钢炉内氧化、脱碳及造渣的过程。炼钢工艺过程的输入包括生铁、石灰、氧气,其中生铁由铁、碳和硅三种元素组成。石灰主要用来造渣，吸收氧化反应中生成的酸性氧化物。输出由钢、矿渣、灰尘和 CO_2 等组成，如图 6.10 所示。

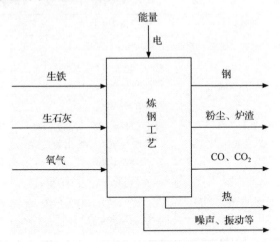

图 6.10　炼钢工艺过程输入输出图

根据某炼钢工艺过程在一定操作条件下的输入输出数据，建立了表 6.5 所示的工艺输入输出数据表。

表 6.5　炼钢工艺输入输出数据表

输入量	输出量								
	Fe	C	Si	O_2	Fe_2O_3	CO	CO_2	SiO_2	总量
Fe	892.45				19.63				912.08
C		3.21				31.56	2.25		37.02
Si			2.52					4.52	7.04
O_2				0.445	9.02	41.45	5.86	5.21	61.99
总量	892.45	3.21	2.52	0.445	28.65	73.01	8.11	9.73	1018.13

表中列出了所有输出，包括保持原物质形态的物料和新生成的物质，左边栏表示所有输入物料。炼钢工艺过程中的输入矢量 X 和输出矢量 Y 表示为

$$X = (\text{Fe} \quad \text{C} \quad \text{Si} \quad \text{O}_2)^T, \quad Y = (\text{Fe}_2\text{O}_3 \quad \text{CO} \quad \text{CO}_2 \quad \text{SiO}_2)^T$$

基于第 3 章提出的绿色制造系统资源环境属性关联分析方法，得出各矩阵如下所示：

$$A = \begin{bmatrix} 0.978 & 0 & 0 & 0 \\ 0 & 0.087 & 0 & 0 \\ 0 & 0 & 0.358 & 0 \\ 0 & 0 & 0 & 0.007 \end{bmatrix}, \quad B = \begin{bmatrix} 0.685 & 0 & 0 & 0 \\ 0 & 0.432 & 0.277 & 0 \\ 0 & 0 & 0 & 0.465 \\ 0.315 & 0.568 & 0.723 & 0.535 \end{bmatrix}$$

则工艺输入输出关系的数学方程为

$$\begin{bmatrix} x_1 \\ x_2 \\ x_3 \\ x_4 \end{bmatrix} = \begin{bmatrix} 31.1364 & 0 & 0 & 0 \\ 0 & 0.4732 & 0.3034 & 0 \\ 0 & 0 & 0 & 0.7243 \\ 0.3172 & 0.572 & 0.7281 & 0.5388 \end{bmatrix} \begin{bmatrix} y_1 \\ y_2 \\ y_3 \\ y_4 \end{bmatrix}$$

基于工艺输入输出方程式可以探索出各种可以减少环境排放量的方法。如果将炼钢工艺过程 CO 和 CO_2 的排放量各减少 20％和 15％，即输出向量 Y 从 $Y = (28.65 \quad 73.01 \quad 8.11 \quad 9.73)^T$ 改变为 $Y = (28.65 \quad 58.41 \quad 6.89 \quad 9.73)^T$，则输入向量从 $X = (912.08 \quad 37.02 \quad 7.04 \quad 61.99)^T$ 变为 $X = (912.08 \quad 29.73 \quad 7.05 \quad 52.76)^T$。根据炼钢工艺输入输出数据(表 6.5)，碳含量从 37.02kg 减少到 29.73kg。这表明，通过减少碳的含量可以显著改变 CO 和 CO_2 的排放量。在实际炼钢过程中的含碳量主要来自炼铁时加入的焦炭。如果炼铁过程中焦炭比例过量则会导致炼钢过程产生大量的 CO 和 CO_2。因此，选择适当的焦炭量，可以减少炼钢过程 CO 和 CO_2 的排放。根据上述分析，钢铁绿色制造系统物料资源与环境影响关联模型可以为决策者分析物料输入与环境排放之间的关联性，提供改善钢铁制造过程环境友好性的思路。

6.3.2　钢铁生产流程污染贡献综合评价方法

钢铁生产过程流程复杂，各工序所产生的污染物类型和排放量不同，其对环境的影响程度也是多层次的。因此，客观地评价各工序的污染贡献情况是钢铁企业绿色制造的前提。对钢铁联合企业各主要工序的污染贡献进行综合评价，是以各工序污染贡献评价指标数据为主要依据，运用系统的综合评价方法，对各工序的污染贡献情况做出整体性评价，并给出综合排序，以明确各工序的环境贡献优劣顺序[133]。

1. 评价指标体系和权重的确定

钢铁联合企业各工序的主要污染物来源于废水、废气和固体废物的产生与排放，因此选取废水、废气和固体废物作为指标体系的一级指标，以及确定 COD_{Cr}、石油类、氨氮、SO_2、NO 和烟(粉)尘为二级指标，对特定工序的污染贡献进行综合评价。整个指标体系为多层次结构，具体如图 6.11 所示。

2. 评价指标权重的确定

根据所分析的污染贡献指标特性，采用层次分析法进行指标权重的确定。根据多层次指标体系，在专家咨询的基础上，分别两两比较废水、废气和固体废物的 3 个一级指标，废水的 4 个标准以及废气的 3 个标准的重要程度，构造判断矩阵，

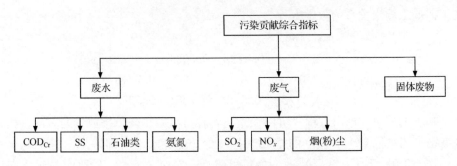

图 6.11　污染贡献综合评价指标体系

结果见表 6.6~表 6.8。其中 λ_{max} 为最大特征值；RI 为平均随机一致性指标；CI 为一致性指标；CR 为随机一致性比率。然后，利用和积法计算各判断矩阵的最大特征值和特征向量，同时进行一致性检验。特征向量即为同一层次相应要素对上一层次某一要素相对重要性的权重值，完成层次单排序，再进行总的一致性检验，经计算得 CR 均小于 0.1，表明具有很好的一致性。

表 6.6　一级指标矩阵

指标	废水	废气	固体废物	权重/w
废水	1	1/3	1/2	0.16
废气	3	1	2	0.54
固体废物	2	1/2	1	0.30

注：$\lambda_{max}=3.01$；RI=0.58；CI=0.005；CR=0.008<0.1。

表 6.7　废水二级指标矩阵

指标	COD_{Cr}	SS	石油类	氨氮	权重/w
COD_{Cr}	1	1	1	1	0.25
SS	1	1	1	1	0.25
石油类	1	1	1	1	0.25
氨氮	1	1	1	1	0.25

注：$\lambda_{max}=4$；RI=0.90；CI=0；CR=0<0.1。

表 6.8　一级指标矩阵

指标	SO_2	NO	烟(粉)尘	权重/w
SO_2	1	1/3	1/2	0.54
NO	1/3	1	2	0.16
烟(粉)尘	1/2	1/2	1	0.30

注：$\lambda_{max}=3.01$；RI=0.58；CI=0.005；CR=0.008<0.1。

3. 评价指标的标准化

设综合评价中共有 m 个单位，n 个指标值，x_{ij} 代表第 i 个单位的第 j 个原始指标值，采用取大和取小运算，将样本指标进行无量纲化计算。

（1）对于效益型指标，指标值越高越好，规范化为

$$r_{ij} = \frac{x_{ij} - x_{j\min}}{x_{j\max} - x_{j\min}} \tag{6.2}$$

式中，$i = 1, 2, \cdots, m$；$j = 1, 2, \cdots, n$。

（2）对于成本型指标，指标值越低越好，规范化为

$$r_{ij} = \frac{x_{j\max} - x_{ij}}{x_{j\max} - x_{j\min}} \tag{6.3}$$

该研究的指标对整体污染贡献率的影响由指标值大小来衡量：指标值越大，其贡献率也就越大。因此该研究指标的标准化采用效益型指标标准化公式，即式（6.2）。

4. 综合评价模型的建立

采用多指标评价理论中的线性加权法将标准化后的指标按确定的相应权重进行合成计算，最终计算出综合评价值，并按优先顺序排序。

对取得的各评价指标值进行标准化处理，然后根据确定的指标权重，逐级计算，最终得出主要工序污染贡献的各指标评价值的加权和。

$$\boldsymbol{B} = \boldsymbol{W} \cdot \boldsymbol{T}^{\mathrm{T}} = (\omega_1, \omega_2, \cdots, \omega_n) \cdot \begin{bmatrix} t_{11} & \cdots & t_{1n} \\ \vdots & & \vdots \\ t_{m1} & \cdots & t_{mn} \end{bmatrix} = (b_1, b_2, \cdots, b_n) \tag{6.4}$$

式中，$\boldsymbol{W}$ 为一级指标的权重向量；$\boldsymbol{T}$ 为由二级指标运算所得到的一级指标集；t_{ij} 为由二级指标运算所得到的第 j 个工序的第 i 个一级指标值；b_n 为各工序的综合评价值。

根据 b_n 值就可以对有关钢铁联合企业各主要工序污染贡献情况进行总体评价，从而确定各工序对总体污染贡献的总体排序，决策者可以通过综合评价决定重点改革工序，提高整个企业的环境效益。

5. 案例分析

企业 A 和 B 各工序具体污染物排放情况见表 6.9，运用所建立的指标体系及综合评价模型，对两个企业的焦化、烧结、炼铁、炼钢和轧钢等主要工序的污染贡献情况进行综合评价，具体评价结果见表 6.10。

表6.9　企业A和B各工序污染物排放现状

工序	企业	废水排放量/(10^4t·a^{-1})			废气排放量/(10^4t·a^{-1})				固体废物排放量/(10^4t·a^{-1})
		COD_{Cr}	SS	石油类	氨氮	SO_2	NO_x	烟(粉)尘	
焦化	企业A	408.07	204.04	8.39	34.71	3793.80	270.73	2059.10	0.41
	企业B	1086.75	589.94	24.06	98.12	1450.20	2716.70	5820.50	1.31
烧结	企业A	—	—	—	—	7925.50	3849.59	1355.29	135.42
	企业B	—	—	—	—	10058.60	763.00	1962.40	72.65
炼铁	企业A	—	—	—	—	304.00	2084.22	1355.29	135.42
	企业B	—	—	—	—	151.60	111.30	1557.9	249.21
炼钢	企业A	—	17.52	25.19	—	365.00	—	2055.68	51.02
	企业B	—	49.88	72.61	—	780.00	—	1505.87	144.88
轧钢	企业A	54.69	101.64	6.49	—	2150.00	500.39	64.76	45.28
	企业B	149.05	286.23	18.74	—	51.90	62.00	25.00	139.03

注:"—"表示该工序排放的污染物量可忽略不计,计算时用零值代替。

表6.10　各工序污染贡献综合评价结果

工序	企业A		企业B	
	综合评价值	排序	综合评价值	排序
焦化	0.44	3	0.43	2
烧结	0.57	1	0.46	1
炼铁	0.46	2	0.35	3
炼钢	0.33	4	0.28	4
轧钢	0.22	5	0.20	5

　　上述评价结果客观地反映了企业A和B主要工序污染贡献的总体情况。根据综合评价结果可知:①企业A和B虽然在规模和整体技术水平上相差较大,但各工序污染贡献排序基本一致。企业A各工序的污染贡献排序为烧结>炼铁>焦化>炼钢>轧钢。烧结工序的污染情况最为严重,对总体污染贡献也最大,炼铁次之,轧钢的污染贡献最小。企业B各工序的污染贡献排序为烧结>焦化>炼铁>炼钢>轧钢,同样是烧结工序的污染情况最为严重,焦化次之;企业B炼铁工序污染贡献低于焦化,与企业A不同,其主要原因是该企业淘汰了落后小高炉,采用高炉富氧喷煤、高炉煤气燃烧发电,并加大了除尘力度,从而使炼铁工序环境状况优于焦化工序。②对企业A和B的综合评价值进行比较可以看出,企业B各工序综合评价值都比企业A低。该结果说明规模效应和技术进步可以降低污染影响

强度,企业 A 应加快设备大型化的进度,并积极引进和研发清洁生产技术,促进产业绿色化升级。总体来说,两企业铁前工序的污染贡献都较高,与钢铁生产过程的实际情况一致。从评价结果来看,为了降低钢铁生产过程的环境污染,企业决策者应优先对烧结、炼铁和焦化生产工序(即铁前工序)采用一定的措施降低污染。

6.4　钢铁绿色制造系统优化技术

传统的制造过程决策模型的主要目标函数为时间 T、质量 Q 和成本 C,在绿色制造模式中,将以上变量以及环境影响 E 和资源消耗 R 作为重要因素加以考虑[134],本章从辅料资源运行特性的角度研究钢铁绿色制造系统的优化技术。

钢铁绿色制造系统可看成主料资源在相关辅料资源(各种原料的物化性能、配比等)的配合下,通过一定操作参数作用于设备参数(统称为工艺参数),其中有一定的状态参数和指标参数与之相对应,最后生产相关的铁产品。

以钢铁企业(系统)为研究对象,根据所选取的优化变量,建立系统优化模型,其目标函数为

$$\min \sum_n \sum_i (C_{i,n} x_i) \tag{6.5}$$

式中,n 表示目标,当 $n = 1$ 时,此时目标值为能源消耗,当 $n = 2$ 时表示 CO_2 排放,其他目标依次类推,当综合考虑多目标时,采用传统约束方法进行求解;x_i 表示第 i 个变量;$C_{i,n}$ 表示目标为 n 时第 i 个变量的系数。

目标函数的约束条件为

$$\sum C_{i,n} \leqslant C_n, \forall n \tag{6.6}$$

式中,C_n 为目标的约束值。

通过建立优化模型,将过程集成方法应用到钢铁企业节能减排工作中,可以获得可行的目标值和生产参数。同时,可对物质流、能量流等变化对目标的影响进行分析,提出相应的节能措施和 CO_2 减排途径。

以大型钢铁联合企业制造系统为研究对象,对焦化、烧结、炼铁、炼钢、连铸、热轧、冷轧等生产工序进行功能解析,根据物质流、能量流运行的一般规律,建立各生产工序的过程集成模型。综合考虑,整体优化,以流程的单位产品能耗最小、CO_2 排放最少、成本最低为目标函数,优化流程的物质流结构和能量流结构,给出钢铁企业节能降耗、减排的措施。同时,从流程优化角度进行过程集成,分析不同原燃料条件、装备水平、工艺操作水平对钢铁制造流程的资源、能源消耗和环境负荷的影响,提出进一步提高资源、能源效率,减轻环境负荷的途径和技术措施。模型系统示意图如图 6.12 所示[135-145]。

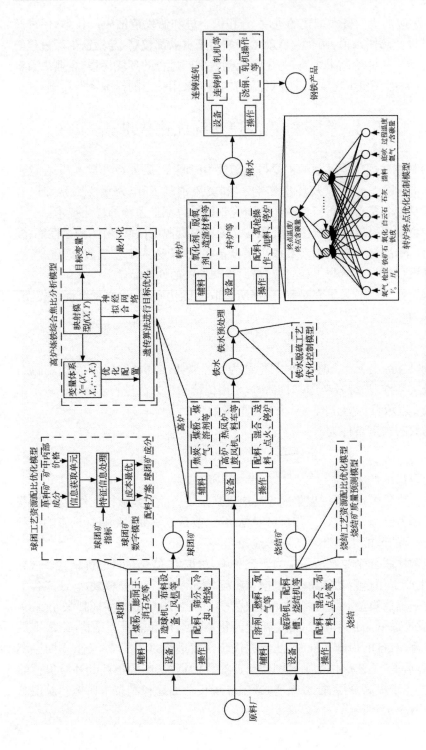

图 6.12　钢铁绿色制造系统优化技术应用框架

注：由于钢铁制造流程中辅料资源主要涉及铁前及转炉炼钢过程，且这些过程是钢铁企业环境污染的主要环节，故本章主要对以上过程进行绿色制造系统的应用研究

基于辅料资源运行特性的钢铁绿色制造系统优化技术提供了钢铁制造过程整体优化方案,本节基于该优化技术结合长流程炼钢中的高温烧结流程、高炉炼铁流程及转炉炼钢流程建模,分析检验其实施效果。

6.4.1　基于辅料资源运行特性的烧结矿质量优化技术

烧结矿质量的高低就是烧结矿满足其质量指标参数的能力,而评价烧结矿质量指标的参数是由烧结过程本身及高炉生产的要求决定的。转鼓强度用来评价烧结矿抗压和耐磨的性能,是烧结矿的一项重要质量指标;FeO 的含量是评价烧结生产的一项综合性指标,它反映了烧结过程的动态控制状况,是评价烧结矿质量特别是烧结矿强度和还原性能好坏的重要标志;烧结矿的低温还原粉化率(RDI)对高炉的透气性及焦比有重要影响,生产实践表明:烧结矿低温还原粉化率过高时,烧结矿在高炉上部低温地区会严重破裂、粉化使高炉料柱的空隙度降低、透气性变差从而产生高炉的运行效率低下、焦比升高等一系列负面效应;碱度(R)是烧结矿的重要质量指标,合理的碱度有利于改善高炉的还原和造渣过程,大幅度降低焦比,提高产量。烧结矿的碱度保持稳定是高炉造渣的重要条件,稳定的造渣制度有助于热制度和高炉炉况的顺行。所以,转鼓强度、FeO 的含量、低温还原粉化率、碱度这 4 个指标从不同角度反映了烧结矿的质量情况,将它们组合在一起可以对烧结矿的质量进行较全面的优化和评价。

影响烧结工艺最终产品烧结矿质量的因素很多,在烧结设备一定的情况下,主要影响因素是烧结工艺中的主料资源、辅料资源以及烧结过程中所进行的相关操作。在烧结工艺进行的过程中为了使辅料资源运行顺利,需要进行一系列的相关操作,包括配料、混料、布料、点火、抽风、破碎、冷却、整粒等,与这些操作相关的所有指标都会影响烧结矿的质量。烧结矿的主料资源是铁矿石,其性质虽然可以通过配料过程最大限度地满足烧结工艺要求,但铁矿石是烧结工艺的主原料,其质量不合格将会影响主料资源和辅料资源之间的转换特性,使辅料资源的运行特性不能发挥到最佳状态;烧结矿的辅料资源伴随烧结过程的始终,它能在烧结过程中对烧结矿的质量进行全面的调节,从配料、混料到烧结矿的冷却和整粒,每一个局部工艺中都有辅料资源的加入,如果辅料资源特性运行不当,其结果将是不可能生产出具有高指标要求的烧结矿;在烧结过程中所进行的各种操作是为了确保各种主辅料资源的时空特性处于最佳状态,以使辅料资源运行特性得到顺利实施。主料资源、辅料资源以及相关操作这三大类因素最终都会影响到烧结矿的质量。根据对烧结矿质量影响因素的分析,选取了 8 大类参量、15 个参数作为烧结矿质量优化的判定指标,具体如表 6.11 所示。

表 6.11　基于辅料资源运行特性的烧结矿质量影响因素分析

类别		参量名称
配料	溶剂	生石灰用量,白云石用量
	中和料	SiO_2用量,Al_2O_3用量、MgO 的用量
	原料	铁矿石的含铁量 TFe
混料		加水量
燃料		碎焦粉和无烟煤的用量
点火		点火温度、点火时间
混合料的烧结		烧结风量、料层厚度、透气性指数
烧结矿的处理		烧结矿整粒后的粒度大小

　　将上述烧结矿质量影响因素作为模型的输入变量,通过 MATLAB 神经网络仿真,得到烧结矿优化模型的评价指标值,其与实际值的对比如表 6.12 所示。

表 6.12　烧结矿优化模型各评价指标实际值与预报值的比较

编号	转鼓强度/%			低温还原粉化率/%			碱度/pH			FeO 含量/%		
	实际	预报	相对误差/%	实际	预报	相对误差/%	实际	预报	相对误差/%	实际	预报	相对误差/%
1	55.56	55.69	0.23	31.16	31.2	0.35	1.89	1.92	1.59	7.32	7.25	0.96
2	54.96	55.12	0.29	31.18	31.17	0.03	1.95	1.97	1.03	7.12	7.17	0.70
3	56.15	55.93	0.39	31.09	31.15	0.02	1.96	1.94	1.02	6.95	7.03	1.15
4	55.74	55.78	0.07	31.15	31.12	0.10	1.88	1.91	1.60	7.08	7.12	0.56
5	55.82	55.89	0.13	31.21	31.19	0.06	1.87	1.91	2.14	7.08	7.13	0.71
6	54.89	55.03	0.26	30.98	31.06	0.26	1.92	1.89	1.56	7.25	7.19	0.83
7	55.12	55.17	0.09	31.04	31.16	0.39	1.87	1.91	2.14	7.15	7.12	0.42
8	55.65	55.57	0.14	31.15	31.11	0.13	1.94	1.98	2.06	7.11	7.06	0.70
9	55.31	55.45	0.25	30.97	30.98	0.03	1.86	1.89	1.61	6.98	7.03	0.72
10	55.59	55.4	0.20	31.13	31.18	0.16	1.84	1.86	1.09	7.32	7.28	0.55

　　对表 6.12 中预测数据模型各指标命中率分析如表 6.13 所示。

表 6.13　烧结矿优化模型各指标命中率/%

转鼓强度	低温还原粉化率	碱度	FeO 含量
93.33	86.67	83.33	86.67

　　注:转鼓强度、低温还原粉化率误差不大于 0.3 为命中,FeO 含量误差不大于 0.8 为命中,碱度误差为不大于 1.6 为命中。

通过上表可以得出,基于辅料资源运行特性分析得出的烧结矿质量优化模型拥有较高的精度,能够很好地模拟铁矿石烧结过程,各质量指标在高精度要求下的命中率达 83.33% 以上,网络的预报误差小,实现了对烧结矿质量的准确预报,达到了预期效果。

6.4.2　基于辅料资源运行特性的高炉焦比优化技术

在钢铁生产流程中,焦比是高炉生产过程中最重要的技术经济指标之一,是高炉生产效率和能耗的集中体现,因此降低焦比是高炉优化的首要目标。

影响综合焦比的因素很多,在高炉设备一定的情况下,高炉工艺中的主辅料资源,以及冶炼过程中所进行的相关操作,包括配料、上料、布料、鼓风、富氧、喷煤等,这些与辅料资源相关的操作以及辅料资源本身的物化性质都会影响焦比。如烧结矿、球团矿等主料资源,在不同粒度、灰分等物理化学状态下的焦炭、煤、石灰石等辅料资源的相互作用下,最终影响铁水的质量以及高炉的综合焦比。选取如下 16 个高炉综合焦比主要影响因素,包括:①与辅料资源运行特性相关的:风量、风温、风压、富氧率、焦丁比、M40、焦炭、喷煤比、喷煤置换比,分别用 $X_1 \sim X_8$ 表示。②与主料资源运行特性相关的:烧结矿单耗、进口球单耗、主料 TFe、高烧碱返矿、酸返矿,分别用 $X_9 \sim X_{13}$ 表示。③由主辅料资源运行特性决定的高炉状态参数:生铁硅含量、炉渣碱度、综合负荷,分别用 $X_{14} \sim X_{16}$ 表示。

基于对综合焦比主要影响因素的分析,采用拓扑结构为 16-20-1 的 BP 神经网络来建立系统模型,输入的 16 个变量为综合焦比的 16 个主要影响因素,输出变量为综合焦比。焦比优化问题是在大量的历史生产数据和数据挖掘基础上进行的,因此历史生产数据对优化结果有着直接的影响。例如,目标函数的获得是建立在 BP 神经网络模型对历史数据的关系拟合上的,且各输入参数的取值范围(即最小值、最大值)也是从历史生产数据中获取。以 2011 年某钢铁公司 6# 高炉全年的生产数据为研究样本,设定各输入参数的取值范围如表 6.14 所示。

表 6.14　输入参数的取值范围

变量	名称	单位	最小值	最大值	变量	名称	单位	最小值	最大值
X_1	风量	m^3/min	1147	1206	X_9	烧结矿单耗	kg/t	911.7	1092.0
X_2	风温	℃	1185	1242	X_{10}	进口球单耗	kg/t	352.5	451.8
X_3	风压	MPa	0.251	0.260	X_{11}	主料 TFe	%	48.91	50.34
X_4	富氧率	%	2.950	5.864	X_{12}	高烧碱返矿	t	81.45	784.45
X_5	焦丁比	kg	32	42	X_{13}	酸返矿	t	67.85	259.3
X_6	M40 焦炭	%	83.0	84.733	X_{14}	生铁硅含量	%	0.41	0.65
X_7	喷煤比	kg/t	152	195	X_{15}	炉渣碱度	1	1.01	1.1
X_8	喷煤置换比	1	0.75	0.85	X_{16}	综合负荷	t/t	3.14	3.39

计算得到综合焦比最低时的各项输入参数配置为：$\{Y_{\min},(X_1,X_2,\cdots,X_{16})\}=$ $\{508.3,(1200,1230,0.260,3.212,33,84.73,167,0.85,994.1,411.5,49.44,$ $394.55,147.25,0.55,1.03,3.31)\}$。该 6♯高炉 2011 年平均综合焦比为 544.15kg，通过遗传算法和神经网络结合对生产数据挖掘，焦比目标优化后为 508.3kg。

6.4.3　基于辅料资源运行特性的炼钢终点优化控制技术

转炉炼钢终点的精确控制是合理组织生产、提高钢水质量和降低炼钢成本的重要保证，由于该过程具有多输入多输出、存在严重非线性并具有大滞后性等特征，且对过程无法做到准确适时地检测，因此给其控制带来很大困难。

辅料资源及相关工艺操作间复杂的耦合关系，使用单纯的智能方法建立的终点预报模型涉及的输入变量过多，导致模型过于复杂，且大量的数据可能占用较长处理时间，从而影响模型的预报精度和实时性，选用改进的 DRNN（对角递归神经网络）型神经网络模拟炼钢终点控制过程。

对炼钢终点控制中辅料资源特性分析后确定训练模型的输入变量为 9 个，由于终点控制目标（终点碳含量 $C(t)$ 或者终点温度 $T(t)$）的不同，输入副枪点测值（过程含碳量 C_g 或者过程温度 T_g）也不同。对于 DRNN 型神经网络中间隐含层节点数目经典计算公式如下：

$$n_h = \sqrt{n_i + n_o} + m \tag{6.7}$$

式中，n_h 为 DRNN 型神经网络的隐含层节点数；n_i、n_o 分别为输入层与输出层节点数；m 为常数，$m \in [1,10]$，此外为精确定位隐含层数目；n_h、n_i、n_o 需满足下式[146]：

$$\frac{n_i + n_o}{2} \leqslant n_h \leqslant (n_i + n_o) + 10 \tag{6.8}$$

经过式（6.7）～式（6.8）计算及反复的试验，以及中间隐含层数目求解经典公式，确定网络的拓扑结构为 7-13-2。DNRR 型神经网络炼钢终点预测模型如图 6.13 所示。

以某炼钢厂 150t 复吹转炉为模拟仿真对象，使用神经网络算法迭代 1000 次后取最佳个体为优化结果。表 6.15 所示 8 组优化结果为吹炼末期补吹氧气时间及加入辅料资源量。

表 6.15 得出的优化策略经终点预报模型分析得出：终点碳含量预报误差 $\omega[\Delta C] < \pm 0.03\%$ 时命中率提高至 93.1%，终点温度预报误差 $\omega[\Delta T] < \pm 12℃$ 时命中率为 94%，同时缩短平均补吹氧时间至 2.5min，终点控制过程辅料资源量节约 15% 左右，分析结果表明在保证终点预报模型准确率的基础上，基于辅料资源的运行特性，能够指导炼钢终点控制操作，对炼钢成本的控制与节能降耗有一定的作用。

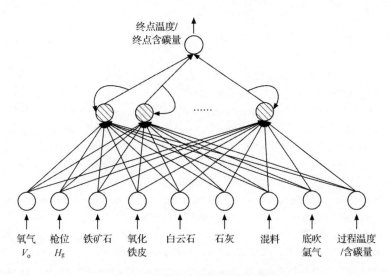

图 6.13　炼钢终点预测神经网络模型

表 6.15　炼钢终点控制优化结果

参数	1	2	3	4	5	6	7	8
补吹时间/min	2.3	2.8	3.1	2.1	2.2	2.6	3.0	2.2
铁矿石/kg	0.213	0.260	0.221	0.243	0.261	0.245	0.232	0.219
氧化铁皮/kg	0.164	0.162	0.153	0.159	0.170	0.168	0.154	0.149
白云石/kg	0.350	0.296	0.288	0.299	0.360	0.334	0.362	0.351
石灰/kg	1.124	1.142	1.143	1.132	1.126	1.134	1.139	1.130
混料/kg	1.159	1.149	1.142	1.136	1.145	1.136	1.142	1.129

注:由于供氧模式为恒流变枪,故氧气流量 V_0 可用供氧时间 t_0 衡量。

6.5　本章小结

在钢铁企业实施绿色制造的过程中,仅仅考虑单个设备、装置的绿色化改造、优化设计常常难以达到理想的实施效果。因此,钢铁绿色制造需要采用系统的观点,综合考虑钢铁制造系统中能源和物料的运行特性,从全流程的角度实现钢铁生产的绿色化。

本章主要介绍了绿色制造系统工程在钢铁企业的应用,从辅料资源运行特性的角度深入分析钢铁绿色制造系统的体系结构及运行机制,建立了一种钢铁绿色制造系统的评价方法,提出了一种基于辅料资源运行特性的钢铁绿色制造优化技术,并在钢铁生产流程中的烧结、高炉炼铁及转炉炼钢环节进行了应用验证。

参 考 文 献

［1］刘飞，曹华军，张华，等. 绿色制造的理论与技术. 北京：科学出版社，2005.

［2］科技部. 绿色制造科技发展"十二五"专项规划，2012.

［3］中华人民共和国国务院. 国家中长期科学和技术发展规划纲要（2006～2020 年）. 北京：新华社，2006.

［4］Melngk S A, Smith R T. Green manufacturing. Dearborn：Society of Manufacturing Engineers，1996.

［5］张伟，刘仲谦，张纾，等. 绿色制造与再制造技术研究与发展. 中国表面工程，2006，19(10)：76-81.

［6］Bhargava A. VRML based feature representation and recognition technique with application to machining processes：［M. S. Thesis］Michigan：Michigan Technological University，2000.

［7］Sheng P, Srinivasan M, Chryssolouris G. Hierarchical part planning strategy for environmentally conscious machining. Annals of the CIRP，1996，45(1)：455-459.

［8］Bauer D J, Thurwachter S, Sheng P S. Integration of environmental factors in surface planning：Mass and energy modeling. Dearborn：Society of Manufacturing Engineers，1998.

［9］Sutherland J W, Gunter K L, Weinmann K J. A model for improving economic performance of a demanufacturing system for reduced product end-of-life environmental impact. CIRP Annals-Manufacturing Technology，2002，51(1)：45-48.

［10］Shen G, Ariei O, Sutherland J W. Development of a model for the prediction of the energy partition in a peripheral milling operation. ASME Manufacturing Engineering Division，2001，12：97-106.

［11］Bras B. Incorporating environmental issues in product realization. Industry and Environment，1997，20 (1/2)：7-13.

［12］Bras B, Reap J. Towards biologically inspired design for sustainability//Sustainable Manufacturing IV Global Conference on Sustainable Product Development and Life Cycle Engineering. Sao Paulo，2006：3-6.

［13］Coutee A S, McDermott S D, Bras B. A haptic assembly and disassembly simulation environment and associated computational load optimization techniques. Journal of Computing & Information Science in Engineering，2001，1：113-122.

［14］Wang M H, Johnson M R. Design for disassembly and recyclability：A concurrent engineering approach. Concurrent Engineering，1995，3(2)：131-134.

［15］Pflieger J, Fischer M, Kupfer T, et al. The contribution of life cycle assessment to global sustainability reporting of organization. Management of Environmental Quality：An International Journal，2005，16 (2)：167-179.

［16］Gutowski T, Murphy C, Allen DT, et al. Environmentally benign manufacturing. Baltimore：World Technology (WTEC) Division, International Technology Research Institute (ITRI)，2001，4.

［17］刘飞，曹华军，何乃军. 绿色制造的研究现状与发展趋势. 中国机械工程，2000，11(1-2)：105-110.

［18］刘飞，曹华军. 绿色制造理论体系框架. 中国机械工程，2000，11(9)：979-982.

［19］刘飞，徐宗俊，但斌，等. 机械加工系统能量特性及其应用. 北京：机械工业出版社，1995.

［20］Liu F, Zhang H, Wu P, et al. A model for analyzing the consumption situation of product material resources in manufacturing systems. Journal of Materials Processing Technology，2002，122 (2-3)：201-207.

［21］谭显春，刘飞，曹华军. 面向绿色制造的刀具选择模型及应用研究. 重庆大学学报，2003，26(3)：117-121.

[22] 何彦,刘飞,曹华军,等. 面向绿色制造的工艺规划支持系统及应用.计算机集成制造系统,2005,11(7):975-980.

[23] 曹华军,刘飞,阎春平,等. 制造过程环境影响评价方法及其应用. 机械工程学报,2005,41(6):163-167.

[24] He Y, Liu F, Cao H J, et al. A bi-objective model for the job-shop scheduling problem to minimize both energy consumption and makespan. Journal of Central South University of Technology, 2005, 12(s2):167-171.

[25] Cao H J, Du Y B, Liu F. A disassembly capability planning model for the make-to-order remanufacturing system. Journal of Advanced Manufacturing Systems, 2008, 7(2): 329-332.

[26] 向东,段广洪,汪劲松.公理性设计在绿色工艺选择中的应用.中国机械工程,2000,11(9):972-974.

[27] 汪劲松,段广洪,李方义,等. 基于产品生命周期的绿色制造技术研究现状与展望.计算机集成制造系统, 2000,5(4):1-8.

[28] 姚丽英,高建刚,段广洪,等.基于分层结构的拆卸序列规划研究.中国机械工程, 2003,14(17):1516-1519.

[29] 李方义,刘钢,汪劲松,等. 模糊 AHP 方法在产品绿色模块化设计中的应用.中国机械工程, 2000,10(9):997-1000.

[30] 徐滨士,等.再制造与循环经济.北京:科学出版社,2007.

[31] 徐滨士,等.再制造工程基础及其应用.哈尔滨:哈尔滨工业大学出版社,2005.

[32] 刘光复,刘学平.绿色设计的体系结构及实施策略.中国机械工程,2000,9:965-968.

[33] 刘志峰,刘光复. 绿色设计. 北京:机械工业出版社,1999.

[34] 刘光复,刘志峰,李钢. 绿色设计与绿色制造. 北京:机械工业出版社,2000.

[35] 黄志斌,刘志峰. 当代生态哲学及绿色设计方法论.合肥:安徽人民出版社,2004.

[36] 刘志峰,张崇高,任家隆. 干切削加工技术及应用.北京:机械工业出版社,2005.

[37] 陈铭,马扎根,沈健,等.生产者延伸责任制下的中国汽车回收利用体系研究.数字制造科学,2009,7(1):1-46.

[38] 张华,刘飞,梁洁. 绿色制造的体系结构及其实施中的几个战略问题探讨.计算机集成制造系统,1997,3(2):11-14.

[39] 张华,江志刚,吴小珍,等.绿色制造生产过程多目标集成决策运行机理研究.武汉科技大学学报(自然科学版),2008, 31(1): 11-14.

[40] 江志刚,张华.面向绿色制造的生产过程多目标集成决策模型及应用.机械工程学报, 2008,44(4):41-46.

[41] 江志刚,张华.绿色再制造管理的理论体系及其实施策略.中国机械工程, 2006,17(24):2573-2576.

[42] Jiang Z G, Zhang H, Yan W, et al. An evaluation model of machining process for green manufacturing. Advanced Science Letters, 2011, 4(4-5):1724-1728.

[43] Jiang Z G, Zhang H, Sutherland J W. Development of an environmental performance assessment method for manufacturing process plans. The International Journal of Advanced Manufacturing Technology, 2012,58(5-8):783-790.

[44] Jiang Z G, Zhang H, Sutherland J W. Development of multi-criteria decision making model for remanufacturing technology portfolio selection. Journal of Cleaner Production, 2011, 19(17-18): 1939-1945.

[45] 徐滨士.绿色再制造工程的发展现状和未来展望.中国工程科学,2011,13(1):4-9.

[46] 钱学森,许国志,王寿云.论系统工程.长沙:湖南科学技术出版社,1988.

[47] 汪应洛. 系统工程. 北京:机械工业出版社，2011.

[48] 白思俊. 系统工程. 北京：电子工业出版社，2009.

[49] 郑季良，邹平. 面向循环经济的绿色制造系统及其集成. 科技进步与对策，2006，(5)：119-121.

[50] 李健，顾培亮. 面向循环经济的制造系统运行模式. 中国机械工程，2001，12(11):1280-1284.

[51] 张华，江志刚. 制造系统废物流及其分类研究. 武汉科技大学学报，2005,28(2):151-153.

[52] 李聪波，刘飞，曹华军. 绿色制造运行模式及其实施方法. 北京：科学出版社，2011.

[53] 沈德聪，阮平南. 绿色制造系统评价指标体系的研究. 机械制造，2006,(44):8-11.

[54] 曹利军，王华东. 可持续发展评价指标体系建立原则与方法研究. 环境科学学报，1998,18(5):526-532.

[55] 黄春林，张建强，沈淞涛，等. 生命周期评价综述. 环境技术，2004，22(1):29-32.

[56] 李彩贞. 机械制造企业能源消耗模型及节能项目评价方法研究. 重庆:重庆大学硕士学位论文,2010.

[57] 胡正旗. 机械工厂节能设计及使用手册. 北京：机械工业出版社，1992.

[58] 实用机电节能技术手册编辑委员会. 实用机电节能技术手册. 北京：机械工业出版社，1996.

[59] Li C Z,Liu F,Li C B, et al. Analysis model for energy consumption in manufacturing enterprises based on input-output theory and its applications. Applied Mechanics and Materials，2009, 16-19:1058-1063.

[60] Haykins. 神经网络原理. 叶世伟，史忠植译. 北京：机械工业出版社，2004.

[61] 楼顺天，施阳. 基于 MATLAB 的系统分析与设计——神经网络. 西安：西安电子科技大学出版社，1999.

[62] 谢志强. 企业污染控制与绿色经营实务全书. 北京:中国环境科学出版社,2000.

[63] 张策. 机床噪声——原理及控制. 天津：天津科学技术出版社,1984.

[64] 薛惠锋，董会忠，宋红丽，等. 环境系统工程. 北京：国防工业出版社,2008.

[65] 江志刚，张华. 绿色制造企业生产过程多目标集成决策指标体系研究. 机械设计与制造,2008(8)：232-234.

[66] 钱颂迪. 运筹学. 北京：清华大学出版社,1990.

[67] 王跃进. 绿色产品多级模糊评价方法的研究. 中国机械工程，2000,11(9):1016-1019.

[68] 黄敏纯，姜海. 绿色制造评价系统与评价方法的研究及应用. 中国环境科学，2001,21(1):38-41.

[69] 杜栋，庞庆华，吴炎，等. 现代综合评价方法与案例精选. 北京：清华大学出版社，2008.

[70] 吴立云，杨玉中，张强，等. 矿井通风系统评价的 TOPSIS 方法煤炭学报，2007，32(4):407-410.

[71] 张雪松，张莹，瞿珠华，等. 基于效用函数综合评价法的土地利用总体规划实施评价研究——以京山县为例. 华中师范大学学报(自然科学版)，2008,42(4):631-635.

[72] Cao H J,Liu F,Li C B, et al. An integrated method for product material selection considering environmental factors and a case study. Materials Science Forum, 2006,(532-533):1032-1035.

[73] 邓聚龙. 灰色系统基本方法. 武汉：华中工学院出版社,1987.

[74] 周前祥，张达贤. 工程系统设计方案多目标灰色关联度决策模型及其应用的研究. 系统工程学报，1999，21(1):1-3.

[75] 李刚，曹华军，廖兰，等. 面向绿色制造的工艺种类选择方法研究. 机械工艺师，2001,(6):32-34.

[76] 秦寿康. 综合评价原理及应用. 北京：电子工业出版社,2003.

[77] 曹华军，刘飞，何彦. 面向绿色制造的机床设备选择模型及其应用. 机械工程学报，2004,40(3)：26-30.

[78] Zhang H，Wang L H，Jiang Z G. Study of process route selection for green manufacturing. International Conference on Agile Manufacturing (ICAM 2003),Beijing,2003：523-527.

[79] 何彦. 面向绿色制造的机械加工系统任务优化调度方法研究. 重庆:重庆大学博士学位论文, 2007.

[80] 潘全科,王文宏,朱剑英,等. 面向绿色制造的一类模糊调度模型及其算法. 中国机械工程,2006, 17(13):1371-1374.

[81] Reklaitis G V. Overview of planning & scheduling technologies. Latin American Aplied Research, 1996,30:285-293.

[82] 王凌. 车间调度及其遗传算法. 北京:清华大学出版社,2003.

[83] Alidaee B, Womer N K. Scheduling with time dependent processing times: Review and extensions. Journal of Operational Research Society, 1999, 50(5): 711-720.

[84] Bachman A, Janiak A. Minimizing maximum lateness under linear deterioration. Journal of Operational Research Society, 2000, 126(3): 557-566.

[85] 牛海军. 混合流程生产系统优化调度方法研究. 西安:西北工业大学博士学位论文,2003.

[86] Bachman A, Janiak A, Kovalyov M Y. Minimizing the total weighted completion time of deteriorating jobs. Information Processing Letters, 2002, 81: 81-84.

[87] 赵传立. 若干新型调度问题算法研究. 沈阳:东北大学博士学位论文,2003.

[88] 吴秀丽,孙树栋,杨展,等. 多目标柔性 Job Shop 调度问题的技术现状和发展趋势. 计算机应用研究, 2007,24(3):1-5,9.

[89] 任凡. 机械加工车间环境影响分析及粉尘特性研究. 重庆:重庆大学博士学位论文,2010.

[90] 刘飞,李聪波,曹华军,等.基于产品生命周期主线的绿色制造技术内涵及技术体系框架. 机械工程学报,2009,45(12):115-120.

[91] 江志刚,张华,鄢威. 制造企业生产过程绿色规划优化运行模式及应用. 广西大学学报, 2010,35(5): 771-776.

[92] Zhang H, Zhao G, Jiang Z G, et al. Integrated technology based on resource and environment attributes for workshop planning and production operation. Advanced Materials Research, 2011,(255-260): 2914-2918.

[93] Zhang H, Zhao G, Jiang Z G, et al. Research on the application technology of green planning and optimal operation for the workshop production//Proceedings of the International Conference on Advanced Technology of Design and Manufacture, Beijing, 2010: 397-402.

[94] Zhang H, Wang Y H, Yue W H, et al. Comprehensive assessment system for resource and environmental attribution in manufacturing process chains. Advanced Materials Research, 2011,(255-260): 2909-2913.

[95] Jiang Z G, Zhang H, Yan W, et al. A method for evaluating environmental performance of machining systems. Journal of Computer Integrated Manufacturing, 2012,25(6):488-495.

[96] 曹华军,刘飞,阎春平,等. 制造过程环境影响评价方法及其应用. 机械工程学报,2005, 41 (6): 163-167.

[97] Zhao G, Zhang H, Jiang Z G, et al. Green optimization based on cellular automata for process planning and production operation in workshop. Advanced Materials Research, 2011,(255-260): 2174-2178.

[98] 江志刚,张华,傅成,等.生产过程资源环境属性评价支持系统.计算机集成制造系统,2009,15(7): 1323-1327.

[99] Zhao G, Zhang H, Jiang Z G, et al. An integrated technology of green planning for workshop layout and machining operations. Applied Mechanics and Materials, 2011, 11(121-126): 2497-2501.

[100] 高璐. 论钢铁工业的绿色化. 科技信息, 2008, (17):44-45.

[101] World Steel Association. Sustainability Report of the World Steel Industry(2004). Brussels: Interna-

tional Iron and Steel Institute，2004.

[102] 中华人民共和国工业和信息化部. 钢铁工业"十二五"发展规划(2011),2011.

[103] 殷瑞钰，张寿荣，陆钟武，等. 绿色制造与钢铁工业.中国工程院咨询项目报告,2002:10-11.

[104] 谢企华. 钢铁企业实现可持续发展的途径.中国工程科学, 2005, 7(5):9-15.

[105] 殷瑞钰. 绿色制造与钢铁工业. 钢铁,2000,35(6):61-65.

[106] 徐泮来. 绿色钢铁的生产流程与环境协调性分析研究.西安:西安建筑科技大学硕士学位论文,2010.

[107] 陆钟武. 钢铁产品生命周期的铁流分析——关于铁排放量源头指标等问题的基础研究.金属学报，2002, 38(1):58-68.

[108] Seiichi H, Wakana T, Yo T. Relationship between scrap mixing and steel products for electric furnace. Journal of the Iron and Steel Institute of Japan, 2005, 91(1):147-149.

[109] 戴铁军，陆钟武. 钢铁生产流程铁资源效率与工序铁资源效率关系的分析.金属学报 ,2006,42(3):280-284.

[110] 戴铁军. 论铁资源效率、环境效率和废钢指数间的关系.中国冶金, 2008,18(7):40-44.

[111] Du T,Cai J J, Lu Z W, et al. The influences of material flows in steel manufacturing process on atmosphere environmental load. Journal of Iron and Steel Research, 2004, 11(2): 39-42.

[112] 赵贵清，吴铿. 焦炭质量对大喷煤高炉冶炼过程的影响.金属世界, 2008,(1): 9-12.

[113] Dan B B. Research on multi-BP NN-based control model for molten iron desulfurization//Proceedings of the World Congress on Intelligent Control and Automation，Chongqing, 2008:6133-6137.

[114] MacPhee J A, Gransden J F, Giroux L, et al. Possible CO_2 mitigation via addition of charcoal to coking coal blends. Fuel Processing Technology, 2009, 90(1):16-20.

[115] Antrekowitsch H,Antrekowitsch J,Gelder S. Investigations in different reducing agents for the pyrometallurgical treatment of steel mill dusts. Metallurgical and materials processing, 2003,(1):539-549.

[116] 但智钢，苍大强，宗燕兵，等. 工业生态学理论在生态钢铁工业发展中的应用.环境科学与技术, 2006, 29(10): 98-101.

[117] 陆钟武. 关于循环经济几个问题的分析研究.环境科学研究，2003,16(5): 1-6.

[118] 殷瑞钰. 关于钢铁制造流程的研究.金属学报, 2007,43(11): 1121-1128.

[119] 孙浩,涂序彦. 基于协调学的钢铁工业节能模式研究.冶金能源, 2006,(1):3-5.

[120] Al-Ansary M S, El-Haggar S M. Construction waste management using the 7Rs golden rule for industrial ecology//International Conference on Achieving Sustainability in Construction. Scotland: University of Dundee, 2005:371-378.

[121] Hasegawa Y, Takahashi K, Kume S, et al. Research and technical development in steel industry-its ecological and economical contribution. Selangor:South East Asia Iron and Steel Institute, 2006, 35 (4):54-62.

[122] 邱剑，田乃媛，刘青. 钢铁制造工业中信息流的应用研究.安徽工业大学学报(自然科学版), 2004, 21(2):91-95.

[123] 马珊珊，齐二石，霍艳芳. 钢铁行业绿色制造评价体系研究.科学学与科学技术管理,2007,28(9): 194-196.

[124] 殷瑞钰. 冶金流程工程学. 北京:冶金工业出版社,2009.

[125] 蔡九菊,杜涛,陆钟武,等. 钢铁生产流程环境负荷评价体系的研究方法.钢铁,2002,37(8):66-70.

[126] 雷小凤，陈共荣. 钢铁企业绿色制造体系的构建.企业经济,2011,370(6): 103-105.

[127] 刘祥官.高炉炼铁过程优化与智能控制系统.北京:冶金工业出版社,2003.

［128］杜涛，蔡九菊. 典型钢铁生产流程的环境负荷分析. 中国钢铁，2006，16(12)：38-41.

［129］江志刚，张华，但斌斌. 钢铁企业实施绿色制造技术的策略研究. 冶金设备，2005，2(4)：44-47.

［130］杜涛，蔡九菊. 钢铁企业物质流、能量流和污染物流研究. 钢铁，2006，41(4)：82-87.

［131］江志刚，张华，肖明. 制造过程资源消耗和环境影响分析模型及应用. 系统工程理论与实践，2008，28(7)：132-137.

［132］江志刚，张华，鄢威，等. 钢铁绿色制造系统物料资源与环境影响关联模型研究. 武汉科技大学学报，2011，34(3)：173-177.

［133］修彩虹，李会泉，张懿，等. 钢铁生产流程污染贡献综合评价方法研究. 环境科学研究，2008，21(3)：207-210.

［134］刘飞，张华，陈晓慧. 绿色制造的决策框架模型及其应用. 机械工程学报，1999，35(5)：11-15.

［135］张琦，蔡九菊，沈峰满. 钢铁企业系统节能减排过程集成研究进展. 中国冶金，2011，21(1)：3-6.

［136］冯朝辉，张华，王艳红，等. 烧结资源配比优化模型的研究与应用. 山东冶金，2011，33(3)：24-26.

［137］张旭刚，张华，王艳红，等. 球团工艺资源配比优化模型的研究与应用. 烧结球团，2011，36(3)：28-33.

［138］张瑞军，黄彦. 基于专家系统的多角色烧结配矿决策支持系统. 计算机工程，2011，37(19)：233-236.

［139］张华，黄昌先，赵刚. 基于辅料资源运行特性的烧结矿质量预测模型. 钢铁研究学报，2012，37(19)：233-236.

［140］但斌斌，陈奎生，张华，等. 基于神经网络的铁水 KR 脱硫预报模型. 计算机应用与软件，2011，28(1)：117-120.

［141］Jiang Z G, Zhang H, Yan W, et al. Integrated environmental performance assessment of basic oxygen furnace steel making. Polish Journal of Environmental Studies,2012, 21(5)：1237-1242.

［142］Li G F, Kong J Y, Jiang G Z, et al. Energy efficiency evaluation for iron and steel high energy consumption enterprise. Communications in Computer and Information Science,2010,(86)：684-690.

［143］Li G F, Kong J Y, Jiang G Z, et al. Intelligent diagnosis of abnormal work condition in coke oven heating process by case-based reasoning. Communications in Computer and Information Science,2010,(86)：240-244.

［144］王贤琳，张华. 面向绿色制造的钢铁生产流程优化及其评价. 机电工程，2007，24(6)：94-97.

［145］张华，陈凤银，王艳红，等. 钢铁企业节能减排投资系统动力学研究. 现代制造工程，2012，(7)：22-25.

［146］田国玉，黄海洋. 神经网络隐含层的确定. 信息技术，2010，(10)：79-81.